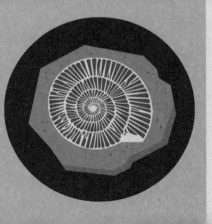

本·纽曼
BEN NEWMAN

谨以此书献给我家可爱的小宝贝，
欧内斯特·阿尔菲·纽曼，
他是在我开始画这本书的时候出生的。

多米尼克·瓦里曼 博士
DR. DOMINIC WALLIMAN

谨以此书献给我的朋友特迪，
他在这本书的制作过程中
提供了宝贵的专业知识与全力的支持。

特别感谢多米尼克、埃米莉和比亚，
正是他们的帮助使这本书达到了最好的效果。

图书在版编目（CIP）数据

深海之旅 /（英）多米尼克·瓦里曼文；（英）本·
纽曼图；曹雪春译. — 上海：少年儿童出版社，2021.8
（太空猫）
ISBN 978-7-5589-1236-8

Ⅰ. ①深… Ⅱ. ①多… ②本… ③曹… Ⅲ. ①深海—
少儿读物 Ⅳ. ①P72-49

中国版本图书馆CIP数据核字（2021）第139916号

著作权合同登记号 图字：17-2019-284
审图号：GS（2021）4366号

Professor Astro Cat's Deep-Sea Voyage

Text by Dr. Dominic Walliman.
Illustrations by Ben Newman.

Originally published in the English language as "Professor Astro Cat's Deep-Sea Voyage"
© Flying Eye Books 2020.

本书简体中文版权经英国 Flying Eye Books 授予海豚传媒股份有限公司，
由少年儿童出版社独家出版发行。
版权所有，侵权必究。

太空猫

深海之旅

[英]多米尼克·瓦里曼 文
[英]本·纽曼 图
曹雪春 译
刘芳苇　徐佳慧 装帧设计

责任编辑 黄晓建　策划编辑 王　铭
责任校对 黄亚承　美术编辑 陈艳萍　技术编辑 许　辉

出版发行　上海少年儿童出版社有限公司
地址　上海市闵行区号景路159弄B座5-6层　邮编 201101
印刷　当纳利（广东）印务有限公司
开本 889×1194　1/12　印张 6　字数 26千字
2021年8月第1版　2022年7月第2次印刷
ISBN 978-7-5589-1236-8/N·1203
定价 68.00元

版权所有　侵权必究

太空猫
深海之旅

［英］多米尼克·瓦里曼 / 文　　［英］本·纽曼 / 图

曹雪春 / 译

少年儿童出版社

目录

海洋有多深?
吉尔伯特
鱼是什么?
为什么海水是蓝色的?
玛 莎
海水从哪里来?
这个小池塘里有哪些动物?
埃 薇
螃蟹的壳是什么做的?

嘿，小科学家们！在冒险开始之前，
我们要好好享受这阳光下的冲浪时光哟。
在这次冒险中，我们要不惜弄湿皮毛，多多学习海洋的知识！

费莉西蒂

太空鼠

**太空猫
博士**

　　地球这个蓝色星球的大部分都被水所覆盖，但是你对海底
世界了解多少呢？从海藻森林和珊瑚礁，到海床和海底热泉，
海洋生物的生活空间十分广阔。有些海洋生物选择靠近海面生
活，而有些则更愿意躲在黑暗的深海里。海洋是一个美丽仙境，
里面充满了地球赠予的魅力生命体，同时它也是地球上最后一
个尚未被充分探索的区域。

　　那么，你还在等什么呢？快带上你的泳衣和潜水装备，跟
着我——**太空猫**，以及我的朋友们一起，开启一次**奇妙的深
海之旅**吧！

海滨

我们深海之旅的第一站是海滨，也就是紧挨着海洋的陆地区域。海滨的形式各样，从沙滩和岩石海滩，到悬崖和洞穴，它们都是各种生物的栖息地！海洋和陆地有着迥异的**生态系统**。

什么是沙子？

在海浪的不断冲刷下，岩石和贝壳被分解成许多小碎片，这样就形成了沙子。如果你在海滩上找到一块石头，你会发现它的表面通常很圆很光滑，那是因为在海浪来回翻腾的过程中，它已经被一遍又一遍地反复打磨过。

海蚯蚓

螃蟹

缢蛏（chēng）

躲在岩石下的小生命

当你在海滩上翻开岩石或者挖开沙土，好奇里面住着怎样的小生命时，螃蟹、缢蛏和海蚯蚓可能正忙着躲避它们的天敌，比如鸟类。所以，你脚底踩着的沙层其实是无数**生物**赖以生存的家园，有些生物甚至小到我们看不见。

贻（yí）贝
岩藻
石莼（chún）
海葵
海星
海胆
藤壶
贻贝
帽贝
招潮蟹
红蟹
寄居蟹

潮池

一天中，海水会经历涨潮与退潮。涨潮时，海水涨得很高；而退潮时，水位会变得很低，露出许多海草和其他生物，残留在岩石间的潮水形成了封闭的水池，将石莼、小鱼、小蟹、贻贝、鳗鱼甚至章鱼都困在池中。这里的小动物大多身手敏捷，而且善于捉迷藏，但是只要付出一点耐心，你就会发现许多意想不到的惊喜。

天体引力

由于地球引力，我们可以稳稳地站在地面上。同样地，太阳和月球也有强大的**引力**，从而影响着海水的流动。当月球或太阳位于我们头顶时，海水就会涨潮；而当月球或太阳远离地球时，海水就会退潮。

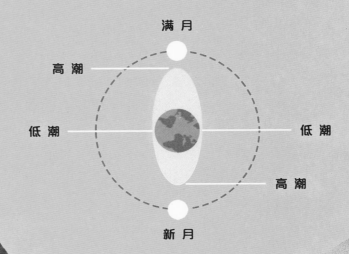

满月

高潮

低潮　　　　　　　　　低潮

高潮

新月

海蚀拱门

汹涌的海浪

海浪有着巨大的冲击力，不断冲刷、磨蚀着海岸边的岩石。随着时间的推移，被风化的岩石坠入海中，海岸线也在海浪的**侵蚀**下不断后退。海浪不停地雕刻着悬崖，凿出**海蚀拱门**，或是形成**海蚀柱**。

海蚀柱

你知道吗？

其实，夏威夷海滩上美丽的白沙大部分都是**鹦嘴鱼**的粪便！鹦嘴鱼有着非常坚硬的牙齿，喜爱啃食珊瑚。它们会将无法消化的珊瑚排泄出来，形成沙子。根据品种的不同，一条鹦嘴鱼一年可以生产 90～1000 千克的沙子！

鹦嘴鱼

原来潮汐是这样形成的。但是，这些海水是从哪里来的呢？

吉尔伯特，你问得很好！我来慢慢解释给你听……

海洋的形成

虽然我们正站在坚实的地面上，但你知道吗？我们地球上的海洋面积要远远大于陆地面积。其实，地球 70% 以上的面积都被海洋所覆盖。海洋不仅面积广阔，而且形成历史悠久。想要知道海水都从哪里来，我们需要追溯到 46 亿年前，地球刚开始从太阳星云中形成的时候。这个问题还没有确定的答案，科学家的主要看法是这样的。

冷 却

地球形成之初，温度很高，导致内部蕴含的水以水蒸气的形式从火山喷发出来，然后凝结成雨滴落下，在原始地壳低洼处，不断积水，形成了原始的海洋。此外，还有一些水可能来自早期碰撞地球的冰态彗星。

熔 融

岩石、尘埃和金属猛烈碰撞，形成了地球，而这三者都是无机物。

46亿年前的地球

海洋生物

一些科学家认为，大约 40 亿年前，在海底喷发的热泉附近诞生了地球上最初的生命体。在接下来的几十亿年里，这些原本构造简单的微生物逐渐演变得更为复杂。

从海洋到陆地

大约在 3.75 亿年前，海洋里生活着各种各样的生命体。一些靠近陆地生活的动物逐渐演化出可爬行的四肢和可呼吸的肺，从而迁移到陆地上定居。不过，其中一些动物由于不能很好地适应陆地上的环境，选择重回大海生活。你知道吗？鲸和海豚其实是由陆地哺乳动物进化而来的。

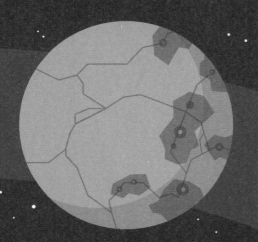

破碎的地壳

伴随着**地壳**构造**板块**的运动，更多的大陆板块生长并逐渐合并。下面这幅图就是大约 2 亿年前地球的样子。

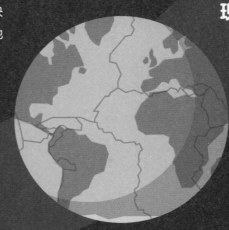

海洋与新的岛屿

后来，火山爆发，岩浆从海洋中喷发出来，冷却凝固后形成了新的岛屿。

地幔的大部分是固体岩石，但也有小部分温度很高且流动性较强的熔融态岩石。

地核的**外核**由液态岩石和金属物质组成。

地核的**内核**由含铁元素和镍元素的固体岩石组成。

地壳是地球最薄的一层，可以分为大陆地壳与大洋地壳。

地球板块

地幔中的**熔岩**温度极高，像厚厚的糖浆一样，可以四处流动。在地幔对流的推拉下，地壳的板块也在缓慢漂移。在板块的相互挤压下，有些区域下陷，而有些区域会隆起。亿万年来，板块运动彻底改变了地球的面貌。

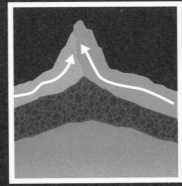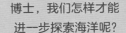

石头会"说话"

我们之所以能够如此了解生活在数百万年前的生物，是因为有**化石**的存在。海洋中的生物死亡后会被埋进海底的泥层中，经过数百万年，它们的尸骨会变成岩石，并最终可能形成化石。我们可以在地层中寻找化石并研究它们，从而揭示出数百万年前地球生物的真面目。

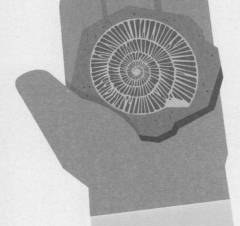

博士，我们怎样才能进一步探索海洋呢？

这个嘛，我在附近停了一艘船。我们现在就上船吧！

鱼的眼睛就像一个**球形透镜**，所以它们可以在水下看清物体。鱼有很广阔的视野，而且许多浅水鱼看到的世界和人类眼中的一样，是五颜六色的。

鱼的**内耳**长在头部两侧的骨头里。和陆地动物一样，鱼用内耳帮助自己保持平衡。

鱼用**鳔**来帮助自己漂浮。鱼的这一特殊器官内充有气体，可以调节鱼在水中的沉浮。鱼可以通过吸收、释放血液中的气体，或者通过吞咽、打嗝等方式将气体吸入鳔内或排出鳔外，以调节身体的浮沉。

鱼拥有极好的嗅觉。它们用**鼻孔**探测水中的化学物质，从而帮助自己导航，寻找食物，躲避天敌。

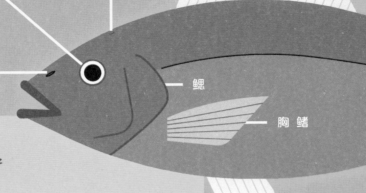

背鳍

背鳍

尾鳍

两点红短鲷

鳃

胸鳍

臀鳍

腹鳍

许多鱼类通过集体**产卵**来繁殖后代。它们一次性将所有精子和卵子释放到水中，然后就直接游走，就像这两只**白斑笛鲷（diāo）**一样。但有一些鱼类，比如**神仙鱼**，一生只有一个伴侣。

鱼能够通过敏感的毛细胞来探测振动，从而感知周围的环境。这就是所谓的侧线系统，它能避免成群的鱼儿在游动时相互碰撞。

有些鱼的体形很奇特，这是它们改变自身以适应海洋环境的结果。

尽管**海马**看起来不像鱼，但它们也属于鱼类。海马的尾巴非常强壮，长长的吻部呈管状。这使它们能在不被发现的情况下捕获猎物。海马是我们已知的唯一一种由雄性分娩后代的动物。

鱼的种类多种多样。有些鱼非常漂亮，比如这条五彩斑斓的**花斑连鳍鱼**。

而有些鱼的外形则异常丑陋，比如**软隐棘杜父鱼**（又叫水滴鱼）。一旦脱离了深海的压力，它就会变得像一摊软泥。

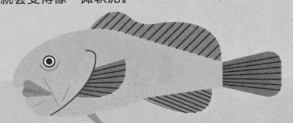

在潜入冰冷的深海水域之前，**翻车鲀（tún）**会先摊开自己巨大而扁平的身体，通过晒太阳取暖。

23

珊瑚礁

快看！我们来到珊瑚礁啦！这些珊瑚礁就像海洋里的"丛林"，是成千上万海洋生物的栖息地，有各种奇妙的生物生活在这儿。不同于其他以浮游生物为基础的海洋生态系统，珊瑚礁是由珊瑚虫纲动物形成的海洋生态系统，为许多动物提供了生活家园。

珊瑚虫

珊瑚虫结构图

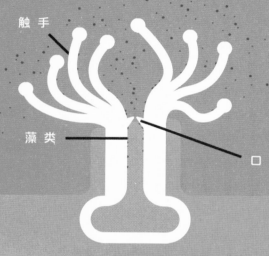

触手

藻类

口

珊瑚的外形

珊瑚的形态各异。这是因为珊瑚虫能够不断吸收海水中的矿物质来建造外壳，以保护和支撑它们柔软的身体，外壳的作用类似于骨架。

植物或动物？

珊瑚看起来像植物，甚至像岩石，但它们实际上是动物。其实，珊瑚是由许多叫作珊瑚虫的微小动物聚合生长形成的。珊瑚虫的口周围长着许多小触手，可以用来捕食。在珊瑚体内，生长着五颜六色的藻类，藻类从阳光中获取能量，促进珊瑚的生长。

海绵

海底的**海绵**和厨房水槽里的海绵完全不一样。这里的海绵是海洋生物，它们是构成珊瑚礁的辅助成分。和我们人类不同的是，海绵没有任何器官或者组织，只有一个覆盖着细胞的骨架。和珊瑚一样，海绵不能移动，所以它们只能从海水中过滤食物，这些食物颗粒会从遍布海绵全身的小孔流入海绵的体内。

你知道吗？

有很多海绵的骨架主要成分是硅，这也是玻璃的主要成分。

炉管海绵

偕老同穴海绵

桶状海绵

太平洋海绵

和谐共生

藻类和珊瑚虫属于不同的有机体，但是它们找到了一种完美又和谐的生活方式。这种**共生关系**非常有效。一方面，藻类有了安全的生存环境；另一方面，珊瑚虫获得了可供生长的食物。

你知道吗？

珊瑚也可以在浮游生物多于藻类的深海水域里生长。虽然由于缺少阳光照射，深海水域的水温较低，但是浮游生物可以提供珊瑚生长所需的能量。

海底危机

为了捕捉海床上的海产品，一些渔船会使用**拖网捕捞**的方式。这种方式拖曳囊袋形网具，迫使捕捞对象进入网内。拖网捕捞十分不利于海洋生态环境的发展，因为它会伤害海床上生长的藻类和珊瑚，并形成海洋沙漠，很长一段时间内任何动植物都无法在这里生长。

大堡礁

这里就是大堡礁——世界上最大的"活体生物建筑"！它由 2900 多座独立珊瑚礁和 900 多座岛屿组成，沿澳大利亚东北部的昆士兰州海岸绵延 2000 多千米。

狮子鱼

大堡礁的历史

大堡礁形成至今已有 6000~8000 年了，但是大约 60 万年前，珊瑚礁就已经开始沿着澳大利亚的大陆架生长了。

蝴蝶鱼

现存的一些珊瑚可能已经有 4000 岁了！

海鳝

河鲀

熙熙攘攘

大堡礁是一个非常繁忙的地方，它庇护和养育了约 3000 种软体动物、1500 种鱼、200 种海绵、30 种鲸和海豚。这些海洋生物在珊瑚礁里的生活方式各不相同。

迅速逃跑

许多鱼类的身体进化得十分扁平，比如蝴蝶鱼。每当周围出现天敌时，它们能迅速躲进珊瑚之间的缝隙中。

参观珊瑚礁

每年大约有 200 万游客来到大堡礁。旅游业是澳大利亚的主要产业之一，为国民提供了大量的就业机会，为政府创造了大量的财政收入。然而在某种程度上，**旅游业**正在破坏珊瑚礁。例如，某些防晒霜含有对珊瑚有害的化学物质，喧扰的船只以及频繁的捕鱼活动也会对野生海洋生物造成伤害。

功夫虾

雀尾螳螂虾攻击猎物的速度名列前茅，因为它有一对战无不胜的螯（áo）肢，能以 80 千米 / 时的速度挥"拳"出击，这一速度产生的能量足以使周围的水沸腾。

珊瑚白化

珊瑚虫对周围海水的温度非常敏感。如果天气太热，它们体内五颜六色的共生藻会离开或死亡，珊瑚整体变成白色，看起来就像被**漂白**了一样。其实，这是珊瑚不健康的表现，意味着它们可能很快就会死亡。不幸的是，随着全球变暖导致海水温度上升，这种现象越来越频繁地在大堡礁上演。

濑（lài）鱼

石斑鱼

海底清洁工

濑鱼被称为"**海底清洁工**"。它们并没有被石斑鱼吃掉，而是主动钻进石斑鱼的口腔，帮忙吃掉里面的吸血寄生虫。这样一来，不仅濑鱼可以饱餐一顿，石斑鱼的口腔也得到了彻底的清理！

海葵

小丑鱼

海葵城堡

海葵的触手上密布着特殊的刺细胞，能释放毒素，可以用来有效地捕捉猎物。不过，**小丑鱼**拥有一项独特技能：它们从海葵的触手上吸收有毒的黏液，将这种保护物质擦满全身，让自己对海葵的刺细胞具有免疫力。这样一来，小丑鱼就能够在危险的海葵城堡里自由出入，并躲避天敌。

珊瑚礁里生活着成千上万的奇妙海洋生物。

你越靠近观赏，就能看到越多细节……

深海异形

章鱼、乌贼和鱿鱼都属于**头足纲软体动物**。它们不仅特别聪明，还拥有许多特殊的能力。和头足纲动物亲缘关系最近的是双壳纲动物，比如帽贝和蛤蜊。然而，在 4 亿年的演化中，头足纲动物的贝壳退化，进化出了柔软的躯体。头足纲动物的喙坚固有力，这是头足纲动物从软体动物祖先那里唯一保留下来的坚硬部分。

章鱼长着
8条感觉灵敏的腕。
与水母等生物的触手不同的是，
腕的内侧布满了吸盘。

北太平洋巨型章鱼

海底精怪

章鱼等神奇的海洋生物有着我们想象中最接近外星人的样子。章鱼有 3 个神奇之处：蓝色血液、3 个"心脏"、9 个"大脑"！除了头部的大脑外，章鱼的 8 条腕上都有着自己的感应器和控制器。

喙

伪装艺术家

许多头足纲动物拥有变色能力，比如乌贼。因此，它们十分擅长伪装，能够通过调整皮肤的色彩甚至纹理，快速地融入周围的环境。

章鱼的身躯十分柔软，
只要缝隙大过它们的喙，
它们就可以自如地穿过。

独特的眼睛

据推测，乌贼是色盲，所以科学家们无法确定它们是如何根据周围环境来选择伪装的色彩的。后来一些研究表明，乌贼能利用它们的 W 形瞳孔来放大色差，对不同的色彩作出反应。

墨汁防御

遇到敌害侵袭时，有些乌贼和章鱼会从墨囊喷出一股墨汁，把周围的海水染得墨黑，然后乘机逃之夭夭。

可怕的触手

与章鱼不同，鱿鱼和乌贼除了长有 8 条腕外，还长着一对触腕。头足纲动物并不是唯一长"手"的海洋生物哟。海洋中漂浮着各种各样的水母，其中一些水母的触手有毒，可以有效麻痹猎物，然后将其紧紧拽回，用伞状体下面的息肉吸住食用。有些水母通过喷水推进的方式移动，而另一些则选择随波逐流。

表 皮

海月水母

触 手

口 腕

红眼水母

太平洋黄金水母

水母并非鱼类

水母是世界上种类最丰富的海洋生物之一。水母并不属于鱼类，它们既没有血液，也没有大脑和心脏。除此之外，水母也没有脊椎，所以它们属于**无脊椎动物**。实际上，水母与海葵和珊瑚虫的关系更为紧密。

狮鬃水母是世界上体形最大的水母。它们的伞状体能长到 2.4 米宽，而触手能长到 36.5 米长，超过了蓝鲸的身长。

珍珠鹦鹉螺

独特的鹦鹉螺

与其他头足纲动物不同的是，鹦鹉螺的腕多达 90 根，而且腕上没有吸盘。因为鹦鹉螺的存在，我们得以一窥头足纲动物的进化史。鹦鹉螺已经在地球上存在了大约 5 亿年，比恐龙还要早诞生 2.5 亿年！

抹香鲸

抹香鲸可以潜入水下 2000 米，并持续憋气一个多小时！它们利用体内的**肌红蛋白**将氧气储存在肌肉里而不是肺部。因为在强大的海底水压下，抹香鲸的肺必须具备强大的功能。科学家们至今仍然不明白抹香鲸是如何在这么高的水压下生存下来的。

好大的眼睛！

在黑暗的深海里，抹香鲸利用回声定位来发现和捕食猎物。而大王酸浆鱿则没有这种能力，它们只能通过视觉来防御抹香鲸的袭击。因此，大王酸浆鱿进化出了动物世界中已知的最大的眼睛。

从下往上

抹香鲸在捕食时会从下往上游。它们眼睛朝上，盯着从海面上照下来的微弱光线，等待着潜在的猎物从上方经过。

很抱歉打断你观战啦，但是雷达上的这个大家伙是什么呀？！

海 山

海山和普通的山差不多，只不过海山位于海平面之下。由于地壳运动，海底到处都是高山和峡谷。现在，我们正向一座高山驶去！不过，大家不用惊慌。

呀！那座山离我们很近。它是从哪儿冒出来的？

它可不是凭空冒出来的，吉尔伯特。我来跟你讲讲那座山是如何形成的吧……

板块移动

海洋中有海流，相似地，地球内部也存在对流。这是熔化的岩石在**地幔软流层**中发生的热对流。科学家认为地幔中缓慢而持续的对流导致了**板块**移动。

热 点

在地幔层，有些地方特别热，这些地方被称为**热点**。当板块在这些热点上移动时，地壳就会升温并熔化，熔化的岩石会以熔岩的形式溢出地表，形成火山。

火山

海 山

俯冲带

板 块

热点

地 幔

板 块

地 幔

从火山到海山

数百万年来，地壳一直在热点上缓慢移动。伴随着地壳的不断移动，已经形成的旧火山会逐渐消亡，而新的火山会取而代之。旧火山冷却后，将形成**海山**。这样的过程会一遍又一遍地不断重复，因此，每个热点都可能会形成一条海山链。

海沟的形成

除了形成海山，板块运动也会在海底形成巨大的**海沟**，有些海沟的面积甚至比喜马拉雅山脉还要大。当两个板块互相挤压时，一个板块会俯冲到另一个板块之下，形成一个非常深的凹地，也就是**俯冲带**。这就是马里亚纳海沟形成的原因。

火山岛

许多岛屿位于热点之上，比如夏威夷群岛、冰岛、**加拉帕戈斯群岛**等。这些岛屿都属于活火山，它们随时都有可能喷发出滚烫的熔融岩浆！

我们重回地面，
看看那里有没有活火山吧！

加拉帕戈斯群岛

啊，在水下待了这么久，能够呼吸新鲜空气真是太棒了。如果我没算错的话，我们现在已经来到加拉帕戈斯群岛啦。加拉帕戈斯群岛是太平洋上一组偏远的火山岛，距离厄瓜多尔海岸约 1000 千米。由于岛上生活着许多奇异的野生动物，有些甚至仅存在于这个群岛上，因而加拉帕戈斯群岛十分有名。

特有种

特有种指仅生活在一个地方的物种。在加拉帕戈斯群岛上生活的特有种，几乎要比地球上其他任何地方的都多。为了保护这些特有种以及它们的栖息地，岛上 97% 的地方都被建成了国家公园。

你知道吗？

海鬣（liè）蜥进化出了一种特殊的技能——通过打喷嚏排出体内多余的盐分，这样能够有效解决海水摄入过多带来的问题。

海 龟

海龟属于爬行类海洋生物，食性很杂，主要以海藻、甲壳动物、水母为食。通过进化，海龟长出了鳍状肢，取代了原本的腿脚，更加适宜在海洋生活。此外，海龟通过流出含盐的眼泪来排出体内多余的盐分。它们的潜水时间可长达7 个小时！

海鬣蜥

海鬣蜥十分喜欢在海里游泳，它们是唯一能够适应海洋生活的蜥蜴种类，仅在加拉帕戈斯群岛出没。此外，海鬣蜥会花大量时间潜入水下啃食海草，它们一次至少可以憋气 30 分钟。

爱跳舞的鲣鸟

加拉帕戈斯群岛上生活着 3 种鲣 (jiān) 鸟，其中有两种鲣鸟的脚颜色十分鲜艳！由于品种不同，鲣鸟脚的颜色也会有所不同，大致包括蓝色、红色、棕色。此外，鲣鸟喜欢通过跳舞来炫耀这些色彩，并以此吸引配偶。

孤独的乔治

世界上体形最大的陆龟是生活在加拉帕戈斯群岛上的象龟，由于不同岛上的环境差异明显，于是演化出了形态各异的象龟亚种。孤独的乔治是最后一只**平塔岛象龟**，它的同类都被人类所猎杀，而它也在 2012 年死亡。至此，平塔岛象龟灭绝。这个悲伤的故事时刻提醒着人类要保护岛上的其他物种，避免其他动物遭遇同样的悲剧。

全员温驯

令人惊讶的是，加拉帕戈斯群岛上没有凶猛的动物，所以很多生活在那里的动物并不害怕人类。

热带企鹅

说到企鹅，我们的第一反应是它们生活在寒冷的南极。不过，事实并非如此。**加岛环企鹅**生活在赤道附近，它们是唯一生活在北半球的企鹅种类。

我们现在在赤道，但是还有两个地方要去，而这两个地点的方向完全相反，所以我们还是分头行动吧！

好主意！我去准备直升机。

南极

大家分成两组，分别去探索北极和南极。我们是"南极探险队"，准备乘坐直升机前往南极。南极在世界的最南端，也是地球上温度最低的地方。南极厚厚的冰层下面是坚实的陆地，这里有海岸、山脉和冰原。

信天翁

鸟类的天堂

北极熊和北极狐属于北极的特有种。这对于生活在南极的**企鹅、信天翁**等鸟类来说是件好事，因为没有了这些天敌的骚扰，它们可以自由自在地在地面筑巢。

企鹅

海象

摇摆的企鹅

企鹅是游泳高手，它们的身体形似鱼雷，两侧长有强壮的鳍。**帝企鹅**会在大陆冰川上孵出幼崽，然后摇摇摆摆地长途往返于大海与冰川，为幼崽觅食。

豹海豹

团结就是力量

当企鹅潜入海洋时，它们将面临来自**海豹、虎鲸**等天敌的威胁。因此，企鹅成群结队地以最快的速度跳入水中，让天敌难以逐个攻击，从而使自身的生存机会最大化。

威德尔海豹

虎鲸

你知道吗？

由于海水中含有大量的盐，海水结冰时所需的温度比淡水低。海水的冰点与盐度密切相关，例如当盐度为 40‰时，海水的冰点为 −2.2℃。

消失的冰层

近年来气候变化加剧，全球变暖的步伐加快，北极的冰层逐年流失，致使动物栖息地逐年减少，生活在北极的动物面临着灭绝的危险。

北 极

我们是"北极探险队"，现在刚刚到达北极。北极位于世界的最北端，属于非常寒冷的极地地区。与南极不同，北极的冰层下没有陆地。每年冬天，北极的冰层都会增厚，而到了夏天则会部分融化。

竖琴海豹

竖琴海豹幼崽

北极熊的嗅觉

北极熊是世界上体形最大的熊类，它们超强的嗅觉能帮助它们猎捕海豹。

一角鲸的"独角"

雄性**一角鲸**的上颌长着两颗犬齿，大多数情况下，只有左边的那颗会突出唇外 2~3 米，长成长牙。这颗牙齿通常呈逆时针螺旋状。只有雄鲸长有这样的长牙，其中原因还是个谜。一些研究者认为，雄鲸需要用长牙来捕捉鳕鱼，并与其他雄鲸搏斗，或者用来探测水压和温度变化。

北极鳕鱼

带纹海豹

一角鲸

海豹捕食

海豹，比如**环斑海豹**和**带纹海豹**，通常需要潜入冰层之下来捕食鱼类和鱿鱼。它们无法在水下呼吸，所以只能在靠近冰洞的水域活动，以便随时爬上来呼吸。

环斑海豹

海洋危机

在旅途中，我们看到了许多美妙的风景，但是，如果我们不立刻采取行动，这些风景可能会渐渐消失。人类的活动对海洋生物的生存构成了巨大的威胁。人类每天都要消耗大量的电力，汽车、飞机、轮船等交通工具需要消耗大量的燃料。而人类使用的大部分能源都是**化石能源**，这对气候与海洋环境造成了难以挽回的负面影响。

全球变暖

燃烧化石能源会向大气中排放二氧化碳等气体。二氧化碳和其他**温室气体**就像一块毯子紧紧包裹着地球，造成了全球变暖的现象。

海平面上升

全球变暖导致冰山融化，而融化的雪水将汇入海洋，造成海平面上升，使许多沿海城市与岛屿被**淹没**。

白色污染

人类使用过的很多塑料都进入了海洋。塑料很难被**分解**，它们会在海洋里漂浮很长时间。而海洋动物会把这些塑料误认为食物吃掉，最终它们会因为肚子里装满了无法消化的塑料而大量死亡。除此之外，较大的塑料碎片和废弃渔网还会缠绕在海洋动物身上，给它们带来痛苦，造成伤害。

大太平洋垃圾带

从位于美国加利福尼亚州与夏威夷之间的塑料垃圾带，我们可以看出如今的白色污染问题有多严重。这条垃圾带也被称为**大太平洋垃圾带**，它的面积是法国国土面积的 3 倍！

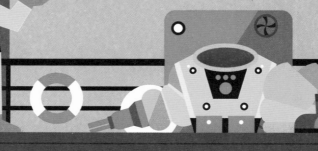

酸性海洋

大气中的**二氧化碳**能够溶解在海水中，导致海水的酸性增加，这会侵蚀珊瑚的骨骼与贝类的碳酸钙外壳。为了保护自己，珊瑚和贝类长得越来越小，甚至逐渐死亡、绝迹。

石油泄漏

由于汽车、轮船、飞机等交通工具需要使用大量石油，因油井与油轮导致的石油泄漏时有发生。石油泄漏使无数海洋生物受到毒害，无数海鸟因羽毛受损而死亡。

微塑料

塑料进入海洋后，会被分解成越来越小的碎片，也就是**微塑料**。这些微小的塑料颗粒很难清理，它们会被海洋动物在不知不觉中吞入腹中。

破坏生态平衡

人类从事海洋捕捞的历史悠久。然而，近几年海洋捕捞有增无减，很多地方甚至造成了**过度捕捞**。长此以往，不仅一些鱼类将会灭绝，整个海洋食物链的平衡也会被打破。

塑料的循环

我们平时吃的海鲜，比如金枪鱼和鲑鱼，它们体内可能也含有微塑料、汞等**危险的化学物质**。因为这些金枪鱼和鲑鱼可能会吃掉那些受污染的海洋生物，久而久之，体内也就积累了大量的化学污染物。

太可怕了！
那我们应该怎样做才能保护海洋环境
以及这些奇妙的海洋生物呢？

我们能做什么？

虽然海洋面临重重危机，但是我们可以做一些力所能及的事情来保护它。很多环保人士很早就加入到了拯救海洋的队伍中，帮助海洋和海洋生物早日找回往昔的平静与安宁。

节约能源

我们可以通过节约能源来减少**碳排放**。要做到节约能源，首先我们需要节约用电；其次尽可能地减少自驾频率，尽量选择公共交通工具；最后还要减少肉类食物的浪费，尤其是像牛肉这样的红肉，因为在红肉的生产过程中也会产生碳排放。

使用新能源

许多国家都在尝试用风能或者太阳能等**可再生能源**来代替化石能源。寻找新能源的步伐越快，就越利于保护生态环境！

处理塑料制品

为了避免更多的塑料制品流入海洋，我们要尽量少用塑料制品，尤其是一次性的塑料制品，比如塑料瓶、塑料吸管、塑料包装等。尽管如此，使用塑料制品仍不可避免，因此**重复使用**以及**回收**塑料制品就变得至关重要。

重复利用包装

日常生活中，为了减少塑料袋的使用，我们可以尽量用**帆布袋**来打包物品。有一些商店甚至允许顾客自己带上瓶子来购买沐浴露和洗涤液，这样就可以重复使用塑料瓶了。

长久之计

当我们购买海产品时，我们需要了解这种海产品是否符合**可持续捕捞**的策略。许多国家的海产品上会贴有标签，告诉顾客它们是否能被可持续捕捞，所以我们在购买海产品时最好检查一下标签。

太平洋保护区

太平洋上的一些岛屿四周建立了大片的保护区，明令禁止商业捕捞，例如帕劳群岛。**这些海洋保护区**的建立不仅保护了当地的野生动物，还能帮助海洋从气候变化等生态问题中恢复生机。不仅如此，一些环保主义者正在努力争取在 2030 年之前，将世界上三分之一的海洋全都划为自然保护区。

清理海洋垃圾

海洋中的许多垃圾持续被冲上海岸，导致原本美丽的海滩面目全非。为了清理海洋垃圾，世界各地的环保主义者联合起来，一同参与到**海岸线的垃圾清理**工作中来。如果你住在海边，你可以看看附近是否有正在进行的垃圾清理工作。如果没有，你可以尝试着在家长的陪同下组织一次垃圾清理工作。

海底造"林"

为了保护珊瑚礁以及生活在其中的海洋生物免受气候变化的影响，科学家们正尝试着在可控环境中培育珊瑚。如果实验成功，他们将把这些珊瑚重新种植在水下特殊培育的"珊瑚树"上。这样一来，珊瑚的生存概率将大大增加。

降解塑料垃圾

科学家们最近发现了一种能够有效分解塑料的**细菌**。也许在不久的将来，我们可以利用这种细菌来降解海洋中的塑料垃圾。

大多数陆地动物只能生活在地面上或者树上，而海洋动物却可以生活在深浅不一的海域里。因此，海洋为地球生物提供了约 **99%** 的栖息空间。

奇百利号

海洋的真相

当亿万只鼓虾同时猛烈闭合**巨螯**时，能发出海洋中最响亮的声音。这种声音比大型喷气式飞机起飞时的声音还大，这便于鼓虾群击晕猎物、互相交流、寻找配偶。

如果把地球上所有的水资源汇聚成一个**大水球**，那么球的直径将达到 1400 千米，这大约是从伦敦到罗马的距离。

我们可以通过观察海豚和鲸的骨骼构造来了解它们的**演化历史**。虽然海豚和鲸都没有腿，但是它们身上却有骨盆的痕迹。

双吻前口蝠鲼（fèn）是海洋中体形最大的鳐鱼，体盘宽可达 9 米。

在这次深海之旅中，
我们见到了许多奇妙的深海景象以及海洋生物。
地球上所有的生命都起源于海洋，
所以海洋也是人类生活环境的一部分。
从庞大的鲸到奇异的水滴鱼，每一种动物都是如此奇妙，
我们自豪地与它们共享这个美好的星球。
海洋里还有很多未知领域等待着我们去探索，
所以希望这次旅行仅仅是属于你深海之旅的开始！
年轻的科学家们，请记住，
知识永无止境！

去过**马里亚纳海沟**的人还非常少。

螃蟹的**外骨骼**十分坚硬，无法二次生长，
所以螃蟹在成长过程中会不断蜕下外壳，
以便重新长出新的、更适合身体大小的外壳。
螃蟹一生最多能蜕 20 次外壳。

当**刺鲀**受到威胁时，
它们会迅速膨胀到正常体形的 2~3 倍，
变成一个带刺的圆球。

迄今为止，人类所发现的**巨型章鱼**的
腕足最长可达 9 米，甚至超过了普通两层
小楼的高度！

多腕葵花海星的身体下方
长有 15 000 只细小的管足。

词汇表

B

板块
拼合成地球岩石圈的巨大且缓慢移动的岩石。

捕食者
以捕食其他动物为生的动物。

C

潮池
退潮后，海边礁石上的一个个小水坑。

潮间带
指最高潮位与最低潮位间露出的海岸。

潮汐
本书中指海洋潮汐，是由于月球和太阳的万有引力引起的海面发生周期性涨落的现象。

赤道
两极正中间环绕着地球的一条线，将地球分成南北两个半球。

触手
通常指无脊椎动物头部分枝或不分枝的细长凸起，如原始的水母、水螅等生物都有触手。

触腕
某些软体动物头足类（如乌贼、鱿鱼等）体前端口侧的特化口腕，通常比躯干长。

D

地核
地球内部构造的中心圈层，推测可能是高压状态下铁、镍成分的物质。

地壳
地球固体圈层的最外层，由岩石组成。

地幔
地球内部构造的一个圈层，位于地壳以下，地核之上。

F

风暴潮
由飓风等灾害性天气引起的海水异常升高或下降的现象。

浮游生物
缺乏或仅有微弱游动能力的水生生物，这些生物位于食物链的最底层。

G

共生
泛指两种或两种以上生物生活在一起的相互关系。通常表现为一种生物生活于另一种生物的体内或体外并相互有利的关系。

固着器
由叉状分枝的假根组成，用来固着在岩石上。

光合作用
绿色植物和蓝细菌利用太阳光的能量，把二氧化碳和水转变成有机物质，并释放氧气的过程。

光谱
复色光通过棱镜或光栅后，分解成的按波长大小排成的光带，例如可见光的光谱是红、橙、黄、绿、蓝、靛、紫七色。

H

海床
海洋板块构成的地壳表面。

海底热泉
从海底裂隙喷出的气液混合体，喷发的热泉如同烟囱状。

海平面
平均海平面，是测量海洋深度的起点，也是陆地海拔高度的起算点。

恒温动物
具有完善的体温调节机制，能在环境温度变化的情况下保持体温相对稳定的动物，如鸟类和哺乳类。

化石
由于自然作用而保存在地层中的古生物的遗体或遗迹。

化石能源
煤、石油、天然气等埋藏在地下和海洋下的不可再生的燃料资源，燃烧的过程中会产生能量。

J

肌红蛋白
肌肉中储存氧的蛋白质，在体内几乎全部与氧结合，以达到储存氧的作用，只有在体内氧耗很大的情况下才释放出结合的氧。

脊椎动物
动物界最高等的类群，体内有由许多脊椎骨连接而成的脊柱，并有发达的头骨。

甲壳质
虾、蟹、昆虫等甲壳的重要成分。

进化
生物逐渐演变，由简单到复杂、种类由少到多的发展过程。

鲸须
须鲸嘴部上颌延伸下来的梳子状的板片，须鲸利用鲸须滤食水中的浮游生物、磷虾和小型鱼类。

K

可持续捕捞
指可以永远持续的捕捞方式，不会造成渔业资源的过度开发。

L

蓝细菌
地球上最早出现的具有放氧性光合作用的原核生物。它的出现使地球大气从无氧状态发展到有氧状态。

冷凝
气体或液体遇冷而凝结，如水蒸气遇冷变成水，水遇冷结成冰。

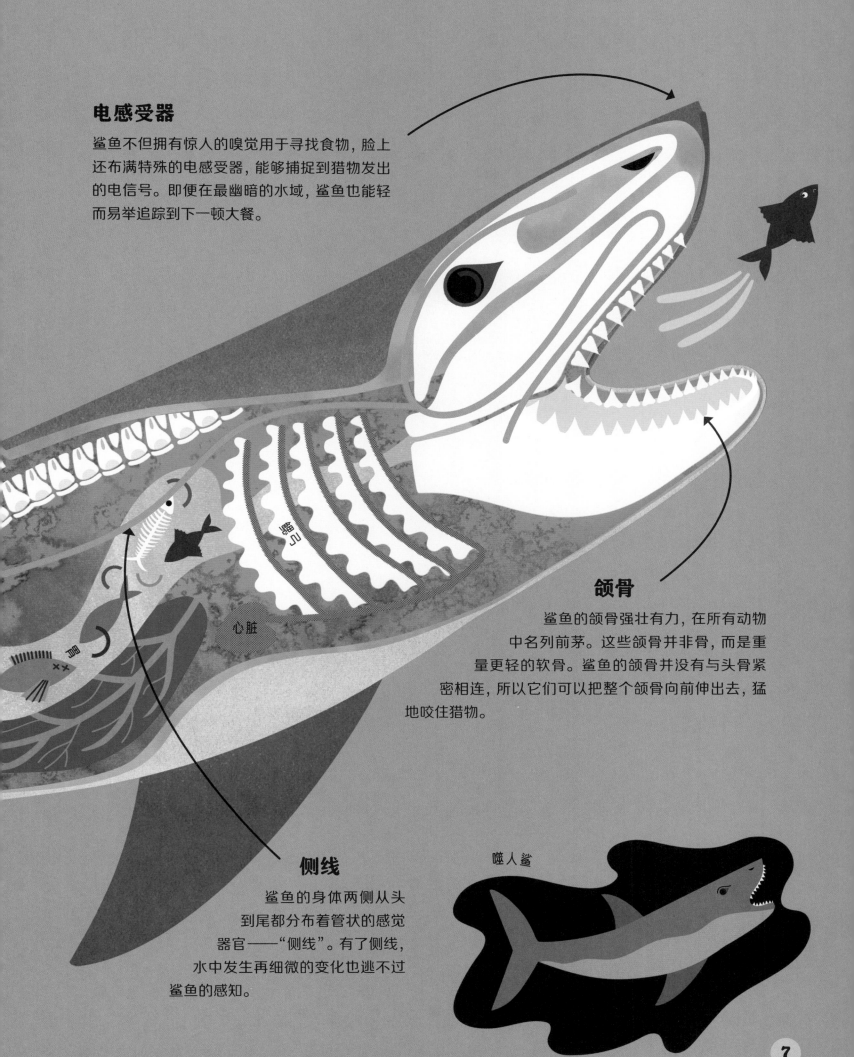

电感受器

鲨鱼不但拥有惊人的嗅觉用于寻找食物，脸上还布满特殊的电感受器，能够捕捉到猎物发出的电信号。即便在最幽暗的水域，鲨鱼也能轻而易举追踪到下一顿大餐。

心脏

颌骨

鲨鱼的颌骨强壮有力，在所有动物中名列前茅。这些颌骨并非骨，而是重量更轻的软骨。鲨鱼的颌骨并没有与头骨紧密相连，所以它们可以把整个颌骨向前伸出去，猛地咬住猎物。

侧线

鲨鱼的身体两侧从头到尾都分布着管状的感觉器官——"侧线"。有了侧线，水中发生再细微的变化也逃不过鲨鱼的感知。

噬人鲨

肌肉与运动

动物运动是为了寻找食物、水、栖身之所，以及躲避危险。而运动要依靠肌肉产生的拉力。骨架在身体表面的动物，肌肉附着在骨架之内，而骨架在内侧的则正好相反。但两种肌肉的工作方式是相似的。

8

❶ 迅捷的猎豹

猎豹拥有强健的四肢，脊柱部分的肌肉也非常发达，仅奔跑三大步，速度就能飙升至64千米／小时！不过它们用这个速度奔跑约20秒就得停下来休息，不然身体就会过热！

❷ 速度最快的鱼

海洋中速度最快的鱼要数旗鱼，周身肌肉能帮助它们以超过100千米／小时的速度在水中疾驰。这些游泳健将头部如尖刺，身体呈流线型，在水中游起来像滑行一样轻松。

❸ 飞行力量

鹰是世界上最强壮的鸟类。鹰的胸部肌肉十分强壮，能够带动巨大的翅膀上下拍打。这些肌肉与胸骨上一处被称为"龙骨突"的突起相连。

❹ 腹足

蜗牛以一大块黏滑的肌肉为腹足进行滑行。滑行时这块肌肉从后到前以波状伸缩蠕动。蜗牛腹足分泌的黏液可以帮助蜗牛在粗糙的表面轻松滑行。

❺ 肌肉与运动

通常情况下，肌肉受神经信号刺激后会收缩，带动动物身体的某些部位在拉力作用下改变原有位置。待肌肉放松时，身体移动的部位就会回到原来的位置。

＊此小节无插图对应，后文也有相同情况。——编者注。

❻ 拱形运动

有一类毛虫俗称"弓腰虫"，顾名思义，它们缓慢蠕动时身体呈拱桥状——这是因为弓腰虫身体的中段没有长脚。

❼ 跳高小能手

跳蚤的后腿可以为它们蓄能，提供瞬间的弹力，将其弹射到空中。就体形而言，跳蚤堪称动物界的跳高冠军！

❽ 关节

关节是坚硬的骨彼此之间的连接。正是如此，长有骨骼或外骨骼的肢体才能够弯曲。

❾ 喷射推进

乌贼和章鱼会将水吸入体腔，然后通过一种叫作"漏斗"的结构将水喷出，从而获得推力向喷水的反方向快速移动。

❹

你知道吗？
马身上的肌肉质量占体重的比例能达到60%。

蜗牛即便在锋利的刀上滑行也不会受伤，因为它的腹足能分泌出厚厚的黏液。

如果你具备和跳蚤一样的弹跳力，跃过房子都不在话下！

普通章鱼

大脑

章鱼非常聪明！使用工具、在迷宫中找出路、玩魔方都难不倒它们。一些科学家认为，章鱼甚至可以辨认不同的人类。

外套膜

章鱼没有骨骼，它们的大部分器官都被称为"外套膜"的膜状物包裹在里头。

心脏

章鱼有3颗心脏，其中2颗负责将血液泵入鳃中，第3颗负责将血液输送到身体的其他部位。章鱼游动时第3颗心脏会停止跳动，因此它们容易感到疲劳。这就解释了为什么章鱼总在海底爬行。

肝脏

肾脏

鳃

肤色伪装

章鱼的皮肤很特别，可以根据周围环境改变颜色。它们会利用这一点来躲避周围的捕食者。

章鱼的体内世界

章鱼广泛分布于世界各大海域。它们有8只腕，身体十分柔软，可以挤过狭小的空间；断掉的腕还可再生！最大的章鱼约9米长，体形比某些汽车还大，而最小的章鱼只有几厘米长。

墨汁

章鱼将墨汁储存在墨囊中，并从漏斗喷出。这种墨汁能迷惑捕食者，帮助章鱼绝地逃生。

吸盘

人类用舌头品尝味道，章鱼却截然不同！它们利用自己8只腕上的数百个小吸盘来品尝和嗅闻接触到的所有东西。

血液

章鱼的血液是蓝色的！这是因为章鱼血液中含有大量的铜元素。铜元素有助于氧气在章鱼体内输送，尤其是当章鱼身处寒冷环境时。

角

有些奶牛头上有角，可以用于防卫，也能提高它们在牛群中的地位。牛角由骨质的角心和坚硬的角质鞘构成，终生保持生长。

舌头

奶牛的舌头舌面粗糙，触感似砂纸，能稳稳地把草抓住，将坚硬的叶子卷入口中。

心脏

肺

牙齿

奶牛的下颌前部长有可用于切割的牙齿，而上颌只有坚硬的齿板。它的上下颌后面还长有大大的臼齿，用来磨碎食物。

胃

奶牛的胃分为 4 个部分，组合在一起就像一个巨大的食物处理器，方便奶牛从坚硬的植物中尽可能多地获得营养。奶牛咀嚼并吞下食物后，会把食物呕出来再一次咀嚼和消化！

尾巴

奶牛的尾巴是驱赶烦人苍蝇的利器！

娟姗牛

奶牛的体内世界

我们饲养奶牛是因为它们能产出大量牛奶。一头奶牛日均产奶量为 25~40 升，全球奶牛的年产奶量高达 6 亿吨。不过，牛打嗝或放屁时会释放出甲烷，加剧全球变暖，对地球环境产生危害。

牛奶

奶牛的奶储存在两条后腿之间的乳房中。挤完一头奶牛的奶通常需要 5~8 分钟。

牛蹄

奶牛的蹄子大部分都是骨头，底部覆盖着一层坚硬的物质。每只牛蹄有两个大大的趾，看起来整个蹄子似乎均分成了两瓣。

大大的眼睛

鸵鸟的眼睛大如台球，比它的大
脑还大，让所有陆地生物都甘拜
下风。敏锐的视力能帮助鸵鸟发
现远处可能存在的危险。

磨碎食物

和所有鸟类一样，鸵鸟没有可以咀嚼食物
的牙齿。因此，它们会吞下沙子和石子来
碾碎食物。这个过程发生在一个紧挨着胃
的叫作砂囊（肌胃）的器官里。

气囊

呼吸

鸵鸟高速奔跑时需要消
耗大量氧气。和飞行鸟
类一样，鸵鸟通过强大
的肺从空气中吸收大量
氧气，此外还有气囊辅
助呼吸。

气囊

气囊

气囊

气囊

气囊

两趾

大多数鸟类每只
脚上都有 4 个脚趾，
但鸵鸟只有两个。大的
脚趾长着爪，主要用来支撑
身体。小脚趾没有爪，主要负责
帮助鸵鸟保持平衡。

大长腿

鸵鸟的腿长达 1.5 米，肌肉发达，因此这些大鸟奔跑速度
之快令人咋舌。鸵鸟还会用腿当武器，它们杀伤力极强的
踢腿传说可以杀死狮子！对人类也很危险。

鸵鸟的体内世界

鸵鸟是世界上现存最大的鸟类，身形高大，足以俯视大多数成年人的头顶。鸵鸟身体过重，无法飞翔，却可以跑得比赛马还快，仅一步就能跑出近 4 米远。鸵鸟的小翅膀可以帮助它们在逃避狮子、豹子和鬣狗等捕食者时保持平衡。

羽毛

与其他鸟类不同，鸵鸟的羽毛不能连成羽片，看起来很蓬松，这有利于鸵鸟保持体温。雄性还会通过展示翅膀上的羽毛吸引雌性。

肠道

鸵鸟的肠道足足有 14 米长，大约是人类的两倍。食物通过肠道的时间大约为 3 天，这样一来，鸵鸟就能尽可能多地从坚硬的植物中摄取营养。

鸵鸟蛋

鸵鸟蛋是世界上最大的蛋，1 颗鸵鸟蛋的重量相当于 24 颗鸡蛋的重量。它的外壳十分结实，哪怕一个普通体形的成年人站在上面也不会破损！

非洲鸵鸟

骨骼

骨骼是一副坚固的框架，用以支撑动物的身体，帮助其移动并保护体内的心脏、肺等柔软的器官。大多数动物的骨骼要么在体内，要么在体外，但有些动物体内外皆有。骨骼通常由坚硬的物质构成，如碳酸钙或甲壳素。

❶ 水骨骼

有些动物完全没有坚硬的骨骼，只有由肌肉挤压体内液体形成的类似骨架的结构。这意味着这些动物可以扭曲身体通过狭小的空间，但它们的躯体并不强壮。水母、海葵、章鱼、蚯蚓等动物都拥有这样柔软的水骨骼。

❷ 外骨骼

许多动物的体外都长有外骨骼。例如，蜗牛和螃蟹的外壳、海星长满刺的外壳、昆虫和蜘蛛坚硬的"盔甲"。

❸ 内骨骼

许多动物体内有由骨组成的骨骼。人类骨骼约由 206 块骨构成，但像蟒蛇这样的大型蛇类，体内的骨多达 1800 块！

❹ 软骨

包括鲨鱼、鳐鱼和虹鱼在内，有超过 1000 种鱼类的骨骼并非由骨而是由坚韧且有弹性的软骨组成。这也使得它们的骨骼更轻——能更迅速地捕捉猎物，躲避敌害。

❺ 两副骨骼

有些动物体内外均有骨骼，这样能更好地保护身体，但也会限制行动。比如海龟同时拥有内骨骼和保护重要器官的外骨骼（壳）。

❻ 壳

贝类和蜗牛坚硬的壳主要由碳酸钙构成。蜗牛可以把身体缩进壳里，以躲避危险。壳还能帮助动物在炎热或寒冷的天气中生存下来。

❼ 牙齿和颌骨

动物颌骨中的牙齿和上下颌可用于切割和研磨食物、捕捉猎物、抵御外敌。比如，河狸的牙齿强壮到足以啃断树木！

❽ 鸟类的骨头

鸟类的许多骨头是中空的，内有蜂巢状的空腔，可以帮助它们储存足够的氧气用于飞行。鸟类拥有角质喙，而不是沉重的牙齿，避免它们因过重而无法起飞。

你知道吗？

海马没有肋骨，
但它的外骨骼能更好地
起到保护和支撑的作用。

灰熊拥有强大结实的
颌骨和牙齿，
足以咬碎保龄球。

澳大利亚的大堡礁
是由数百万珊瑚虫的
骨架组成的。

黑色与白色

在陆地上，企鹅黑色的背部能吸收太阳的热量，而白色的正面则会反射热量，保持身体凉爽。在海洋中，黑白两色能帮助企鹅伪装自己，避开捕食者。

羽毛

企鹅的羽毛多于大多数鸟类。表层那些细小而坚硬的羽毛紧紧地裹在一起，阻止寒风带走热量，而羽毛蓬松的根部也会像羽绒被一样锁住身体热量。企鹅还会分泌出一种油脂覆盖羽毛，具有防水功效。

沉重的骨头

企鹅坚硬又沉重（相较其他鸟类而言）的骨头有助于潜水。它们的鳍肢如船桨，宽阔平坦，划水很方便。

肠道

企鹅的体内世界

流线型的身体使得企鹅在水下穿梭自如，速度之快连奥运会游泳选手也望尘莫及。企鹅一生中有 3/4 的时间都在海里。数百万年前的企鹅体形堪比成年人类。而如今，最大的企鹅——帝企鹅，也不过孩子般大小。

保暖层

企鹅有一层厚厚的皮下脂肪，可以帮助企鹅在冰水中保持体温。脂肪也是一种重要的能量储存，还可以保护企鹅在陆地上免遭撞击磕碰的伤害。

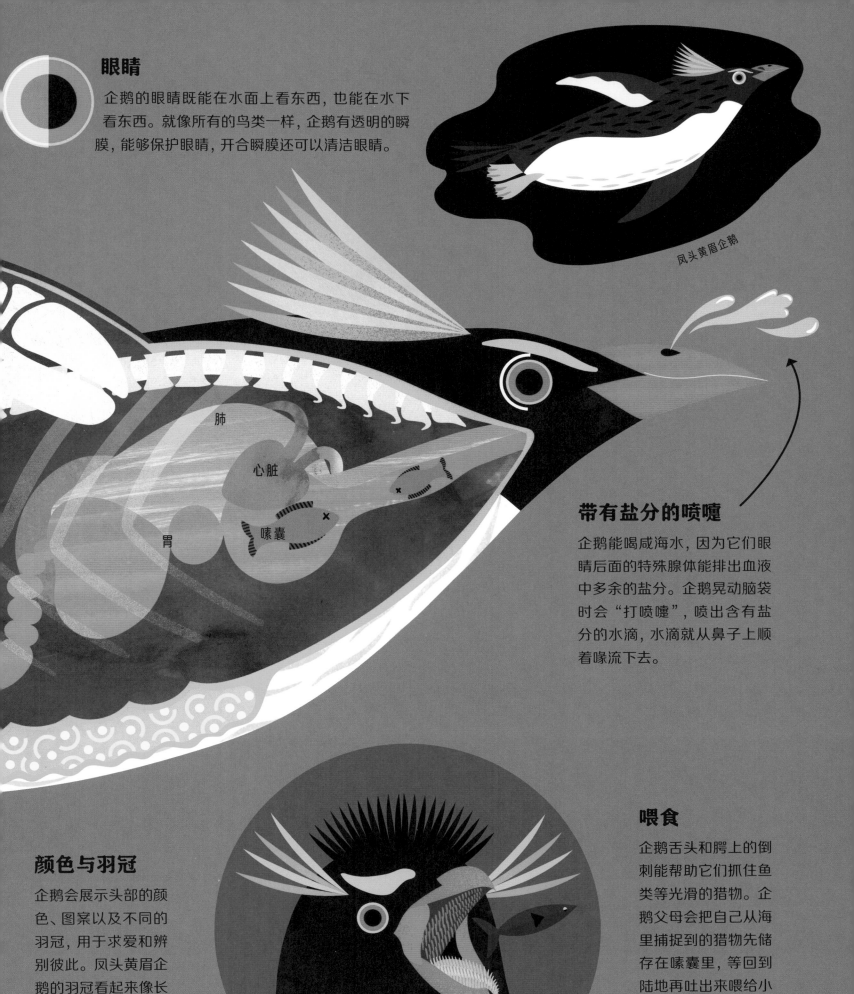

眼睛

企鹅的眼睛既能在水面上看东西，也能在水下看东西。就像所有的鸟类一样，企鹅有透明的瞬膜，能够保护眼睛，开合瞬膜还可以清洁眼睛。

凤头黄眉企鹅

肺

心脏

胃

嗉囊

带有盐分的喷嚏

企鹅能喝咸海水，因为它们眼睛后面的特殊腺体能排出血液中多余的盐分。企鹅晃动脑袋时会"打喷嚏"，喷出含有盐分的水滴，水滴就从鼻子上顺着喙流下去。

颜色与羽冠

企鹅会展示头部的颜色、图案以及不同的羽冠，用于求爱和辨别彼此。凤头黄眉企鹅的羽冠看起来像长长的眉毛。

喂食

企鹅舌头和腭上的倒刺能帮助它们抓住鱼类等光滑的猎物。企鹅父母会把自己从海里捕捉到的猎物先储存在嗉囊里，等回到陆地再吐出来喂给小企鹅。

大猩猩的体内世界

大猩猩是珍稀、聪明的素食主义者。它们是类人猿家族的一员，是人类的近亲之一，体内结构与人类非常相似。和我们一样，大猩猩也有指甲和独特的指纹。但是，大猩猩比人类强壮，全身肌肉更加发达，毛发更加茂盛，还附带一个用于消化植物的大肚子。

毛发

大猩猩的毛发有助于保暖。山地大猩猩生活在寒冷的环境中，毛发又长又厚，因而体形看起来更显高大。雄性大猩猩成年后背上会长出银色的毛，它们因此也被称为银背大猩猩。

大大的肚子

大猩猩的肚子比胸部还突出，用来容纳它们那曲折盘绕的超长肠道，帮助它们消化大团大团的植物。大猩猩的大部分时间都在进食，食物包括 200 多种不同的植物。

肩胛骨

肺

胃

肠道

手指

大猩猩的手指比人类的要粗得多，大概有香蕉那么粗！它们的大拇指能与其他手指对握，所以它们可以自如地改变抓握力度。

骨头

比起人类，大猩猩的骨头更加坚硬结实，更不容易折断。但沉重的骨骼也意味着大猩猩身体太重，无法浮在水面上。

大脑

大猩猩有个大脑袋，大脑发育良好。它们的大脑比人类的小，大约是人类的1/3。大猩猩可以学习手语，只是由于声带限制无法说话。

梳理毛发

大猩猩经常会和族群的同伴用手指仔细地相互梳毛。这样不仅能保持毛发干净，还可以帮助大猩猩放松心情，维护彼此之间的友谊。

牙齿

成年大猩猩的牙齿数量和成年人类的牙齿数量一致，都是32颗。此外，它们也跟人类一样会长出两副完整的牙齿：一副是乳牙，一副是乳牙脱落后长出的恒牙。它们巨大的臼齿附着在强壮的肌肉上，可以磨碎坚韧的植物。

胳膊与腿

大猩猩的胳膊比腿长，因此它们不像人类一样直立行走，而是四肢着地。走路时大猩猩会把手指蜷起来，这样它们的指关节就能承受身体的重量了。

山地大猩猩

鹦鹉的体内世界

从手指大小的侏鹦鹉到胖胖圆圆不会飞的鸮鹦鹉，世界上有超过 350 种鹦鹉。图中的这只五彩金刚鹦鹉，是体形最大的鹦鹉之一。野生五彩金刚鹦鹉能活 35~50 年，甚至更长时间。这些叽叽喳喳、聪明伶俐的鸟儿擅长模仿声音，可以通过训练让它们说话，不过一般它们并不知道自己在说什么。

灵活的脖子

鹦鹉的脖子上有 10 块骨头，比人类多 3 块！这使得它们的脖子异常灵活，不用移动身体就能把头转过肩膀。鹦鹉灵活的脖子能帮助它们发现食物或捕食者。

梳理羽毛

鹦鹉会用喙在羽毛上涂抹一种从尾部腺体分泌出的油脂。这样既能帮助羽毛防水，又能让它们干净整洁。

心脏

气囊

肝脏

胃

脚趾

鹦鹉两趾向前，两趾向后，因而能有力抓握，方便它们用爪攀爬，抓取东西。鹦鹉是唯一会用脚把食物送到喙边的鸟类。

大大的喙

鹦鹉的喙尖锐而弯曲，非常坚实，轻而易举就能啄开坚硬的坚果和种子，在树上和软岩上挖洞筑巢也易如反掌。鹦鹉会用强有力的舌头剥开水果和坚果进食。

色彩斑斓的羽毛

一只鹦鹉全身约有 2000 根到 3000 根羽毛！大多数鸟类从食物中获取色素，而鹦鹉可以自己生成红色、橙色和黄色的色素。而红色素有助于保护羽毛免遭细菌破坏。

感官

鹦鹉拥有敏锐的视力，除了我们能看到的光线外，我们看不见的紫外线它们也同样能看到。这样的视觉分辨力能帮助它们辨认自己的伴侣和朋友，保证同族群的鹦鹉待在一起。

呼吸

和所有会飞的鸟一样，鹦鹉飞行需要耗费大量能量。它们利用气囊和肺让空气在体内流动，以提供足够的氧气供它们消化食物、获取能量。

五彩金刚鹦鹉

肺与呼吸

几乎所有动物都需要氧气才能将能量从食物中释放出来。例如，有些小动物通过体表吸收氧气，有些昆虫利用微小的气管系统呼吸。而像鲨鱼、大象这种大型动物则拥有鳃或肺等器官，帮助它们吸入足够的氧气。

24

❶ 肺

动物的肺里有成千上万的气管通向微小的气囊。这些气囊的外壁非常薄，方便氧气轻松渗入血液。血液会将氧气输送到全身。

❷ 气囊

鸟类有几个大大的气囊，与肺相连，能让它们在呼吸时充分获得氧气，释放飞行所需的能量。

❸ 鳃

大多数生活在水里的动物，比如鱼或牡蛎，都是通过层层叠叠的瓣叶呼吸的。这些瓣叶被称为鳃。鳃由于含有大量用于吸收氧气的血液而呈现红色。

❹ 皮肤呼吸

有些通过皮肤呼吸的动物生活在陆地上，比如蚯蚓；而蝾螈、鳗鱼等水陆两栖动物则需要让纤薄的皮肤保持湿润，才能保证自身皮肤呼吸系统在陆地上能顺畅运作。

❺ 离水呼吸

弹涂鱼用鳃储水，这样就能在陆地上呼吸，因而它们的脸颊看起来鼓鼓的！弹涂鱼还可以通过皮肤和口腔内壁呼吸。

❻ 昆虫

昆虫体内有张微小的空气管道网络，叫作气管，负责将氧气输送到昆虫全身。这种昆虫气管通过身体外壳上的小孔吸入空气。这些小孔被称为气门，昆虫通过控制周围的肌肉就能开关气门。

❼ 呼吸管

蝎蝽和蚊子幼虫等水生昆虫通过呼吸管从水面吸入空气，其工作原理类似于潜水员通过呼吸管透过水面呼吸。

❽ 肺鱼

肺鱼是唯一同时利用鳃和肺呼吸的鱼类。如果肺鱼生活的水域干涸，它们就会用肺代替鳃进行呼吸。

❾ 潜水

人类通常可以在水下憋气大约 2 分钟。自由潜水员在水下憋气的最高世界纪录为 24 分钟！这一纪录让可以在水下闭气 15 分钟的河狸都甘拜下风。

你知道吗？

柯氏喙鲸是哺乳动物中
潜水时间最长纪录的保持者，
可以在水下待 2 个多小时
再浮出水面呼吸！

蝎蝽的呼吸管
几乎和它的整个身体
一样长！

和大多数鱼不一样，
南极冰鱼没有鳞片，
它们可以直接通过
皮肤吸收氧气。

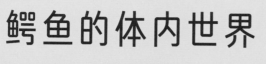

鳄鱼的体内世界

鳄鱼是恐龙现存的近亲之一！这些凶猛无比的捕食者长着强壮的颌骨和坚硬的利齿。其中，湾鳄是世界上现存最大的爬行动物，重量至少是三角钢琴的两倍！

布满鳞片的皮肤

鳄鱼的鳞片可以保护身体并防止体内水分流失。鳄鱼的鳞片会随着鳄鱼的身体一起长大。

胃

胃中的石头

鳄鱼会吞下鹅卵石和其他坚硬的东西，让它们在胃里翻滚。这样做有助于分解食物，让鳄鱼更好地吸收营养物质。

聪明的鳄鱼

鳄鱼是一种非常聪明的爬行动物，其大脑的思维系统比其他爬行动物更为发达，可以学习和记忆，提升它们的生存能力。

大脑

肺

心脏

眼睛

鳄鱼的视力非常好，在黑暗中也能看得很清楚，而晚上正是它们捕猎的时候。晚上，鳄鱼竖直的瞳孔会放大，让尽可能多的光线进入眼睛。

可怕的利齿

鳄鱼的颌骨一合，利刃一般的牙齿就会扎入猎物的皮肉中，甚至连骨头都可能咬碎。鳄鱼的牙齿会不断生长，一颗掉了就会长出新的替换。

次生腭

鳄鱼在水下时，喉咙后部特殊的次生腭会闭合，防止水流入肺部。这意味着鳄鱼可以在水下张开嘴巴捕食猎物而不会被淹死。

心脏

和我们一样，鳄鱼的心脏也有 4 个腔。当鳄鱼潜入水下时，心脏可以将大量富含氧气的血液泵入大脑。

湾鳄

27

鼻叶

有些蝙蝠的脸上长有肉瓣，被称为"鼻叶"。据猜测，蝙蝠可能在用鼻叶发出超声波，不过工作原理目前尚无定论。图上这只马铁菊头蝠就是以其鼻叶的形状命名的。

耳朵与回声

大多数蝙蝠会用嘴巴或鼻子发出高频率的声波，等待回声反射回耳朵，来建立周围环境的"声音图像"，以便在黑暗中导航，寻找猎物。

消化

蝙蝠消化食物的速度很快，进食后仅 30~60 分钟就会开始排便。排出未消化吸收的食物能帮助它们减轻飞行时的重量。

马铁菊头蝠

翅膀

蝙蝠的翅膀由翼骨和覆在上面的两层皮肤组成。它们的翅膀非常灵活，可以让它们随心所欲地变换姿态，捕食时能在空中快速盘旋和俯冲。

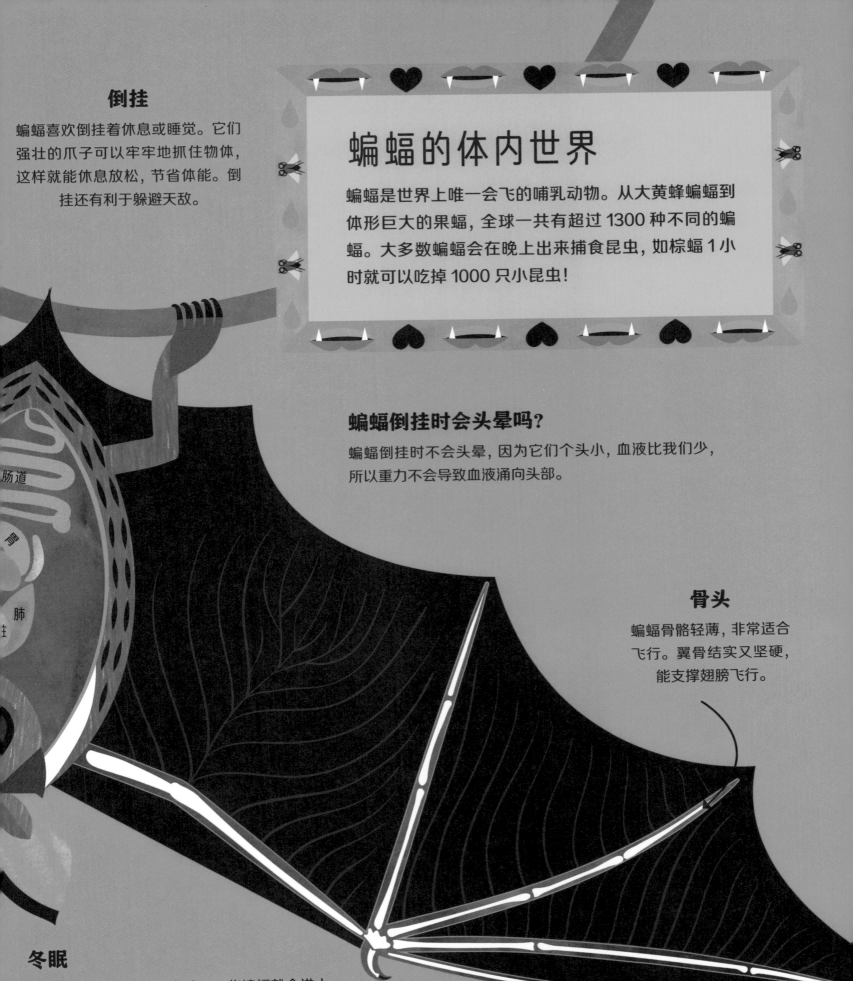

倒挂

蝙蝠喜欢倒挂着休息或睡觉。它们强壮的爪子可以牢牢地抓住物体，这样就能休息放松，节省体能。倒挂还有利于躲避天敌。

蝙蝠的体内世界

蝙蝠是世界上唯一会飞的哺乳动物。从大黄蜂蝙蝠到体形巨大的果蝠，全球一共有超过 1300 种不同的蝙蝠。大多数蝙蝠会在晚上出来捕食昆虫，如棕蝠 1 小时就可以吃掉 1000 只小昆虫！

肠道

肺

蝙蝠倒挂时会头晕吗？

蝙蝠倒挂时不会头晕，因为它们个头小，血液比我们少，所以重力不会导致血液涌向头部。

骨头

蝙蝠骨骼轻薄，非常适合飞行。翼骨结实又坚硬，能支撑翅膀飞行。

冬眠

冬天寒冷，能吃的昆虫很少，一些蝙蝠就会进入深度睡眠，也就是冬眠。它们会待在洞穴一类安全的庇护所中，降低体温、心率和呼吸频率，依靠身体脂肪维持生命。待温暖的春天到来，蝙蝠便会苏醒。

29

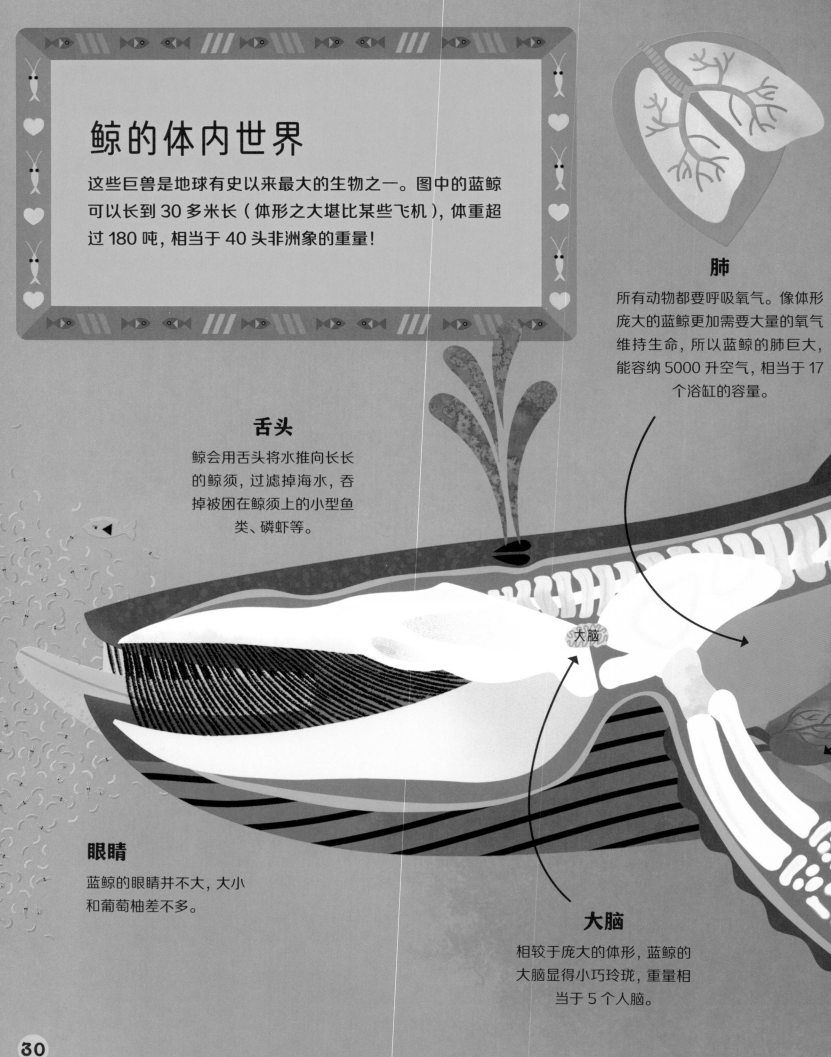

鲸的体内世界

这些巨兽是地球有史以来最大的生物之一。图中的蓝鲸可以长到 30 多米长（体形之大堪比某些飞机），体重超过 180 吨，相当于 40 头非洲象的重量！

肺

所有动物都要呼吸氧气。像体形庞大的蓝鲸更加需要大量的氧气维持生命，所以蓝鲸的肺巨大，能容纳 5000 升空气，相当于 17 个浴缸的容量。

舌头

鲸会用舌头将水推向长长的鲸须，过滤掉海水，吞掉被困在鲸须上的小型鱼类、磷虾等。

大脑

眼睛

蓝鲸的眼睛并不大，大小和葡萄柚差不多。

大脑

相较于庞大的体形，蓝鲸的大脑显得小巧玲珑，重量相当于 5 个人脑。

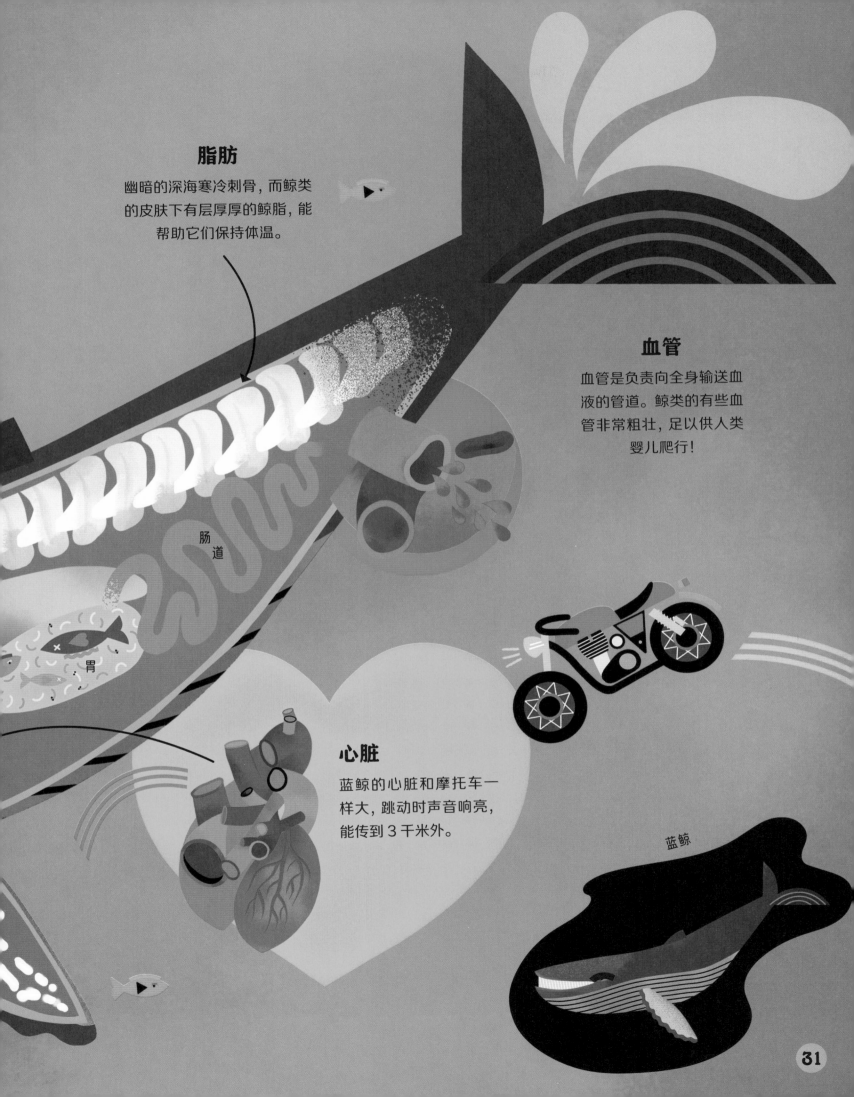

脂肪

幽暗的深海寒冷刺骨，而鲸类的皮肤下有层厚厚的鲸脂，能帮助它们保持体温。

血管

血管是负责向全身输送血液的管道。鲸类的有些血管非常粗壮，足以供人类婴儿爬行！

肠道

胃

心脏

蓝鲸的心脏和摩托车一样大，跳动时声音响亮，能传到 3 千米外。

蓝鲸

大脑与感官

动物依靠视觉、听觉、嗅觉、味觉和触觉来收集有关自身和周围环境的信息。这些感官可以产生电信号，通过神经传入大脑等神经中枢，让身体做出反应。

无脊椎动物

有些无脊椎动物，如海星或水母，拥有简单的神经网。而像蠕虫或昆虫一类的无脊椎动物则拥有神经细胞组成的神经节，有的还有小小的脑和神经网。还有些无脊椎动物，如章鱼或鱿鱼，拥有发育良好的大脑，是有智慧的生物。

脊椎动物

所有脊椎动物都拥有复杂的神经系统，包括大脑、脊髓（在脊椎内）和周围神经。神经系统大部分都受大脑控制，也有部分可以自主工作。

❶ 控制中心

动物大脑是神经系统的控制中心，就像一台活生生的电脑，可以接收、处理并发送信息控制身体活动。大型动物往往拥有较大的大脑来控制庞大的身体。

❷ 许多小眼

像昆虫、螃蟹一类的动物拥有复眼，那是一种由许多小眼构成的眼睛。每个小眼都能探测出周围环境的一小部分光线，大脑则负责将所有探测到的图像拼合成一幅完整的图像。

❸ 听见声音

声音由振动产生，通过空气、液体或固体传播。有些动物能通过听觉感知这些振动：它们的耳朵能将振动转化为电信号，并传送到大脑。

❹ 昆虫触角

昆虫头部长着一种线状物，叫作触角。触角上覆盖着多种感觉器，能够感知空气运动，感知声音和气味。

❺ 感知电信号

鸭嘴兽富有弹性的嘴巴能探测到虾等猎物的运动和其他动物神经发出的电信号，因此鸭嘴兽能在难以视物的浑水中捕猎。

❻ 触觉

对于夜行性动物或生活在地下的动物来说，触觉是一种非常重要的感觉。星鼻鼹因鼻子上的星状"触手"而得名，上面有数万条连接到鼹鼠大脑的神经。

你知道吗？

兔子的舌头上有 17000 个味蕾。
蜜蜂的大脑只有人类大脑的百万分之一大小。
蜻蜓复眼的小眼多达 3 万个，
而蚂蚁的复眼只有约 150 个小眼。

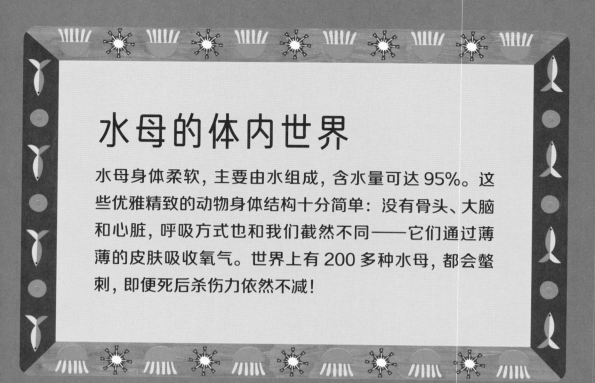

水母的体内世界

水母身体柔软，主要由水组成，含水量可达 95%。这些优雅精致的动物身体结构十分简单：没有骨头、大脑和心脏，呼吸方式也和我们截然不同——它们通过薄薄的皮肤吸收氧气。世界上有 200 多种水母，都会螫刺，即便死后杀伤力依然不减！

生命周期

水母产下的卵受精后，会发育成螅状幼体，样子有点像海葵，附着在岩石等坚硬物体的表面，最终长成水母幼体漂走。水母幼体逐渐生长为成年水母，在野外寿命大多为 3~6 个月。

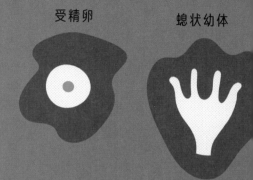

受精卵　　　　　螅状幼体

神经网

水母没有大脑，只依靠简单的神经网来感知光线、气味等，并对周围环境做出反应。有些水母还会利用钟状身体边缘处的简单眼点来探测光线。

运动

大多数水母会通过随风或随水漂流的方式来节省体能。在肌肉作用下有些水母的钟状身体像伞一样有节奏地一开一合，将水流吸入喷出，缓慢游动。

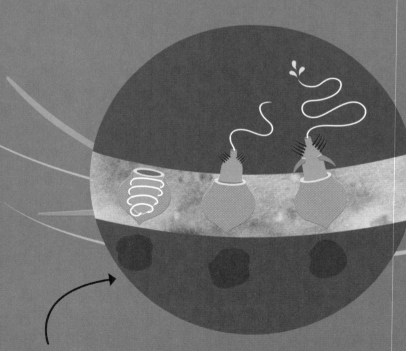

刺丝

水母的刺丝囊中有一根盘绕的线状物，可以从触手中展开并射出，像小飞镖一样将毒液注入猎物体内。注射的毒液会使猎物陷入昏迷，这样水母就能轻而易举地将猎物拖入口中。

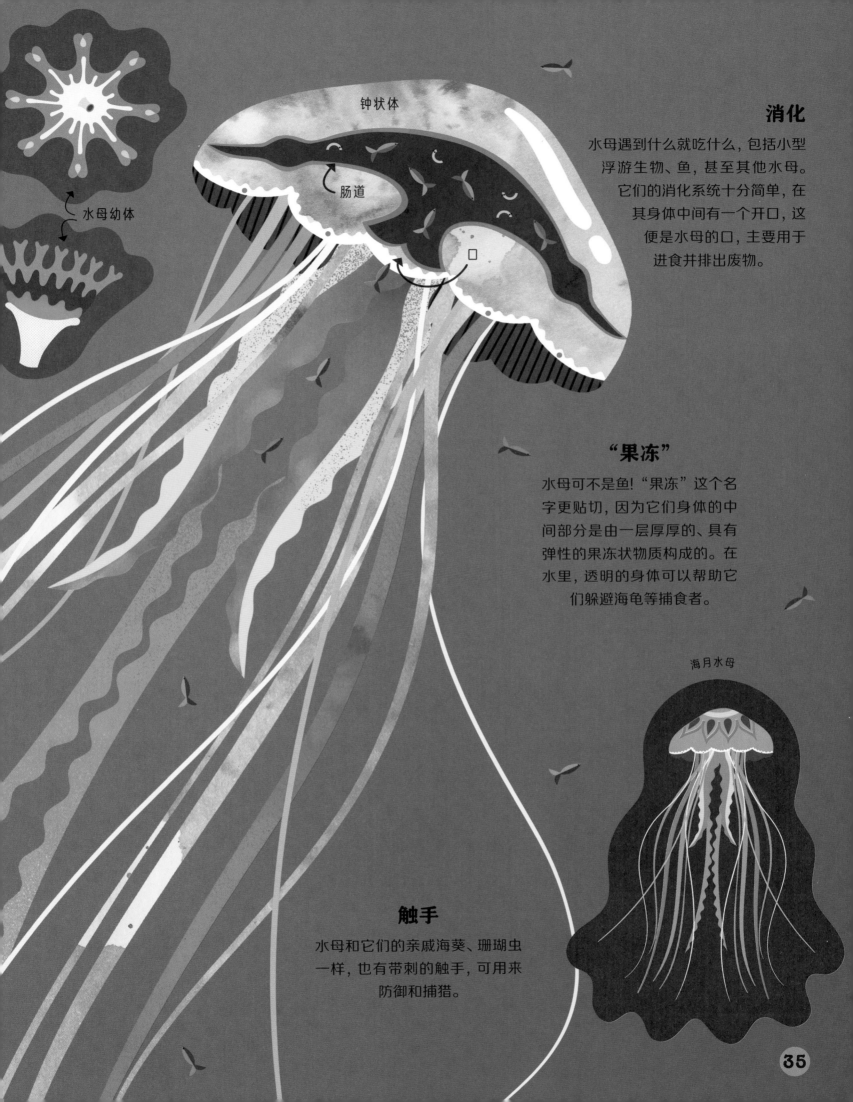

钟状体

肠道

水母幼体

消化

水母遇到什么就吃什么，包括小型浮游生物、鱼，甚至其他水母。它们的消化系统十分简单，在其身体中间有一个开口，这便是水母的口，主要用于进食并排出废物。

"果冻"

水母可不是鱼！"果冻"这个名字更贴切，因为它们身体的中间部分是由一层厚厚的、具有弹性的果冻状物质构成的。在水里，透明的身体可以帮助它们躲避海龟等捕食者。

海月水母

触手

水母和它们的亲戚海葵、珊瑚虫一样，也有带刺的触手，可用来防御和捕猎。

大象的体内世界

非洲象是现今陆地上最大、最重的动物，一只大型雄性非洲象相当于 80 个成年人的重量。非洲象的耳朵也是所有动物中最大的，大小简直堪比桌布！反观亚洲象的耳朵就比较小。大象来回拍打耳朵可以降温。

巨型大脑

大象非常聪明，拥有良好的记忆力。它们的大脑大小约为人类的 4 倍。

巨大的肠道

大象的肠道很长。大象吃的植物多达 100 多种，每天有大约 16 个小时都在挑选、采摘食物和进食。

胃

心脏

大象的心脏约为人类的 5 大，重量和小孩子差不多。心率为 30 次 / 分钟，不到类的一半。

非洲象

象牙

象牙是 2 根长长的门牙，以每年约 17 厘米的速度生长，直至大象死亡。象牙可以帮助大象进食，也可用作武器。

象鼻

大象的鼻子由 4 万多块肌肉组成，而人类全身上下一共只有 600 多块肌肉！大象的鼻子可以用来呼吸、进食、喷水和发声。

大脑

肺

大大的脚

大象脚后跟有一个厚厚的足垫，可以缓冲身体的巨大重量：大象脚落地时重量会分散到脚掌上。大象腿上粗壮的骨头像建筑物的支柱一样支撑着身体。

用于磨碎食物的牙齿

大象的嘴里有 4 颗巨大的臼齿，每颗都比砖头还要重！这些臼齿上的尖利突起有助于磨碎坚硬的植物。

蓝色血液

蜘蛛的血液中有一种含有铜离子的蛋白质，当它携带氧气时就会变成蓝绿色。

心脏

蜘蛛的心脏将血液泵入 2 个主要的管道（动脉）。血液从蜘蛛全身动脉的末端流出，最终又通过书肺流回心脏。

外骨骼

蜘蛛坚硬的外骨骼很好地保护了它的身体。但外骨骼不会随着蜘蛛体形的增长而增长，所以蜘蛛会蜕去原有的外骨骼，生长出新的、更大的外骨骼。新的外骨骼一开始是柔软的，之后会变硬。这一过程叫作蜕皮。

心脏

肠道

丝腺

吐丝

蜘蛛从腹部被称为纺绩器的结构中将丝吐出。蛛丝比同样粗细的钢丝更加结实！可用于结网，包裹猎物或蛛卵，甚至可以用来充当"安全绳"。

毛茸茸的蜘蛛

蜘蛛利用其敏感的毛发感知空气中的振动和气味，收集有关食物的信息，察觉危险。毛发的触感会触发神经信号传递到蜘蛛的大脑。

园蛛

蝎子的体内世界

蝎子在地球上生活了 4 亿多年了——比恐龙出现的还要早！这些古老的蜘蛛近亲习惯在夜间捕食，会用有毒的螫针麻痹或杀死昆虫。蝎子可谓是生存冠军，只要有水，不进食也能活一年。

小蝎子的座驾

雌性蝎子会产下小蝎子。蝎子刚出生时通体柔软，周身白色，不能螫刺，也不能进食。小蝎子会在妈妈的背上待 2~4 周，之后就会脱离妈妈的庇护，独自求生。

心脏

书肺

螫针

蝎子的尾巴顶端有一根形似匕首的锋利螫针，可以在捕捉猎物时注入毒液或进行防御。

呼吸

蝎子每节身体外侧的小开口叫作"书肺孔"，空气可以由此进入蝎子的书肺。氧气通过书肺的"书页"进入蝎子的血液，其运作原理与鱼鳃类似。

在黑暗中发光

蝎子可以从夜空中吸收不可见的紫外线，并将其转变成蓝绿色的光芒。科学家们对于蝎子在黑暗中发光的目的尚无定论，猜测它们可能在夜间利用紫外线寻找猎物或庇护所。

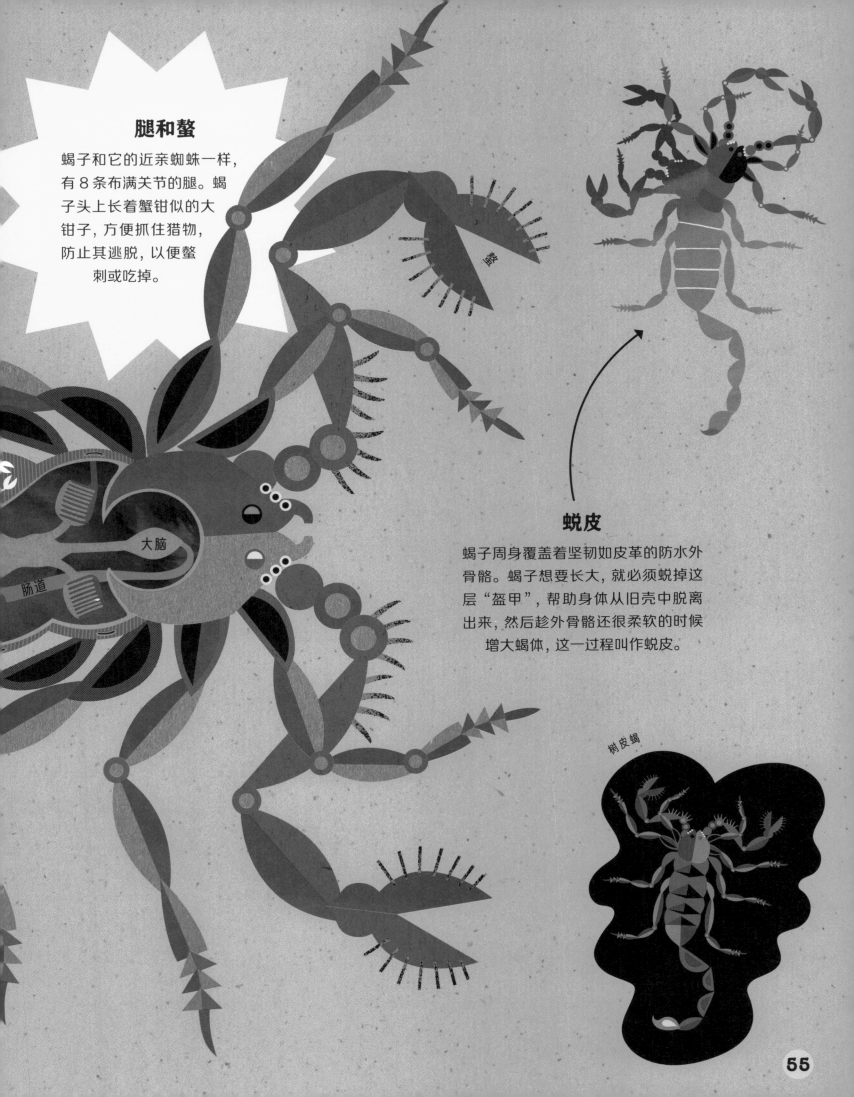

腿和螯

蝎子和它的近亲蜘蛛一样，有8条布满关节的腿。蝎子头上长着蟹钳似的大钳子，方便抓住猎物，防止其逃脱，以便螯刺或吃掉。

大脑

肠道

螯

蜕皮

蝎子周身覆盖着坚韧如皮革的防水外骨骼。蝎子想要长大，就必须蜕掉这层"盔甲"，帮助身体从旧壳中脱离出来，然后趁外骨骼还很柔软的时候增大蝎体，这一过程叫作蜕皮。

树皮蝎

术语表

腹部

容纳动物消化器官和生殖器官的身体部位。

气囊

爬行动物和鸟类体内与肺相通的囊状构造，里面能储存空气，有协助呼吸等功能。

脊柱

脊椎动物的中轴骨骼，包括头骨和尾骨之间一串灵活的骨头或软骨，主要起支撑和保护作用，保证身体正常活动。

细菌

单细胞的一类微生物。细菌有的对我们有益，有的有害，会导致疾病。

鲸脂

鲸类皮肤和肌肉之间一层厚厚的脂肪，能帮助它们在寒冷的地方锁住身体热量，保持温暖。

胸骨

脊椎动物（蛇类除外的四足类）胸部或躯干中间纤薄而平坦的骨头，通过肋骨连接到脊椎骨。

伪装

动物利用身上的颜色和图案让它们与周围环境融为一体。

软骨

脊椎动物特有的一种坚韧、富有弹性的组织，起着支持和保护的作用。

细胞

所有生物的基本组成单位。

甲壳素

一种性质稳定的物质，是昆虫、蜘蛛、蝎子和螃蟹外壳的主要成分。

消化

即分解食物，人和动物将摄入的食物转变为可以吸收利用的营养物质的过程。

酶

生物体产生的一种能加快生物体化学反应速度而自身在反应过程中不发生变化的蛋白质。

鳃

能帮助鱼等水生动物在水下呼吸的一种器官。

砂囊

位于鸟类、昆虫等动物消化系统中的肌肉室，囊肿贮有吞入的砂石，有助于碾碎食物。

腺体

动物体内的一种器官，可分泌用于特定目的或排出体外的分泌物。

肠道

脊椎动物消化系统中食物离开胃后经过的管道状器官。

角蛋白

动物表皮一层坚韧的蛋白质。蹄子、指甲、爪子、喙、角、毛发和羽毛的主要成分都为角蛋白。

幼虫

毛虫等许多由卵孵化出来的动物发育过程中无翅的活虫阶段。

晶状体

动物眼睛内的一种透明结构，能将光线聚焦在眼睛后部。

肝脏

位于脊椎动物腹部的器官，体积较大且结构复杂。肝脏能清理血液中的有害物质，处理并储存糖原，制造胆汁帮助肠道吸收脂肪。

哺乳动物

哺乳动物都用乳汁喂养幼崽，有软毛或须发，例如人或牛。哺乳动物大都是温血动物。

外套膜

覆盖在软体动物、腕足动物、尾索动物体外的一层肌肉结构，像斗篷一样将内脏包裹起来。

薄膜

动物体内纤薄而富有弹性的屏障或保护层。

蜕皮

昆虫纲与甲壳纲以及线形动物等体表具有坚硬外骨骼的动物，在胚后发育过程中一次或多次蜕去皮肤的现象。

花蜜

一种由花朵分泌的甘甜液体，可以吸引特定的动物把花粉带到其他花朵上。

神经

由神经纤维和包围它们的结缔组织构成，能利用电信号在动物体内迅速传递信息。

鼻叶

蝙蝠鼻子上的叶状皮瓣或皮肤褶皱，可以帮助它向不同的方向发出声音。

器官

动物体内起特定作用的部分或结构，如心脏、胃、肺。

色素

让物质显示颜色的化学物质。

花粉

种子植物雄蕊花粉囊中的细小粉末。花粉需要从花的雄蕊传播到雌蕊，这样种子才能发育。

捕食者

以其他动物为猎食对象的动物。

猎物

被猎食的动物。

爬行动物

一种有脊椎和鳞甲的动物，需要呼吸空气，蛇、乌龟和鳄鱼等都属于爬行动物。

流线型

指头部线条圆滑流畅、尾部呈尖锥形的形状，这种形状的物体能够在空气或水中轻松移动。

鱼鳔

硬骨鱼体内充满空气的囊，能调节鱼类在水中的沉浮，控制游泳位置深浅。

紫外线

紫外线是不可见光，光源来自太阳。在夜间自然界也会有紫外线，是由月亮反射太阳光形成的。

瓣膜

通过开关通道阻止或控制液体、气体或其他物质流动的一种结构。血管中的弹性瓣叶是瓣膜的一种。

声带

动物咽喉处的褶皱结构，空气经过时声带会振动并发出声音。

温血动物

无论周围环境冷暖，都能调节自身体温保持在一定温度的动物。

气管

连接喉咙和肺的管状通道。

外骨骼

某些动物特有的坚韧体壁，可以保护体内柔软组织，减少水分蒸发，防御外来物（包括微生物）侵入。

索引

项目 1

初识建筑构造

学习目标

知识目标：了解建筑构成的基本要素，BIM 的概念；掌握建筑的分类与等级；理解建筑的标准化与模数在建筑构造中的应用。

能力目标：在熟知 Revit 界面各个工具栏的功能情况下，能够随时调用与隐藏工具栏；能够根据所给图纸识读定位轴线与标高，并绘制轴网与标高。

素质目标

通过初识建筑构造与新技术（BIM）的介绍，帮助学生认识建筑，培养学生追求知识、严谨治学，勇于创新的科学态度。

学习任务

某二层钢筋混凝土别墅平面图、剖面图如图 1-1 所示。

（1）确定该建筑物的类型；

（2）依据所给的平面图确定该建筑的各功能空间，分辨哪些构件是承重结构，哪些构件是围护结构以及其名称；

（3）试确定该建筑物的耐久性和耐火性级别，并确定其各部分构件的燃烧性能和耐火极限；

（4）确定该建筑的标高尺寸、轴网尺寸，并绘制其标高及轴网。

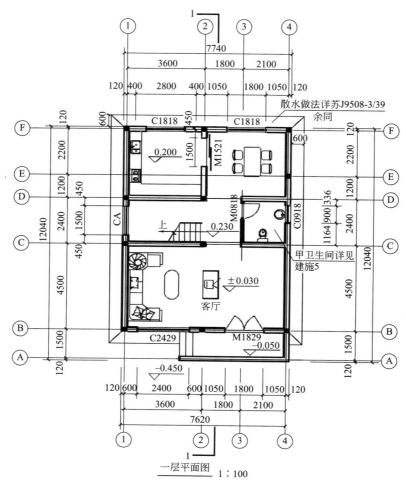

二维码 1.1

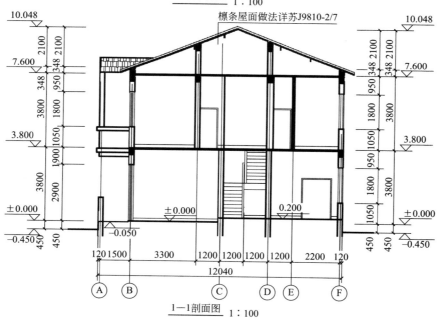

图 1-1　某二层钢筋混凝土别墅平面图、剖面图

1.1　认识建筑物

1.1.1　建筑物的概念

建筑是建筑物与构筑物的总称，是人们为了满足社会生活需要，利用所掌握的物质技术手段，并运

用一定的科学规律和美学法则等创造的人工环境。

建筑物有广义和狭义两种含义。广义的建筑物是指人工建筑而成的所有东西，既包括房屋，又包括构筑物。狭义的建筑物是指房屋，不包括构筑物。房屋是指有基础、墙、顶、门、窗，能够遮风避雨，供人在内居住、工作、学习、娱乐、储藏物品或进行其他活动的空间场所。建筑相关专业多是指狭义的建筑物含义。最能够说明"建筑"相关专业学习的建筑物的概念的是《老子》的："埏埴以为器，当其无，有器之用。凿户牖以为室，当其无，有室之用。故有之以为利，无之以为用。"这也无疑是对狭义建筑物概念最清晰、最直接的表述。

有别于建筑物，构筑物一般指人们不直接在内进行生产和生活活动的场所，如水塔、烟囱、栈桥、堤坝、蓄水池、雕塑等。

1.1.2 建筑物的构造及组成部分

1.1.2.1 建筑构造的概念

建筑构造是研究建筑物的构成、各组成部分的组合原理和方法的科学。其任务是根据建筑物的功能、材料性质、受力情况、施工方法和建筑形象等要求选择合理的构造方案，以作为建筑设计中综合解决技术问题及进行施工图设计的依据。

建筑构造具有实践性和综合性强的特点。它涉及建筑材料、建筑物理、建筑力学、建筑结构、建筑施工以及建筑经济等有关方面的知识。研究建筑构造的主要目的是根据建筑物的功能要求，提供符合适用、安全、经济、美观的构造方案，以此作为建筑设计中综合解决技术问题、进行施工图设计、绘制大样图等的依据。因此，学习者要理论联系实践，多观察，勤思考，多与施工现场相接触，多与技术人员沟通，才能达到事半功倍的效果。

1.1.2.2 建筑物的构造组成

依据建筑物的承载与维护两个基本功能，建筑物主要由承重结构、围护结构及附属部分组成。承重结构有基础、承重墙、柱、梁、楼板等，用以承受作用在建筑物上的全部荷载，满足建筑物的承载功能；维护结构可分为外围护墙、内墙等构件，用以满足保温、隔热、防水、防潮、防火、隔声等围护功能；附属部分一般包括楼梯、门窗、阳台、栏杆、台阶、雨篷等。建筑物的构造组成如图1-2和图1-3所示。

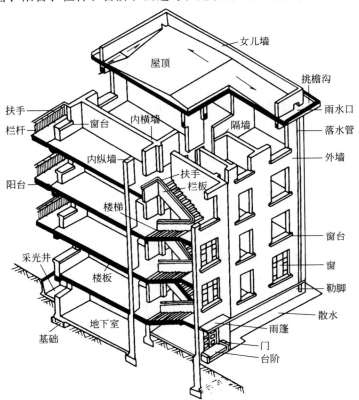

图1-2 砖混结构建筑物的构造组成

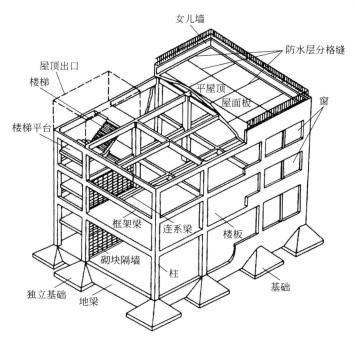

图 1-3　框架结构建筑物的构造组成

（1）基础

基础与地基直接接触，是建筑物最下部的承重构件，其作用是承受建筑物的全部荷载，并将这些荷载传给它下面的土层地基。因此，基础必须坚固稳定、安全可靠，并能抵御地下各种有害因素的侵蚀。

（2）墙或柱

墙是建筑物的承重构件和围护构件。作为承重构件，墙承受着建筑物由屋顶和楼板层传来的荷载，并将这些荷载传给基础。当以柱代替墙起承重作用时，柱间的填充墙只起围护作用。作为围护构件，外墙起着抵御自然界各种因素对室内侵袭的作用；内墙起着分隔房间和创造室内舒适环境的作用。为此，要求墙体要有足够的强度、稳定性、隔热保温、隔声、防水及防潮、防火、耐久等性能。

柱是框架或排架结构的主要承重构件，和承重墙一样承受着屋顶和楼板层传来的荷载，它必须具有足够的强度、刚度和稳定性。

（3）楼地层

楼地层分为楼板层与地坪层，楼板层是建筑水平方向的承重和分隔构件，它承受着家具、设备和人体荷载及本身的自重，并将这些荷载传给墙或柱。同时，楼板层将建筑物分为若干层，并对墙体起着水平支撑的作用。楼板层应有足够的强度、刚度、隔声、防水、防潮、防火等能力。地坪层是底层房间与土壤层相接触的部分，它承受着底层房间内部的荷载。地坪层应具有坚固、耐磨、防潮、防水和保温等性能。

（4）楼电梯

楼电梯是建筑的垂直交通构件，供人们上下楼层和紧急疏散之用。楼电梯应有足够的通行能力以及防水、防滑的功能。

（5）屋顶

屋顶是建筑物最上部的外围护构件和承重构件。作为外围护构件，屋顶抵御着各种自然因素（风、雨、雪霜、冰雹、太阳辐射热、低温）对顶层房间的侵袭；作为承重构件，屋顶又承受风雪荷载及施工、检修等屋顶荷载，并将这些荷载传给墙或柱。因此，屋顶应有足够的强度、刚度及隔热、防水、保温等性能。此外，屋顶对建筑立面造型有重要的作用。

（6）门窗

门与窗均属非承重构件，门的主要作用是交通，同时还兼有采光、通风及分隔房间的作用；窗的主要作用是采光和通风，在立面造型中也占有较重要的地位。门、窗应有保温、隔热、隔声、防火、排烟等功能。

建筑构件除了以上六大组成部分外，还有其他附属部分，如阳台、雨篷、散水、台阶、烟囱、爬梯等。

1.1.3　与建筑相关的常用术语

（1）定位轴线

定位轴线是用来确定建筑物主要结构或构件的位置及其标志尺寸的线。

（2）房屋的开间、进深

开间指一间房屋的面宽及两条横向轴线之间的距离，进深指一间房屋的深度及两条纵向轴线之间的距离。

（3）层高、净高

层高指建筑物的层间高度及本层楼面或地面至上一层楼面或地面的高度，净高指房间的净空高度及地面至天花板下皮的高度。

（4）标高、绝对标高、相对标高

建筑物的某一部位与确定的水基准点的高差，称为该部位的标高。

绝对标高亦称海拔高度，我国把青岛附近黄海的平均海平面定为绝对标高的零点，全国各地的标高均以此为基准。

相对标高是以建筑物的首层室内主要房间的地面为零点（±0.000），表示某处距首层地面的高度。

（5）建筑面积、使用面积、使用率、交通面积、结构面积

建筑面积指建筑物长度、宽度的外包尺寸的乘积再乘以层数。它由使用面积、交通面积和结构面积组成。

使用面积指主要使用房间和辅助使用房间的净面积（净面积为轴线尺寸减去墙厚所得的净尺寸的乘积）。

使用率亦称得房率，指使用面积占建筑面积的百分数。

交通面积指走道、楼梯间、电梯间等交通联系设施的净面积。

结构面积指墙体、柱所占的面积。

（6）砖混结构

房屋的竖向承重构件采用砖墙或砖柱，水平承重构件采用钢筋混凝土楼板、屋顶板，此类结构形式叫砖混结构。

（7）框架结构

框架结构指由柱子、纵向梁、横向梁、楼板等构成的骨架作为承重的结构，墙体是围护结构。

（8）剪力墙

剪力墙指在框架结构内增设的抵抗水平剪切力的墙体。因高层建筑所要抵抗的水平剪力主要是地震引起的，故剪力墙又称抗震墙。

（9）框架、剪力墙结构

框架、剪力墙结构指竖向荷载由框架和剪力墙共同承担，水平荷载由框架承受20％～30％、剪力墙承受70％～80％的结构。剪力墙长度按每建筑平方米50mm的标准设计。

（10）全剪力墙结构

全剪力墙结构是利用建筑物的内墙（或内外墙）作为承重骨架，来承受建筑物竖向荷载和水平荷载的结构。

（11）筒体结构

筒体结构由框架-剪力墙结构与全剪力墙结构综合演变和发展而来。筒体结构是将剪力墙或密柱框架集中到房屋的内部和外围而形成的空间封闭式的筒体，其特点是剪力墙集中而获得较大的自由分割空间，多用于写字楼建筑。

（12）钢结构

钢结构是指建筑物的主要承重构件由钢材构成的结构。它具有自重轻、强度高、延性好、施工快、抗震性好的特点。钢结构多用于超高层建筑，造价较高。

（13）容积率

容积率是项目总建筑面积与总用地面积的比值，一般用小数表示。

（14）绿地率（绿化率）

绿地率是项目绿地总面积与总用地面积的比值，一般用百分数表示。

（15）建筑"三大材"

建筑"三大材"指的是钢材、水泥、木材。

1.2　建筑物的分类与等级

1.2.1　建筑物的分类

1.2.1.1　按使用性质分类

建筑物按使用性质通常分为民用建筑、工业建筑、农业建筑。

（1）民用建筑

民用建筑按使用情况可分为以下两种：

① 居住建筑：指供家庭或个人较长时期居住使用的建筑，又可分为住宅和集体宿舍两类（住宅分为普通住宅、高档公寓和别墅，集体宿舍分为单身职工宿舍和学生宿舍）。

② 公共建筑：指供人们购物、办公、学习、医疗、旅行、体育等使用的非生产性建筑，如办公楼、商店、旅馆、影剧院、体育馆、展览馆、医院等。

（2）工业建筑

工业建筑是指供工业生产使用或直接为工业生产服务的建筑，如厂房、仓库等。

（3）农业建筑

农业建筑是指供农业生产使用或直接为农业生产服务的建筑，如料仓、养殖场等。

1.2.1.2　按层数或总高度分类

房屋层数是指房屋的自然层数，一般按室内地坪±0.000以上计算；采光窗在室外地坪以上的半地下室，其室内层高在2.20m以上（不含2.20m）的，计算自然层数。假层、附层（夹层）、插层、阁楼、装饰性塔楼以及突出屋面的楼梯间、水箱间，不计层数。房屋总层数为房屋地上层数与地下层数之和。住宅按层数分为低层住宅（1～3层）、多层住宅（4～6层）、中高层住宅（7～9层）、高层住宅（10层及以上）。公共建筑及综合性建筑，总高度超过24m为高层，但不包括总高度超过24m的单层建筑。建筑总高度超过100m的，不论是住宅还是公共建筑、综合性建筑均称为超高层建筑。

1.2.1.3　按建筑结构分类

建筑结构是指建筑物中由承重构件（基础、墙体、柱、梁、楼板、屋架等）组成的体系。

（1）砖木结构建筑

这类建筑物的主要承重构件是用砖木做成的，其中竖向承重构件的墙体和柱采用砖砌，水平承重构件的楼板、屋架采用木材。这类建筑物的层数一般较低，通常在3层以下。古代建筑和20世纪五六十年代的建筑多为此种结构。

（2）砖混结构建筑

这类建筑物的竖向承重构件采用砖墙或砖柱，水平承重构件采用钢筋混凝土楼板、屋顶板，其中也包括少量的屋顶采用木屋架。这类建筑物的层数一般在6层以下，造价低、抗震性差，开间、进深及层高都受限制。

（3）钢筋混凝土结构建筑

这类建筑物的承重构件如梁、板、柱、墙、屋架等，是由钢筋和混凝土两大材料构成的。其围护构件如墙、隔墙等是由轻质砖或其他砌体做成的，特点是结构适应性强、抗震性好、经久耐用。钢筋混凝土结构房屋的种类有框架结构、框架剪力墙结构、剪力墙结构、筒体结构、框架筒体结构和筒中筒结构。

（4）钢结构建筑

这类建筑物的主要承重构件均是用钢材构成的，其建筑成本高，多用于多层公共建筑或跨度大的建筑。

1.2.1.4　按建筑物的施工方法分类

施工方法是指建造建筑物时所采用的方法。

现浇现砌式建筑：这种建筑物的主要承重构件均是在施工现场浇筑和砌筑而成的。

预制装配式建筑：这种建筑物的主要承重构件是在加工厂制成预制构件，在施工现场进行装配而成。

部分现浇现砌、部分装配式建筑：这种建筑物的一部分构件（如墙体）是在施工现场浇筑或砌筑而成，一部分构件（如楼板、楼梯）则采用在加工厂制成的预制构件。

1.2.2　建筑物的等级

（1）建筑物的耐久等级

以主体结构确定的建筑物耐久年限分为下列四级，如表1-1所示。

表1-1　建筑物的耐久年限分级

耐久年限等级	耐久年限	适用范围
一级	100年以上	重要的建筑和高层建筑
二级	50～100年	一般性建筑
三级	25～50年	次要的建筑
四级	15年以下	临时性建筑

注：我国现阶段城市建筑的主体为二级建筑。

（2）建筑物的耐火等级

耐火等级是衡量建筑物耐火程度的分级标度，规定建筑物的耐火等级是《建筑设计防火规范》（2018年版）（GB 50016—2014）中规定的防火技术措施中的最基本措施之一。

建筑物的耐火等级是按组成建筑物构件的燃烧性能和耐火极限来划分的，不是根据所使用的建筑材料来确定的。

建筑构件的耐火极限是指按建筑构件的时间-温度标准曲线进行耐火试验，从受到火的作用时起，到失去支持能力或完整性被破坏或失去隔火作用时止的这段时间，用小时表示。具体判定条件如下：

① 失去支持能力；

② 完整性被破坏；

③ 丧失隔火作用。

建筑构件的燃烧性能分为三类：

① 不燃烧体：即用不燃烧材料做成的建筑构件，如天然石材。

② 燃烧体：即用可燃或易燃烧的材料做成的建筑构件，如木材等。

③ 难燃烧体：即用难燃烧的材料做成的建筑构件，或用燃烧材料做成而用不燃烧材料做保护层的建筑构件，如沥青混凝土构件。

根据我国《建筑设计防火规范》（2018年版）（GB 50016—2014）规定，民用建筑的耐火等级可分为一～四级，一级最高，四级最低。除本规范另有规定外，不同耐火等级建筑相应构件的燃烧性能和耐火极限不应低于表1-2的规定。

表1-2　建筑相应构件的燃烧性能和耐火极限

构件名称		构件的燃烧性能和耐火极限/h			
		一级	二级	三级	四级
墙	防火墙	不燃性 3.00	不燃性 3.00	不燃性 3.00	不燃性 3.00
	承重墙	不燃性 3.00	不燃性 2.50	不燃性 2.50	难燃性 0.50
	非承重外墙	不燃性 1.00	不燃性 1.00	不燃性 0.50	可燃性

续表

构件名称		构件的燃烧性能和耐火极限/h			
		一级	二级	三级	四级
墙	楼梯间和前室的墙、电梯井的墙、住宅建筑单元之间的墙与分户墙	不燃性 2.00	不燃性 2.00	不燃性 1.50	难燃性 0.50
	疏散走道两侧的隔墙	不燃性 1.00	不燃性 1.00	不燃性 0.50	难燃性 0.25
	房间隔墙	不燃性 0.75	不燃性 0.50	难燃性 0.50	难燃性 0.25
柱		不燃性 3.00	不燃性 2.50	不燃性 2.00	难燃性 0.50
梁		不燃性 2.00	不燃性 1.50	不燃性 1.00	难燃性 0.50
楼板		不燃性 1.50	不燃性 1.00	不燃性 0.50	可燃性
屋顶承重构件		不燃性 1.50	不燃性 1.00	可燃性 0.50	可燃性
疏散楼梯		不燃性 1.50	不燃性 1.00	不燃性 0.50	可燃性
吊顶(包括吊顶搁栅)		不燃性 0.25	不燃性 0.25	不燃性 0.15	可燃性

注：1. 除规范另有规定者外，以木柱承重且以不燃烧材料作为墙体的建筑物，其耐火等级应按四级确定。

2. 二级耐火等级建筑的吊顶采用不燃烧体时，其耐火极限不限。

3. 在二级耐火等级的建筑中，面积不超过 100m² 的房间隔墙，如执行本表的规定确有困难时，可采用耐火极限不低于 0.3h 的不燃烧体。

4. 一、二级耐火等级建筑疏散走道两侧的隔墙，按本表规定执行确有困难时，可采用 0.75h 不燃烧体。

5. 民用建筑的耐火等级应根据其建筑高度、使用功能、重要性和火灾扑救难度等确定，并应符合下列规定：

① 地下或半地下建筑（室）和一类高层建筑的耐火等级不应低于一级；

② 单、多层重要公共建筑和二类高层建筑的耐火等级不应低于二级。

6. 建筑高度大于 100m 的民用建筑，其楼板的耐火极限不应低于 2.00h。

7. 一、二级耐火等级建筑的上人平屋顶，其屋面板的耐火极限分别不应低于 1.50h 和 1.00h。

　　建筑物类型、耐久等级和耐火等级的不同，都直接影响和决定着建筑构造方式与材料选用的不同。例如，当建筑物的用途、高度和层数不同时，对于建筑的耐久性与防火等级都有不同的要求，建筑物的结构体系和结构材料、抗震构造等都有不同的规范要求。因此，建筑物的分类和分级及其相应的设计规范，是建筑设计从方案构思直至构造设计整个过程中非常重要的设计依据。

1.3 建筑标准化与建筑模数

1.3.1 建筑标准化

　　建筑标准化指在建筑工程方面建立和实现有关的标准、规范、规则等的过程。建筑标准化的目的是合理利用原材料，促进构配件的通用性和互换性，实现建筑工业化，以取得最佳经济效果。

　　随着建筑工业化水平的提高和建筑科学技术的发展，建筑标准化的重要性日益明显，所涉及的领域也日益扩大。许多国家以最终产品为目标，用系统工程方法对生产全过程制定成套的技术标准，组成相互协调的标准化系统。运用最佳理论和预测技术，制定超前标准等，已经成为实现建筑标准化的新形式和新方法。

　　建筑标准化的基础工作是制定标准，包括技术标准、经济标准和管理标准。其中技术标准包括基础标准、方法标准、产品标准和安全卫生标准等，应用最广。建筑标准化要求建立完善的标准化体系，其中包括建筑构配件、零部件、制品、材料、工程和卫生技术设备以及建筑物和它的各部位的统一参数，从而实现产品的通用化、系列化。建筑标准化工作还要求提高建筑多样化的水平，以满足各种功能的要求。

1.3.2 建筑模数

（1）基本模数

基本模数的数值规定为100mm，表示符号为M，即1M等于100mm，整个建筑物或其中一部分以及建筑组合件的模数化尺寸均应是基本模数的倍数。

（2）扩大模数

指基本模数的整倍数。扩大模数的基数应符合下列规定：

① 水平扩大模数为3M、6M、12M、15M、30M、60M等6个，其相应的尺寸分别为300mm、600mm、1200mm、1500mm、3000mm、6000mm。

② 竖向扩大模数的基数为3M、6M两个，其相应的尺寸为300mm、600mm。

（3）分模数

指整数除基本模数的数值。分模数的基数为M/10、M/5、M/2等3个，其相应的尺寸为10mm、20mm、50mm。

（4）模数数列

模数数列是以基本模数、扩大模数、分模数为基础扩展成的一系列尺寸。模数数列在各类型简述的应用中，起尺寸的统一与协调应减少尺寸的范围，但又应使尺寸的叠加和分割有较大的灵活性。模数数列根据建筑空间的具体情况有各自的使用范围，建筑物的所有尺寸除特殊情况之外，均应满足模数数列的要求，如表1-3所示。

表1-3 模数数列　　　　单位:mm

基本模数	扩大模数						分模数		
1M	3M	6M	12M	15M	30M	60M	M/10	M/5	M/2
100	300	600	1200	1500	3000	—	10	20	50
100	300	—	—	—	—	—	10	—	—
200	600	600	—	—	—	—	20	20	—
300	900	—	—	—	—	—	30	—	—
400	1200	1200	1200	—	—	—	40	40	—
500	1500	—	—	1500	—	—	50	—	50
600	1800	1800	—	—	—	—	60	60	—
700	2100	—	—	—	—	—	70	—	—
800	2400	2400	2400	—	—	—	80	80	—
900	2700	—	—	—	—	—	90	—	—
1000	3000	3000	—	3000	3000	—	100	100	100
1100	3300	—	—	—	—	—	110	—	—
1200	3600	3600	3600	—	—	—	120	120	—
1300	3900	—	—	—	—	—	130	—	—
1400	4200	4200	—	—	—	—	140	140	—
1500	4500	—	—	4500	—	—	150	—	150
1600	4800	4800	4800	—	—	—	160	160	—
1700	5100	—	—	—	—	—	170	—	—
1800	5400	5400	—	—	—	—	180	180	—
1900	5700	—	—	—	—	—	190	—	—
2000	6000	6000	6000	6000	6000	6000	200	200	200
2100	6300	—	—	—	—	—	—	220	—
2200	6600	6600	—	—	—	—	—	240	—

续表

基本模数	扩大模数						分模数	
2300	6900	—	—	—	—	—	—	250
2400	7200	7200	7200	—	—	—	260	—
2500	7500	—	—	7500	—	—	280	—
2600	—	7800	—	—	—	—	300	300
2700	—	8400	8400	—	—	—	320	—
2800	—	9000	—	9000	9000	—	340	—
2900	—	9600	9600	—	—	—	—	350
3000	—	—	—	10500	—	—	360	—
3100	—	10800	—	—	—	—	380	—
3200	—	—	12000	12000	12000	12000	—	400	400
3300	—	—	—	15000	—	—	—	450
3400	—	—	—	18000	18000	—	—	500
3500	—	—	—	21000	—	—	—	550
3600	—	—	—	—	24000	24000	—	600

注：1. 水平基本模数 1～20M 的数列，应主要用于门窗洞口和构配件截面等处。

2. 竖向基本模数 1～36M 的数列，应主要用于建筑物的层高、门窗洞口和构配件截面等处。

3. 水平扩大模数 3M、6M、12M、15M、30M、60M 的数列，应主要用于建筑物的开间或柱距、进深或跨度、构配件尺寸和门窗洞口等处。

4. 竖向扩大模数 3M 数列，应主要用于建筑物的高度、层高和门窗洞口等处。

5. 分模数 M/10、M/5、M/2 的数列，应主要用于缝隙、构造节点、构配件截面等处。

1.3.3 建筑构件尺寸

为了保证建筑制品、构配件等有关尺寸间的统一与协调，建筑模数协调尺寸分为标志尺寸、构造尺寸、实际尺寸，有些特殊情况下还会运用到技术尺寸。

（1）标志尺寸

标志尺寸是用以标注建筑物定位轴线之间（开间、进深）的距离大小，以及建筑制品、建筑构配件、有关设备位置的界限之间的尺寸。标志尺寸应符合模数制的规定。

（2）构造尺寸

构造尺寸是建筑制品、建筑构配件的设计尺寸。构造尺寸小于或大于标志尺寸。一般情况下，构造尺寸加上预留的缝隙尺寸或减去必要的支撑尺寸等于标志尺寸。

标志尺寸与构造尺寸的关系如图 1-4 所示。

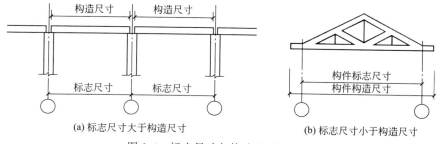

(a) 标志尺寸大于构造尺寸　　　　(b) 标志尺寸小于构造尺寸

图 1-4　标志尺寸与构造尺寸的关系

（3）实际尺寸

实际尺寸是建筑制品、建筑构配件的实有尺寸。实际尺寸与构造尺寸的差值，应为允许的建筑公差数值。

（4）技术尺寸

技术尺寸是建筑功能、工艺技术和结构条件在经济上处于最优状态下所允许采用的最小尺寸数值。

1.4 BIM技术介绍

1.4.1 BIM的含义及特点

1.4.1.1 BIM的含义

BIM（Building Information Modeling），建筑信息模型，是通过数字化技术，在计算机中建立一座虚拟的建筑，一个建筑信息模型就是提供了一个单一的、完整一致的、逻辑的建筑信息库。

BIM一定是贯穿于建筑整个生命周期，使设计数据、建造信息、维护信息等大量信息保存在BIM中，在建筑整个生命周期中得以重复、便捷地使用，如图1-5所示。

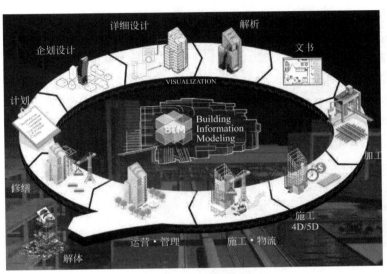

图1-5 建筑信息模型的应用

1.4.1.2 BIM的特点

BIM是建筑设计技术应用的关键阶段，在这个阶段将决策整个项目实施方案，确定整个项目信息的组成，对后期的工程招标、设备采购、施工管理、运维等后续阶段具有决定性影响。BIM的特点体现在以下八个方面。

（1）可视化

可视化即"所见所得"的形式，对于建筑行业来说，可视化真正运用在建筑业的作用是非常大的，例如经常拿到的施工图纸，只是各个构件的信息在图纸上的采用线条绘制表达，但是其真正的构造形式就需要建筑业参与人员去自行想象了。对于一般简单的东西来说，这种想象也未尝不可，但是近几年建筑业的建筑形式各异，复杂造型在不断地推出，如果凭着人脑去想象，容易出现一些问题。所以BIM提供了可视化的思路，让人们将以往的线条式的构件形成一种三维的立体实物图形展示在人们的面前，并且同构件之间形成互动性和反馈性的可视，在BIM建筑信息模型中，由于整个过程都是可视化的，所以可视化的结果不仅可以用来展示效果图及生成报表，更重要的是，项目设计、建造、运营过程中的沟通、讨论、决策都在可视化的状态下进行，如图1-6所示。

（2）协调性

这个方面是建筑业中的重点内容，不管是施工单位还是业主及设计单位，无不在做着协调及相互配合的工作。一旦项目的实施过程中遇到了问题，就要将各有关人士组织起来开协调会，找各施工问题发生的原因及解决办法，然后出变更，做相应补救措施等进行问题的解决。在设计时，往往由于各专业设计师之间沟通不到位而出现各种专业之间的碰撞问题，例如暖通等专业中的管道在进行布置时，由于施工图纸是各自绘制在各自的施工图纸上的，真正施工过程中，可能在布置管线时正好有结构设计的梁等构件在此妨碍着管线的布置，这种就是施工中常遇到的碰撞问题，BIM的协调性服务就可以帮助处理这

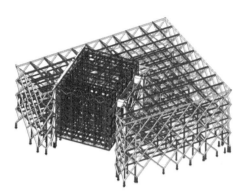

图 1-6　BIM 技术的可视化

种问题，也就是说，BIM 建筑信息模型可在建筑物建造前期对各专业的碰撞问题进行协调，生成协调数据，提供出来。当然 BIM 的协调作用也并不是只能解决各专业间的碰撞问题，它还可以解决例如：电梯井布置与其他设计布置及净空要求之协调，防火分区与其他设计布置之协调，地下排水布置与其他设计布置之协调等，如图 1-7 所示。

（3）模拟性

模拟性并不是只能模拟设计出的建筑物模型，还可以模拟不能够在真实世界中进行操作的事物。在设计阶段，BIM 可以对设计要进行模拟的一些东西进行模拟实验，例如：节能模拟、紧急疏散模拟、日照模拟、热能传导模拟等；在招投标和施工阶段可以进行 4D 模拟（三维模型加项目的发展时间），也就是根据施工的组织设计模拟实际施工，从而确定合理的施工方案来指导施工。同时还可以进行 5D 模拟（基于 3D 模型的造价控制），从而实现成本控制；后期运营阶段可以进行日常紧急情况的处理方式的模拟，例如地震人员逃生模拟及消防人员疏散模拟等，如图 1-8 所示。

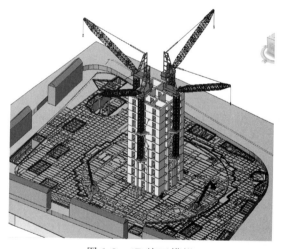

图 1-7　各部门协调会　　　　　　　　　　　　图 1-8　4D 施工模拟

（4）优化性

BIM 模型提供了建筑物的实际存在的信息，包括几何信息、物理信息、规则信息，还提供了建筑物变化以后的实际存在。现代建筑物的复杂程度大多超过参与人员本身的能力极限，BIM 及与其配套的各种优化工具提供了对复杂项目进行优化的可能。基于 BIM 的优化可以做下面的工作：

① 项目方案优化：把项目设计和投资回报分析结合起来，设计变化对投资回报的影响可以实时计算出来；这样业主对设计方案的选择就不会主要停留在对形状的评价上，而更多地可以使得业主知道哪种项目设计方案更有利于自身的需求。

② 特殊项目的设计优化：例如裙楼、幕墙、屋顶、大空间到处可以看到异形设计，这些内容看起来占整个建筑的比例不大，但是占投资和工作量的比例和前者相比却往往要大得多，而且通常也是施工难度比较大和施工问题比较多的地方，对这些内容的设计施工方案进行优化，可以带来显著的工期和造价

改进。

（5）可出图性

BIM 并不是为了出大家日常多见的建筑设计院所出的建筑设计图纸及一些构件加工的图纸，而是通过对建筑物进行了可视化的展示、协调、模拟、优化以后，可以帮助业主出如下图纸：

① 综合管线图（经过碰撞检查和设计修改，消除了相应错误以后）；

② 综合结构留洞图（预埋套管图）；

③ 碰撞检查侦错报告和建议改进方案。

BIM 模型的显示见图 1-9。

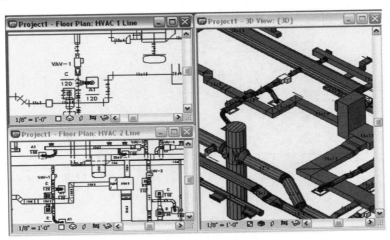

图 1-9　BIM 模型的显示

（6）一体化性

基于 BIM 技术可进行从设计到施工再到运营，贯穿了工程项目全生命周期的一体化管理。BIM 的技术核心是一个由计算机三维模型所形成的数据库，不仅包含了建筑的设计信息，而且可以容纳从设计到建成使用，甚至是使用周期终结的全过程信息。

（7）参数化性

参数化建模指的是通过参数而不是数字建立和分析模型，简单地改变模型中的参数值就能建立和分析新的模型；BIM 中图元是以构件的形式出现的，这些构件之间的不同，是通过参数的调整反映出来的，参数保存了图元作为数字化建筑构件的所有信息。

（8）信息完备性

信息完备性体现在 BIM 技术可对工程对象进行 3D 几何信息和拓扑关系的描述以及完整的工程信息描述。

总体上讲，采用 BIM 技术可使整个工程项目在设计阶段有效地将施工阶段的工程材料的信息准确地反映到上游的设计团队，为 BIM 合同分阶段实施扫清障碍，带动整个建筑行业的信息化升级，引领建筑信息技术走向更高层次，从而大大提高建筑设计的集成化程度。

在主流的 BIM 设计技术软件中，Revit 软件提供了非常有针对性的综合建模功能，因此，在本教材的建模中将以 Revit 软件为基础软件，对建筑中的各个构件进行模型搭建。

1.4.2　Revit 软件及界面介绍

1.4.2.1　Revit 软件概述

Autodesk Revit 专为建筑信息模型（BIM）而构建。BIM 是以协调、可靠的信息为基础的集成流程，涵盖项目的设计、施工和运营阶段。通过采用 BIM，建筑公司可以在整个流程中使用一致的信息来设计和绘制创新项目，并且还可以通过精确实现建筑外观的可视化支持更好的沟通，通过模拟真实性能让项目各方了解成本、工期与环境影响。

（1）项目

在 Revit 中创建一个文件是新建一个"项目"文件，这有别于传统 AutoCAD 中的文件"新建"，

AutoCAD 中的"新建"指的是一个平面图或立面图等，而 Revit 中的"项目"是单个设计信息数据库——建筑信息模型。项目文件包含了建筑的所有设计信息（从几何图形到构造数据），这些信息包括用于设计模型的构件、项目视图和设计图纸。通过使用单个项目文件，Revit 不仅可以轻松地修改设计，还可以使修改反映在所有关联区域（平面视图、立面视图、剖面视图、明细表等）中，从而实现了"一处修改，处处更新"。

（2）图元

在项目中，Revit 使用 3 种类型的图元：模型图元、基准图元、视图专有图元，其关系及包含的子类的内容如图 1-10 所示。

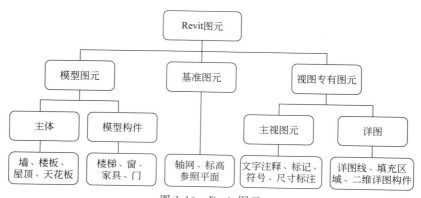

图 1-10　Revit 图元

（3）"族"的概念

族是某一类别中图元的类。族根据参数（属性）集的共用、使用上的相同和图形表示的相似来对图元进行分组。一个族中不同图元的部分或全部属性可能有不同的值，但是属性的设置（其名称与含义）是相同的。

Revit 使用以下类型的族：

① 可载入的族：可以载入到项目中，并根据族样板创建；可以确定族的属性设置和族的图形化表示方法。

② 系统族：不能作为单个文件载入或创建。

Revit 预定义了系统族的属性设置及图形表示，可以在项目内使用预定义类型生成属于此族的新类型。例如，标高的行为在系统中已经预定义，但可以使用不同的组合来创建其他类型的标高。系统族可以在项目之间传递。

③ 内建族：用于定义在项目的上下文中创建的自定义图元。如果项目需要不希望重用的独特几何图形，或者项目需要的几何图形必须与其他项目几何图形保持众多关系之一，请创建内建图元。

由于内建图元在项目中的使用受到限制，因此每个内建族都只包含一种类型。使用时可以在项目中创建多个内建族，并且可以将同一内建图元的多个副本放置在项目中。与系统和标准构件族不同，不能通过复制内建族类型来创建多种类型。

1.4.2.2　Revit 系统设置

在正式开始使用 Revit 进行项目绘制之前，应首先对 Revit 软件系统做一次基本的设置。

（1）启动 Revit

鼠标左键双击桌面上的"Revit"软件快捷启动图标，将显示"最近使用文件"的主界面，如图 1-11 所示。

在此界面中，所有的制图功能命令都不能激活，只有左上角 图标的"应用程序菜单"如图 1-12 所示，与主界面中的"项目""族"与"资源"下面的命令可以使用。

在"应用程序菜单"右下角有一个"选项"按钮，打开"选项"对话框，如图 1-13 所示。

（2）"常规"选项卡设置说明

① 通知

a.保存提醒间隔：设置文件保存提醒的间隔时间；

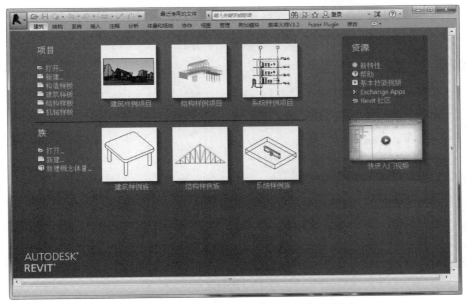

图 1-11　Revit 启动"最近使用文件"主界面

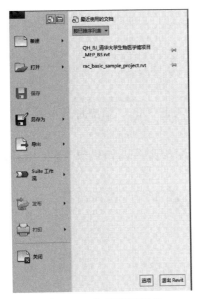

图 1-12　应用程序菜单

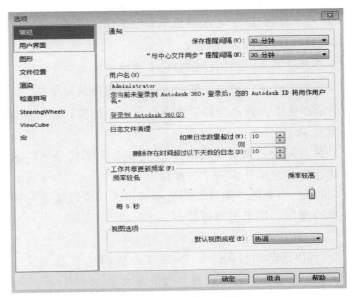

图 1-13　"选项"对话框

b. "与中心文件同步"提醒间隔：在工作集协同设计模式下，本地的设计文件与项目中心文件同步地提醒间隔时间。

②　用户名　用户名是 Revit 将其与某一特定任务关联的标识符，该功能在多用户"工作集"协同设计时非常有用，通过此处，设计师可以设置自己的用户名称。

③　日志文件清理　日志文件是记录 Revit 任务中每个步骤的文本文档。这些文件主要用于软件支持进程。要检测问题或重新创建丢失的步骤或文件时，可运行日志。在每个任务终止时，会保存这些日志。此处可设置自动删除日志文件的条件：如果日志数量超过设定的数量，则删除存在时间超过以下天数的日志。

④　工作共享的更新频率　软件更新工作共享显示模式的频率时间的设定。

⑤　视图选项　对于不存在默认视图样板，或存在视图样板但未指定视图规程的视图，指定其默认视图规程。对当前选择的修改也将改变 Revit. ini 文件中的使用情况参数。

（3）用户界面

单击"用户选项卡"的"自定义"按钮，将弹出"快捷键"对话框的设置，如图 1-14 所示。对话框中默认显示"全部"功能命令，可从"过滤器"中选择"应用程序菜单"等显示部分功能命令。在"快捷键"对话框中，使用下列两种方法中的一种或两种找到所需的 Revit 工具或命令。

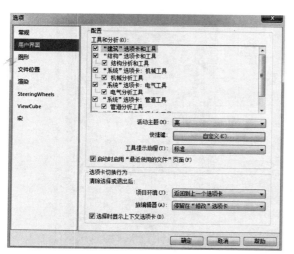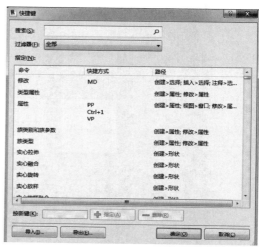

图 1-14　用户界面与自定义快捷键

① 在搜索字段中，输入命令的名称。键入时，"指定"列表将显示与单词的任何部分相匹配的命令。例如，all 与 Wall、Tag All 和 Callout 都匹配。该搜索不区分大小写。

② 对于"过滤器"，选择显示命令的用户界面区域，或选择下列值之一：

➤全部：列出所有命令；

➤全部已定义：列出已经定义了快捷键的命令；

➤全部未定义：列出当前没有定义快捷键的命令；

➤全部保留：列出为特定命令保留的快捷键，这些快捷键在列表中以灰色显示，无法将这些快捷键指定给其他命令。

如果指定搜索文字和过滤器，"指定"列表将显示与这两个条件都匹配的命令。如果没有列出任何命令，请选择"全部"作为"过滤器"。

"指定"列表的"路径"列指示可以在功能区或用户界面中找到命令的位置。要按照路径或其他列对列表进行排序，请单击列标题。

① 添加快捷键。

② 将快捷键添加到命令 Revit 工作界面

➤从"指定"列表中选择所需的命令。

➤光标移到"按新键"字段。

注意如果"按新键"字段灰显，则无法为选定命令定义快捷键。该命令是带有保留快捷键的保留命令。但是，每个保留命令都有可以为其指定快捷键的相应命令。在搜索字段中，输入命令名称以找到相应的命令。

➤按所需的键序列。

按键时，序列将显示在字段中。如果需要，可以删除字段的内容，然后再次按所需的键。请参见快捷键的规则。

➤所需的键序列显示在字段中后，单击"指定"。

③ 导入快捷键　在"快捷键"对话框中，单击"导入"或"导出"，定位到所需的快捷键文件，选择该文件，然后单击"打开"即可。

④ 导出快捷键　在"快捷键"对话框中，单击"导出"，定位到所需文件夹，指定文件名，然后单击"保存"。

⑤ 删除快捷键　在"命令"列中，选择所需的命令，在"快捷键"列中，选择要删除的快捷键，如果要删除多个快捷键，请按住【Ctrl】键选择各个快捷键，单击"删除"。

（4）图形

如图 1-15"图形"设置，对其中选项说明如下：

① 图形模式：此项需要在硬件设备支持情况下才可以使用。勾选"使用硬件加速（Direct 3D®）"，提供了以下性能改进：刷新时可以更快地显示大模型以及在视图窗口之间可以更快地切换。

使用反失真：可以提高所有视图中的线条质量，使边显示得更平滑。默认情况下此选项为关闭。

在使用反失真时为体验最佳性能，应启用硬件加速。如果使用的是 Windows XP 系统，必须启用硬件加速才能使用反失真。如果使用的是 Windows 7 系统并禁用硬件加速，但启用了反失真，则在缩放、平移和操纵视图时可能会注意到性能降低。

② 颜色

➢背景：更改绘图区域中背景和图元的显示，可自定义颜色。

➢选择：选择图元时颜色显示，可自定义颜色。

➢预先选择：预先选择图元时颜色显示，可自定义颜色。

➢警告：出现错误警告时颜色显示，可自定义颜色。

（5）文件位置

如图 1-16"文件位置"设置，对其中选项说明如下：

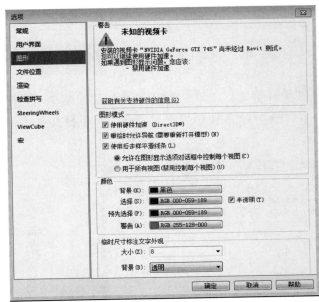

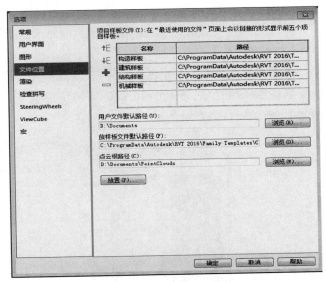

图 1-15 "图形"设置 　　　　　　　图 1-16 "文件位置"设置

项目样板文件，在 Revit 合成版本中，自带四种样板文件，分别为构造样板、建筑样板、结构样板、机械样板，默认的路径是"C:\ProgramData\Autodesk\RVT××\Templates\China\"的目录下，在设计不同专业时，选择不同的样板文件。在这里要说明的一点是：此样板的标高符号、剖面标头、门窗标记等符号不符合中国国标出图的要求，因此要求设置符合中国设计要求的样本文件，然后开始项目设计。

（6）其他对话框及其内容的设置

其他"渲染""SteeringWheels""ViewCube""宏"的设置对象，对设计影响不大，都采用系统默认设置就可以了，在此不做过多的讲解。

1.4.2.3 新建与保存项目

在设置好"选项"对话框以后，即可开始项目的绘制，首先新建项目。

（1）新建项目

新建项目有两种方式：

① 使用图 1-17 应用程序菜单的"新建"下的"项目"，打开 Revit 已设置好的、不同专业的样本文件为项目样本，新建一个项目文件，如图 1-17 所示为新建项目对话框。

② 使用图 1-18 启动软件界面中"新建"命令，也可打开 Revit 已设置好的样本文件为项目样本，新建一个项目文件，如图 1-18 所示为新建项目对话框。

图 1-17　新建项目对话框（一）

图 1-18　新建项目对话框（二）

注：如果样本文件是自己根据项目定制的，点击"新建项目"对话框中的"浏览"按钮，选取即可。

（2）保存项目

再打开样本文件后，首先另存一下项目文件，以免破坏样本文件。单击下的应用程序菜单"另存为"后面的"项目"，此时，样本文件的扩展名由".rte"变为项目的扩展名".rvt"的项目文件，如图 1-19 所示项目另存对话框。

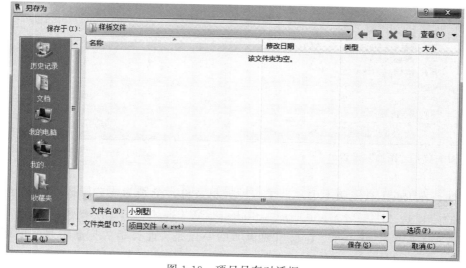

图 1-19　项目另存对话框

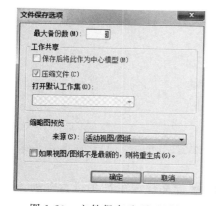

图 1-20　文件保存选项对话框

注：用鼠标左键单击图 1-19 中右下角的"选项"按钮，出现文件保存选项对话框，如图 1-20 所示。其中最大备份数是指指定最多备份文件的数量。默认情况下，非工作共享项目有 3 个备份，工作共享项目最多有 20 个备份。设计者可以根据情况输入数目。其他设置按默认就可以。

1.4.2.4　工作界面与项目的基本设置

新建项目后，打开的 Revit 的工作界面，其工作界面包含以下几个部分，如图 1-21 所示。

① 属性选项板　属性选项板是一个无模式对话框，通过该对话框，可以查看和修改用来定义 Revit 中图元属性的参数，其组成部分如图 1-22 所示。"属性"选项板的特点如下：第一次启动 Revit 时，

图 1-21　工作界面

"属性"选项板处于打开状态并固定在绘图区域左侧项目浏览器的上方。如果您以后关闭"属性"选项板，则可以使用下列任一方法重新打开它：

➤单击"修改"选项卡 → "属性"面板→ （属性）。

➤单击"视图"选项卡 → "窗口"面板 → "用户界面"下拉列表 → "属性"。

➤在绘图区域中单击鼠标右键并单击"属性"。

可以将该选项板固定到 Revit 窗口的任一侧，并在水平方向上调整其大小。在取消对选项板的固定之后，可以在水平方向和垂直方向上调整其大小。同一个用户从一个任务切换到下一个任务时，选项板的显示和位置将保持不变。

② 项目浏览器　项目浏览器用于显示当前项目中所有视图、明细表、图纸、族、组、链接的 Revit 模型和其他部分的逻辑层次。展开和折叠各分支时，将显示下一层项目，其组成部分如图 1-23 所示。

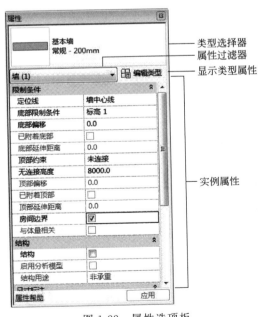

图 1-22　属性选项板

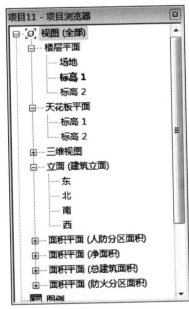

图 1-23　项目浏览器

1.4.2.5　视图浏览与控制基本操作

在绘制三维视图时，视图的控制、各个视图之间的切换以及选择和过滤图元等对顺利完成模型绘制是非常重要的。

ViewCube 默认位于屏幕右上方，如图 1-24 所示。通过单击 ViewCube 的面、顶点或边，可以在模型的各立面、等轴侧视图间进行切换。鼠标左键按住并拖拽 ViewCube 下方的圆环指南针，还可以修改三维视图的方向为任意方向，其作用与按住键盘【Shift】键和鼠标中键并拖拽的效果类似。

为更加灵活地进行视图缩放控制，Revit 提供了"导航栏"工具，如图 1-25 所示。默认情况下，导航栏位于视图右侧 ViewCube 下方。在任意视图中，都可通过导航栏对视图进行控制。

导航栏主要提供两类工具：视图平移查看工具和视图缩放工具。单击导航栏中上方第一个四盘图标，将进入全导航控制盘控制模式，如图 1-26 所示的全导航控制盘将跟随鼠标指针的移动面移动。全导航中提供缩放、动态观察（视野旋转）等命令，移动鼠标指针至导航盘中的命令位置，左键不动即可执行相应的操作。

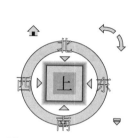

图 1-24　ViewCube 位置

图 1-25　导航栏

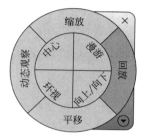

图 1-26　全导航控制盘控制模式

导航栏中提供的另外一个工具为"缩放"工具，单击缩放工具下拉列表，可以查看 Revit 提供的缩放选项，如图 1-27 所示。在实际操作中，最常使用的缩放工具为"区域放大"，使用该缩放命令时，Revit 允许用户绘制任意的范围窗口区域，将该区域范围内的图元放大至充满视口显示。

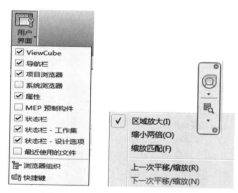

图 1-27　导航栏中的缩放选项

任何时候使用视图控制栏缩放列表中"缩放全部以匹配"选项，都可以显示当前视图中全部图元。在 Revit 中，双击鼠标中键，也会执行该操作。

用于修改窗口中的可视区域。用鼠标单击下拉箭头，勾选下拉列表中的缩放模式，就能实现缩放。

1.4.2.6　图元可见性控制

在项目绘制的过程中，为了方便操作或出于打印出图的需要，经常要隐藏或显示某些元素，在 Revit 中控制图元显示或隐藏的方法有以下三种。

（1）可见性/图形

打开视图。单击"视图"选项卡"图形"面板中的"可见性/图形"工具（快捷键为"VG"），如图 1-28 所示。通过勾选或取消勾选构件及其子类别的名称，可以一次性地控制某一类或某几类图元在当前视图的显示与隐藏。

① 模型类别：通过构件前方框内是否打钩控制墙、家具、天花板等模型构件的可见性，还可通过调整线的样式与模型构件的填充图案来调整其构件投影/表面与截面的样式，以及是否半色调显示构件与详图显示程度的参数。

② 注释类别：通过构件前方框内是否打钩控制尺寸标注、门窗标记、参照平面等注释构件的可见性，还可通过调整线的样式来调整其构件投影/表面形式，以及是否半色调显示构件。

③ 导入的类别：控制导入的 DWG 文件的可见性。

④ 过滤器：通过设置构件的类别及过滤条件来控制图元的可见性。

（2）临时隐藏/隔离

此命令在工作界面下面的视图控制栏中。

① 在绘图区域中，选择一个或多个图元。

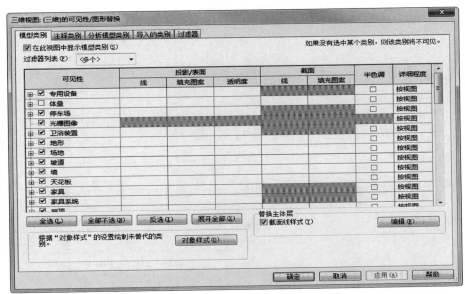

图 1-28　"可见性/图形"对话框

② 在视图控制栏上，单击 （临时隐藏/隔离），然后选择下列选项之一：

➢隔离类别：如果选择了一些墙和门，则只有墙和门在视图中保持可见。

➢隐藏类别：隐藏视图中的所有选定类别。如果选择了某些墙和门，则所有墙和门都会在视图中隐藏。

➢隔离图元：仅隔离选定图元。

➢隐藏图元：仅隐藏选定图元。临时隐藏图元或图元类别时，将显示带有边框的"临时隐藏/隔离"图标（　　）。

③ 要不保存修改就退出"临时隐藏/隔离"模式，请执行下列步骤：在视图控制栏上，单击　　，然后单击"重设临时隐藏/隔离"。所有临时隐藏的图元恢复到视图中。

④ 要退出"临时隐藏/隔离"模式并保存修改，请执行下列步骤：在视图控制栏上，单击　　，然后单击"将隐藏/隔离应用到视图"。

如果要使临时隐藏图元成为永久性的，请在稍后显示并取消隐藏这些图元（如有必要）。

（3）显示和取消隐藏的图元

① 在视图控制栏上，单击 　　（显示隐藏的图元）。

此时，"显示隐藏的图元"图标和绘图区域将显示一个彩色边框，用于指示处于"显示隐藏的图元"模式下。所有隐藏的图元都以彩色显示，而可见图元则显示为半色调。

② 要显示隐藏的图元，请执行下列步骤：选择图元，执行下列操作之一。

a.单击"修改 | 〈图元〉"选项卡 → "显示隐藏的图元"面板 → 　　（取消隐藏图元）或 　　（取消隐藏类别）。

b.在图元上单击鼠标右键，然后单击"取消在视图中隐藏"→ "图元"或"类别"。

注意在选择按图元隐藏的图元或按类别隐藏的类别时，"取消隐藏图元"和"取消隐藏类别"选项会处于活动状态。

c.在视图控制栏上，单击 　　 以退出"显示隐藏的图元"模式。

1.4.3　标高与轴网的绘制

标高是标注建筑、结构高度的一种尺寸标注形式，轴网是建筑图中定位房屋各承重构件的重要参考定位工具。在 Revit 绘图中，只有轴线的标头位于最上面一层标高线之上，保证轴线与所有标高线相交，所有楼层平面视图中才会自动显示轴网，因此建议先绘制标高，再绘制轴网，这样才能够在平面中正确地显示轴网。

根据图 1-29、图 1-30 所给数据在 Revit 中绘制标高与轴网，绘制结束后文件保存为"标高与轴网.rvt"文件。

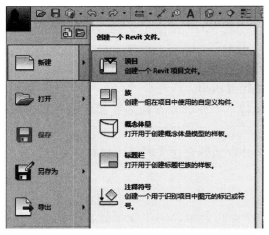

图 1-29　标高

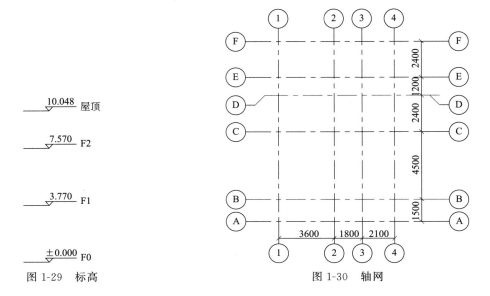

图 1-30　轴网

1.4.3.1　绘制标高

① 双击打开 Revit 软件，点击图标应用程序菜单下拉按钮选择"新建"→"项目"命令，弹出对话框"新建项目"，选择下拉菜单中"结构样板"及新建"项目"命令，点击完成，如图 1-31 所示。

图 1-31　新建样板

② 在图 1-32"项目浏览器"中"视图"下找到"立面"，双击进入任意立面，在这里进入"东立面"。双击"东"，进入东立面视图，绘图区域默认的基础标高形式如图 1-33 所示，根据给定的标高样式，删除"标高 1"以下的标高，并开始进行标高的绘制。

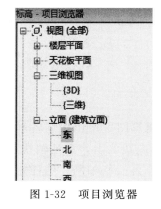

图 1-32　项目浏览器

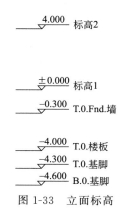

图 1-33　立面标高

③ 单击"结构"选项卡下"基准"面板中 命令，绘制标高，系统会自然默认标高的形式，绘制完后可以对标高进行编辑。在"项目浏览器"中的"结构平面"下自然生成平面"标高3""标高4"两个标高，其对应图形如图1-34所示。

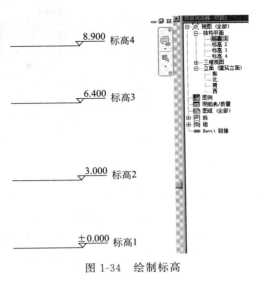

图1-34　绘制标高

1.4.3.2　修改标高

① 用鼠标左键单击绘图区域的"标高1"即可激活它，输入"F0"，如图1-35所示，随后将出现图1-36对话框"是否希望重命名相应视图"，单击"是"即可。

② 同理，双击标高数值，也可以对其进行修改。现在把F1的标高改为"3.770"，F2改为"7.570"。也可以单击F1这条标高线，如图1-37所示，激活临时尺寸3000，直接输入3770，也可以把F1标高修改为3.770。

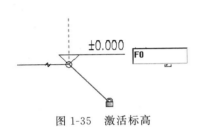

图1-35　激活标高

图1-36　相应视图

补充：

a. 临时尺寸的单位是mm，而标高高程点的单位是m，这也是上面我们在修改临时尺寸时改为3770，而直接修改标高高程改为3.770的原因。

b. 选取标高线后，在标高线的右侧出现了☑，如果单击它去掉对勾，标高符号的标头将被隐藏，如图1-38所示。

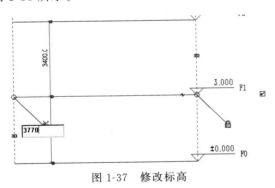

图1-37　修改标高

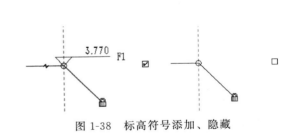

图1-38　标高符号添加、隐藏

1.4.3.3　复制标高

① 选择标高F1，单击"修改"选项卡中"修改"面板上的"复制"命令，如图1-39所示，选取标高线后向下复制。将左上角"选项栏"中的"约束"命令勾选上 （这样可以保证图元水平或垂直方向移动）。

补充：

a. 在Revit选取命令前，要先选中物体，命令才能生效。复制时不要用F0去复制，如果用F0去复制，则标高高程点始终是±0.000。

b. 如果两条标高线的距离较近，数字之间互相重叠，可以选中"0F"这个标高，在"属性"栏中右侧的黑色小三角形（如图1-40所示）中把"上标高符号"改为"下标高符号"，修改后效果如图1-41所示。

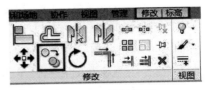

图1-39　复制标高

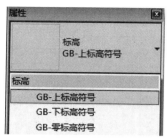

图 1-40　选择标高符号

图 1-41　修改上、下标高标头

② 如果在"结构平面"中显示的平面不全，点击"视图"选项卡中"平面视图"面板中"结构平面"，弹出一个对话框，选择刚新建的标高"F0"，这时"楼层平面"中出现"F0"，如图 1-42 所示。选中"F0"单击"确定"按钮，绘图区域会自动跳转到"F0"平面视图。

③ 同理，大家可以绘制任何楼层标高，完成结果如图 1-43 所示。

图 1-42　显示平面视图（一）

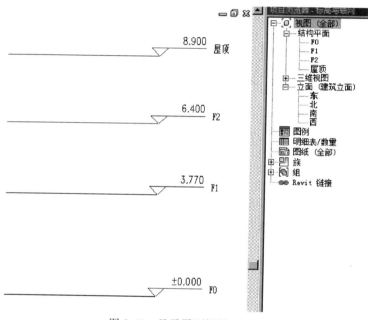

图 1-43　显示平面视图（二）

补充：

a. 直接用"标高"命令绘制标高，在"楼层平面"中会出现相应的标高平面。

b. 如果用"复制"等命令创建的标高，会发现在"楼层平面"中不会出现相应的平面视图，此时则需要将复制的标高手动添加到"楼层平面"中，在"视图"选项卡中"平面视图"中选中标高，添加到楼层平面即可。

c. 选中任意一个标高线，会显示"临时尺寸"、一些控制符号和复选框，可以编辑标高线的长短，通过拖动符号可整体或者单独调整标高标头的位置、控制标高标头的显示和隐藏等操作，如图 1-44 所示，可尝试操作。

1.4.3.4　轴网的绘制

（1）绘制竖向轴网

① 在"项目浏览器"中"视图"下单击"楼层平面"，双击 F1 进入一层平面。

② 单击"结构"选项卡下"轴网"命令 轴网，开始进行轴网的绘制。把鼠标放到绘图区域，从上到下竖向绘制一条轴网，系统默认轴号为 1。

③ 选择刚刚绘制的轴网，单击"修改"面板中的"复制"命令（快捷键"CO"），并且勾选选项栏 修改|轴网 ☑约束 □分开 ☑多个 中的"约束"和"多个"。

"约束"可以保证轴网在竖直或水平方向移动，"多个"为单击一次复制命令可以依次复制多个轴线。

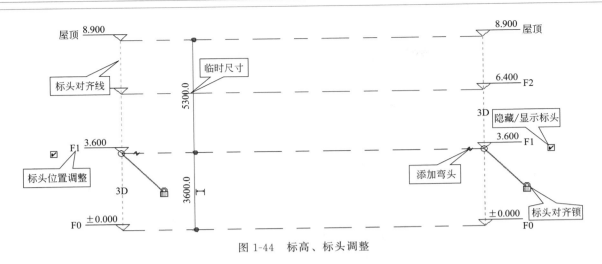

图 1-44　标高、标头调整

④ 鼠标单击一下轴网①并向右移动一定距离，输入数值 3600，则绘制出②号轴网，如图 1-45 所示。

⑤ 鼠标继续向右拖动，依次输入数值，分别为 1800、2100，如图 1-46 所示。

⑥ 此时，竖向轴网绘制完成，如图 1-47 所示。

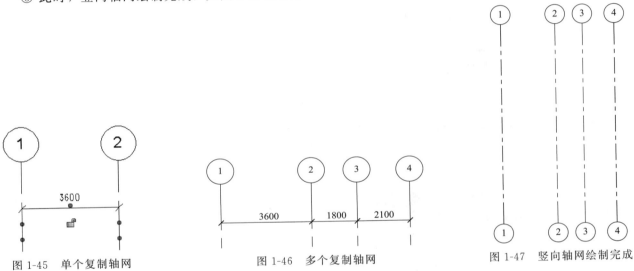

图 1-45　单个复制轴网　　　　图 1-46　多个复制轴网　　　　图 1-47　竖向轴网绘制完成

（2）绘制横向轴网

① 同理，单击"建筑"选项卡下"轴网"命令，把鼠标放在绘图区域，在①轴网左边从左到右绘制一条横向轴网，此时系统会依据竖向轴网依次排列，而在制图中，横向轴网用大写的 A、B、C……表示，绘制完第一条轴网后，点击数字"6"改为"A"，如图 1-48 所示。

② 选择刚刚绘制的轴网，再次使用"复制"命令，勾选"约束"和"多个"，输入数值分别为 1500、4500、2400、1200、2400。轴网绘制完成，如图 1-49 所示。

建议：轴网绘制完成并做相应的调整后，选中所有的轴线，自动激活"修改轴网"选项卡，单击"修改"面板中的"锁定"命令，锁定轴网，以免在做以后的操作时不小心将轴网移动。如果后期要对轴网进行编辑操作，首先需要选中轴网，单击"修改"面板中的解锁，方可对其进行编辑。

（3）编辑轴网

① 在本项目中，大家会发现轴网Ⓐ和Ⓑ以及轴网Ⓔ和Ⓕ的标头相交在了一起，此时就需要手动调整轴网标头的位置。操作如下：

选中轴网Ⓓ，单击轴网Ⓓ上的剖断符号，会发现轴网Ⓓ和轴网Ⓔ彼此就分开了，如图 1-50 所示；还可以通过拖拽蓝色实心圆点进一步对轴网标头位置进行调整，如图 1-51 所示。

② 修改后的轴网只是在当前平面视图做了调整，为了使其他视图的轴网也做同样的调整，则需要选中所有刚刚修改过的轴网，单击"基准"面板中的"影响范围"，弹出对话框"影响基准范围"，把其他楼层平面勾选上，单击"确定"即可，如图 1-52 所示。

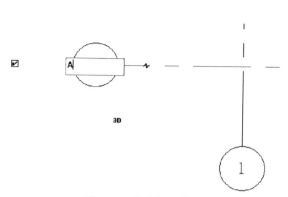

图 1-48　修改标头数字

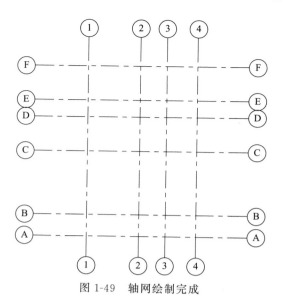

图 1-49　轴网绘制完成

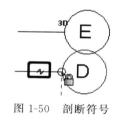

图 1-50　剖断符号

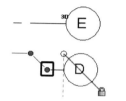

图 1-51　轴网标头位置调整

③ 至此，所有轴网绘制完成，如图 1-53 所示。保存文件"标高与轴网.rvt"。

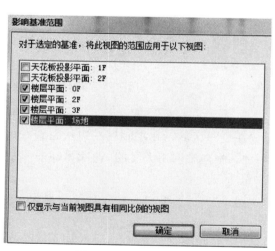

图 1-52　影响基准范围

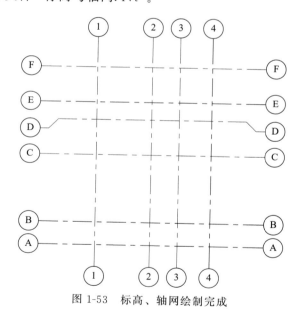

图 1-53　标高、轴网绘制完成

轴网小结：

a. 选择任何一根轴线，会出现蓝色的"临时尺寸"标注，单击数值可激活临时尺寸并对其进行修改，调整轴线的位置。

b. 选择任意一根轴线，所有轴线的标头处会出现一条对齐的虚线，鼠标拖动蓝色的小圆圈，可整体调整轴线标头的位置。

c. 如果只想单独移动一根轴线，则先选中轴线上的小锁🔓，单击解锁，然后再拖拽被选中轴线标头的小圆圈，即可单独调整这根轴线的位置。

d. 如果选中轴线出现"3D"字样，则表示被选中轴线的变化会同步到楼层平面的其他视图；鼠标单击"3D"字样，可切换到"2D"模式，此时如果调整轴线，则只有当前视图发生变化，其他视图不会做相应的调整。

e.选择任意一根轴线，发现轴网标头外面出现☑符号，通过调整对勾的勾选和隐藏，可以改变轴网标头的显示和隐藏。

f.选择任意一根轴线，会出现剖断符号➤，鼠标单击剖断符号可解决两个轴网标头相碰撞的问题，如图1-54所示。

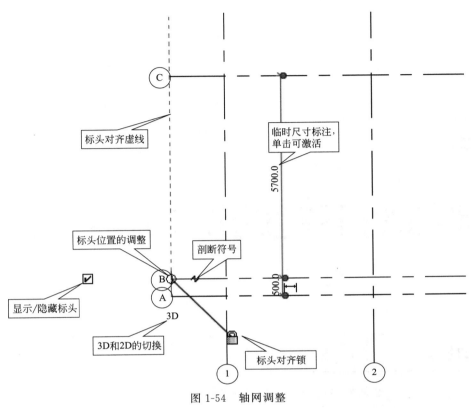

图 1-54　轴网调整

1.建筑"三大材"不包括（　　　）。

A.石材　　　　　　　　B.钢筋　　　　　　　　C.水泥　　　　　　　　D.木材

2.按照建筑层数分类，属于多层住宅的是（　　　）。

A.三层　　　　　　　　B.五层　　　　　　　　C.七层　　　　　　　　D.九层

3.我国是以（　　　）附近的平均海平面作为绝对标高零点。

A.黄海　　　　　　　　B.渤海　　　　　　　　C.南海　　　　　　　　D.东海

4.建筑物按照使用性质分类不包括（　　　）。

A.民用建筑　　　　　　B.公共建筑　　　　　　C.工业建筑　　　　　　D.农业建筑

5.建筑高度大于100m的民用建筑，其楼板的耐火极限不应低于（　　　）h。

A.1　　　　　　　　　　B.2　　　　　　　　　　C.3　　　　　　　　　　D.4

6.BIM的中文全称是（　　　）。

A.建设信息模型　　　　B.建筑信息模型　　　　C.建筑数据信息　　　　D.建设数据信息

7.以下关于从业人员与职业道德关系的说法中，你认为正确的是（　　　）。

A.每个从业人员都应该以德为先，做有职业道德之人

B.只有每个人都遵守职业道德，职业道德才会起作用

C.遵守职业道德与否，应该视具体情况而定

D.知识和技能是第一位的，职业道德则是第二位的

8.建筑物的构造组成包括哪些内容？

9.建筑物按照建筑结构分类可分为哪些？

10.BIM的含义以及特点包含哪些？

项目 2

基础与地下室的认知与绘制

学习目标

　　知识目标：了解地基与基础的关系，常见基础的分类；掌握基础的类型与构造，地下室的防水防潮构造。

　　能力目标：能够利用 BIM 技术绘制基础的三维图、平面图、立面图和剖面图。

素质目标

　　通过基础项目引领与学习任务，引导学生理论联系实际，培养学生树立认真负责、精益求精的工作态度，严格遵守设计标准的职业操守、自主学习新技术的创新能力。

学习任务

　　根据以下平面图及立面图给定的尺寸，利用 Revit 软件创建如图 2-1 所示条形基础的三维模型。

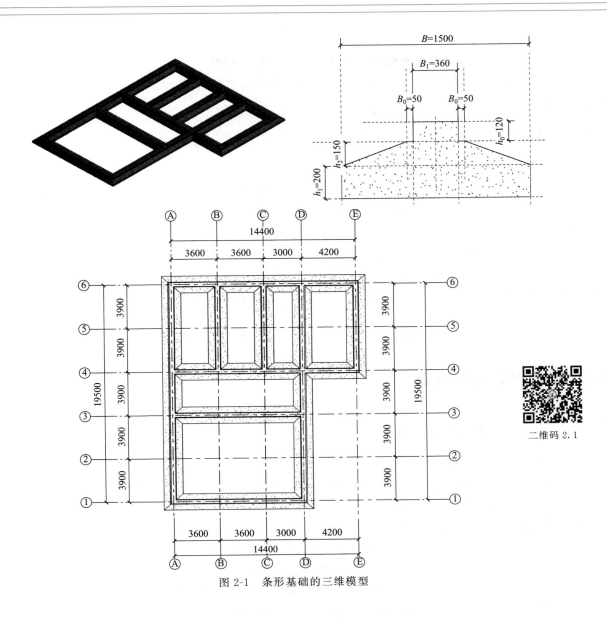

图 2-1　条形基础的三维模型

2.1　概述

2.1.1　地基的概念

基础与地基直接接触，是建筑物最下部的承重构件，其作用是承受建筑物的全部荷载，并将这些荷载传给它下面的土层地基，如图 2-2 所示。因此，基础必须坚固稳定、安全可靠，并能抵御地下各种有害因素的侵蚀。它们共同保证房屋的坚固、耐久和安全。因此在工程设计和施工中，基础应满足强度、耐久性及经济方面的要求；地基应满足强度、变形及稳定性方面的要求。

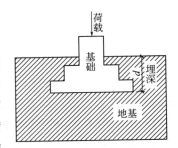

图 2-2　地基与基础关系

2.1.2　地基的分类

从现场施工的角度来讲，地基可分为天然地基和人工地基两大类。

（1）天然地基

天然地基在自然状态下即可满足承担全部荷载的要求，不需要人工加固天然土层，其节约工程造价，不需要人工处理。天然地基土分为四大类：岩土、碎石土、砂土、黏性土。

（2）人工地基

人工地基指的是天然土层的承载力较差或虽然土层较好，但上面荷载较大，不能在这样的土层上直接建造房屋，必须对天然的土层进行人工加固或处理以提高它的承载力的地基。这种经过人工加固和处理的土层称为人工地基。

2.1.3 地基的设计要求

（1）承载力要求

地基的承载力应足以承受基础传来的压力，所以建筑物的建造地址尽可能选在地基土的地耐力较高且分布均匀的地段，如岩石、碎石类等，应优先考虑采用天然基石。

（2）变形要求

地基的沉降量和沉降差需保证在允许的沉降范围内。建筑物的荷载通过基础传给地基，要求地基有均匀的压缩量，以保证有均匀地下沉。若地基土质不均匀，会给基础设计增加困难。若地基处理不当将会使建筑物发生不均匀沉降，从而引起墙身开裂，甚至影响建筑物的使用。

（3）稳定性要求

要求地基有防止产生滑坡、倾斜方面的能力。必要时应加设挡土墙，以防止滑坡变形的出现。

2.2 基础的类型与构造

2.2.1 基础的埋深及影响因素

2.2.1.1 基础埋深的概念

基础埋深是指建筑物室外设计地坪至基础底面的深度，如图 2-3 所示。基础按其埋置深度大小分为浅基础和深基础。一般情况下，基础埋深不超过 5m 时称为浅基础；若浅层土质不良，需将基础加大埋深，此时基础深度超过 5m，如桩基、沉箱、沉井和地下连续墙等，这样的基础称为深基础。

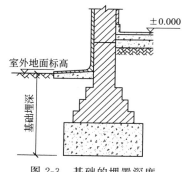

图 2-3　基础的埋置深度

2.2.1.2 影响基础埋深的主要因素

（1）建筑物的使用性质

确定基础的埋深时，首先要考虑的是建筑物在使用功能和用途方面的要求，一般高层建筑的基础埋置深度为地面以上建筑物总高度的 1/10。当建筑物设置地下室、设备基础或地下设施时，基础埋深应满足其使用要求；高层建筑的基础埋深应随建筑高度的增加适当加大；荷载的大小和性质也会影响基础埋深，一般荷载较大时应加大埋深；受向上拔力的基础应有较大的埋深以满足抗拔要求。

（2）工程地质条件

在选择持力层和基础埋深时，应通过工程地质勘察报告详细了解拟建场地的地层分布、各土层的物理力学性质和地基承载力等资料。当地基持力层顶面倾斜时，同一建筑物的基础可以采用不同的埋深。为保证基础的整体性，墙下无筋基础应沿倾斜方向做成台阶形，并由深到浅逐渐过渡。

（3）水文地质条件

有地下水时，基础应尽量埋置在地下水位以上，以避免地下水对基坑开挖、基础施工和使用期间的影响。对底面低于地下水位的基础，应考虑施工期间的基坑降水、坑壁围护、是否可能产生流沙或涌土等问题，并采取保护地基土不受扰动的措施。对于具有侵蚀性的地下水，应采用抗侵蚀的水泥品种和相应的措施。此外，还应该考虑由于地下水的浮托力而引起的基础底板内力的变化、地下室或地下储罐上浮的可能性及地下室的防渗问题。

当地下水位较高、基础不能埋置在地下水位以上时，应将基础底面埋置在最低地下水位 200mm 以下，不应使基础底面处于地下水位变化的范围之内。

（4）地基冻融条件

土的冻结深度主要是由当地的气候决定的。不冻胀土的基础埋深可不考虑冻结深度。对于冻胀、强冻胀和特强冻胀地基上的建筑物，尚应采取相应的防冻害措施。由于各地区的气温不同，冻结深度也不同。严寒地区冻结深度很大，如哈尔滨可达 $2\sim2.2\mathrm{m}$，温暖和炎热地区冻结深度则很小，甚至不冻结，如上海仅为 $0.12\sim0.2\mathrm{m}$。

（5）场地环境条件

气候变化、树木生长及生物活动会给基础带来不利影响，因此，基础应埋置于地表以下，其埋深不宜小于 $0.5\mathrm{m}$（岩石地基除外）；基础顶面一般应至少低于设计地面 $0.1\mathrm{m}$。

新基础的埋深不宜超过原有基础的底面，否则新、旧基础间应保持一定的净距，其值不宜小于两基础底面高差的 $1\sim2$ 倍。如果不能满足这一要求，则在基础施工期间应采取有效措施以保证临近原有建筑物的安全。

当在基础影响范围内有管道或沟、坑等地下设施通过时，基础底面一般应低于这些设施的底面，否则应采取有效措施，消除基础对地下设施的不利影响。

在河流、湖泊等水体旁建造的建筑物基础，如可能受到流水或波浪冲刷的影响，其底面应位于冲刷线之下。

2.2.2　按材料及受力特征分类

2.2.2.1　刚性基础

由刚性材料制作的基础称为刚性基础。一般抗压强度高，而抗拉、抗剪强度较低的材料就称为刚性材料，常用的刚性材料有砖、灰土、混凝土、三合土、毛石等。为满足地基容许承载力的要求，基底宽 B 一般大于上部墙宽，当基础底部宽度 B 很宽时，挑出部分 b 很长，而基础又没有足够的高度 H，又因基础采用刚性材料，基础就会因受弯曲或剪切而破坏。为了保证基础不被拉力、剪力破坏，基础必须具有相应的高度。通常按刚性材料的受力状况，基础在传力时只能在材料的允许范围内控制，这个控制范围的夹角称为刚性角，用 α 表示，如图 2-4 所示，$\tan\alpha=b/H$，也就是说基础台阶的挑出宽度 b 与高度 H 之比要受到一定的限制，基础的 $b:H$ 称为宽高比。常见的刚性基础如下。

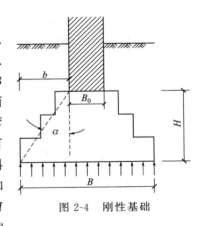

图 2-4　刚性基础

（1）砖基础

砖基础常砌成台阶形，有等高式和间隔式两种。砌筑时，一般需在基底下先铺设砂、混凝土和灰土垫层，如图 2-5 所示。

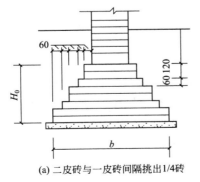

(a) 二皮砖与一皮砖间隔挑出1/4砖

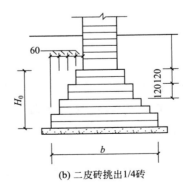

(b) 二皮砖挑出1/4砖

图 2-5　砖基础

砖基础取材容易、构造简单、造价低廉，但其强度低，耐久性、抗冻性较差，所以只适合用于等级较低的小型建筑中。

（2）灰土基础

在地下水位较低的地区，可以在砖基础下设灰土垫层，灰土垫层有较好的抗压强度和耐久性，后期强度较高，属于基础的组成部分，叫作灰土基础。灰土基础由熟石灰粉和黏土按体积比 3：7 或 2：8 的比例，加适量水拌和夯实而成。施工时每层虚铺厚度约为 220mm，夯实后厚度为 150mm，称为一步，一般灰土基础做二至三步，如图 2-6 所示。

灰土基础的抗冻性、耐水性差，只能埋置在地下水位以上，并且顶面应位于冰冻线以下。

（3）毛石基础

毛石基础是由未加工的块石用水泥砂浆砌筑而成的，毛石的厚度不小于 150mm，宽度为 200～300mm。基础的剖面呈台阶形，顶面要比上部结构每边宽出 100mm，每个台阶的高度不宜小于 400m，挑出的长度不应大于 200mm，如图 2-7 所示。

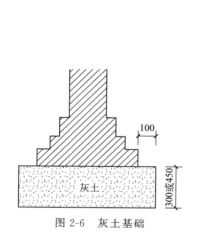

图 2-6　灰土基础

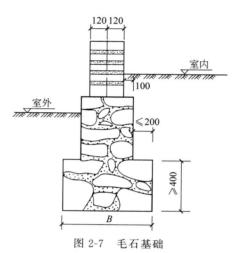

图 2-7　毛石基础

毛石基础的强度高，抗冻、耐水性能好，适用于地下水位较高、冰冻线较深的产石地区的建筑。

（4）混凝土基础和毛石基础

混凝土基础的断面有矩形、梯形和锥形，一般当基础地面宽度大于 2000mm 时，为了节约混凝土常做成锥形，如图 2-8 所示。

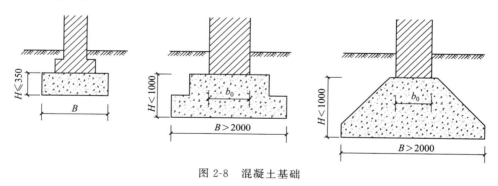

图 2-8　混凝土基础

当混凝土基础的体积较大时，为了节约混凝土，可以在混凝土中加入粒径不大于 300mm 的毛石，这种混凝土基础称为毛石混凝土基础。毛石混凝土基础中，毛石的尺寸不得大于基础宽度的 1/3，毛石的体积为总体积的 20％～30％，且应分布均匀。

混凝土基础和毛石混凝土基础具有坚固、耐久、耐水的特点，可用于受地下水和冰冻作用的建筑。

2.2.2.2　柔性基础

当建筑物的荷载较大而地基承载能力较小时，基础底面 B 必须加宽，如果仍采用混凝土材料作为基础，势必加大基础的埋深，这样既增加了挖土工作量，又使材料的用量增加，对工期和造价都十分不利，混凝土基础与钢筋混凝土基础的比较如图 2-9（a）所示。如果在混凝土基础的底部配以钢筋，利用钢筋来承受拉应力，使基础底部能够承受较大的弯矩，这时，基础宽度的加大不受刚性角的限制，故称钢筋混凝土基础为非刚性基础或柔性基础。基础配筋情况如图 2-9（b）所示。钢筋混凝土基础的适用范围广泛，尤其适用于有软弱土层的地基。

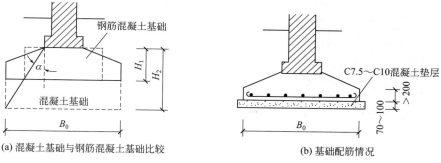

（a）混凝土基础与钢筋混凝土基础比较　　　　（b）基础配筋情况

图 2-9　柔性基础

2.2.3　按基础的构造形式分类

基础构造的形式因建筑物上部结构形式、荷载大小以及地基土壤性质的变化而不同。一般情况下，上部结构形式直接影响基础的形式，当上部荷载大，地基承载能力有变化时，基础形式也随之变化。基础按构造特点可分为以下几种基本类型。

（1）条形基础

当建筑物上部结构采用墙承重时，基础沿墙身设置，多做成长条形，这类基础称为条形基础或带形基础，如图 2-10（a）所示，这是墙承式建筑基础的基本形式。条形基础一般用于墙下，也可用于柱下。当建筑采用柱承重结构，在荷载较大且地基较软弱时，为了提高建筑物的整体性，防止出现不均匀沉降，可将柱上基础沿一个方向连续设置成条形基础，如图 2-10（b）所示。

（2）独立基础

当建筑物上部采用柱承重，且柱距较大时，将柱下扩大形成独立基础。独立基础的形状有阶梯形、锥形和杯形等，如图 2-11 所示。其优点是土方工程量少，便于地下管道穿越，节约基础材料。但基础之间无联系，整体刚性差，因此一般适用于土质均匀、荷载均匀的骨架结构建筑。

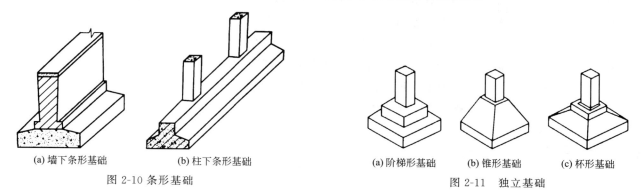

（a）墙下条形基础　　　　（b）柱下条形基础　　　　　　（a）阶梯形基础　　（b）锥形基础　　（c）杯形基础

图 2-10　条形基础　　　　　　　　　　　　　　　　图 2-11　独立基础

（3）井格基础

当地基条件较差或上部荷载较大时，为了提高建筑物的整体性，防止柱子之间产生不均匀沉降，常将柱下基础沿纵横两个方向扩展连接起来，做成十字交叉的井格基础，如图 2-12 所示。

（4）箱形基础

当建筑物荷载很大或浅层地质情况较差时，为了提高建筑物的整体刚度和稳定性，基础必须深埋，这时通常钢筋混凝土顶板、地板、外墙和一定数量的内墙组成刚度很大的盒状基础，称为箱形基础，如图 2-13 所示。

（5）片筏基础

当建筑物上部荷载较大而地基又比较弱时，采用简单的条形基础和井格基础已不能适应地基变形的需要，通常将墙或柱下基础连成一片，使建筑物的荷载承受在一块整板上，称为片筏基础。片筏基础可以用于墙下和柱下，有平板式和梁板式两种，如图 2-14 所示。

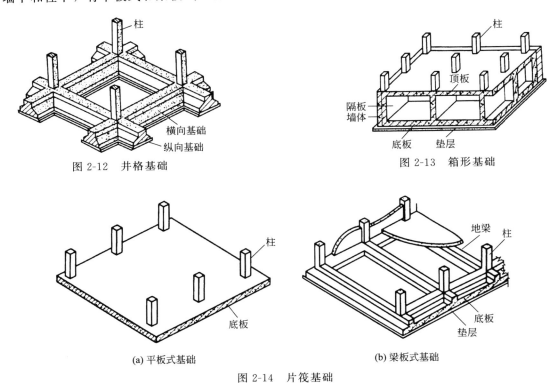

图 2-12　井格基础

图 2-13　箱形基础

(a) 平板式基础

(b) 梁板式基础

图 2-14　片筏基础

（6）桩基础

当建筑物荷载较大、地基软弱、土层的厚度在 5m 以上，基础不能埋在软弱土层内，或对软弱土层进

行人工处理较困难或不经济时，常采用桩基础。桩基础由桩身和承台组成，桩身伸入土中，承受上部荷载，承台用来连接上部结构和桩身。

桩基础类型很多，按照桩身受力特点，分为端承桩和摩擦桩。上部荷载如果主要依靠下面坚硬土层对桩端的支承来承受时，这种桩基础称为端承桩，如图 2-15（a）所示；上部荷载如果主要依靠桩身与周围土层的摩擦阻力来承受时，这种桩基础称为摩擦桩，如图 2-15（b）所示。桩基础按材料不同，有木桩、钢筋混凝土桩和钢桩等；按断面形式不同，有圆形桩、方形桩、环形桩、六角桩和工字形桩等；按桩入土方法的不同，有打入桩、振入桩、压入桩和灌注桩等。

图 2-15　桩基础

2.3　地下室

2.3.1　地下室的分类

（1）按使用功能分类

① 普通地下室。一般按地面楼层进行设计，可用来满足建筑多种功能的要求，如储藏、办公、居住或用作车库等。

② 人防地下室。人防地下室应有妥善解决紧急状态下的人员隐蔽与疏散、保证人身安全的技术措施，同时还应考虑在和平时期的有效利用。

（2）按埋入地下深度分类

① 全地下室，是指房屋全部或部分在室外地坪以下，房屋地面低于室外地平面的高度超过该房屋净高的 1/2 者。这种地下室适用于上部荷载不大及地下水位较低的情况，因大部分在地面以下，因而其采光、通风条件稍差，主要靠人工采光和通风。

② 半地下室，是指房屋地面低于室外地平面的高度超过该房间净高的 1/3，且不超过 1/2 者。这种地下室大部分在地面以上，易于解决采光、通风等问题，普通地下室多采用这种类型。

2.3.2　地下室的构造

地下室一般由墙体、底板、顶板、门和窗、楼梯、采光井等部分组成，如图 2-16 所示。

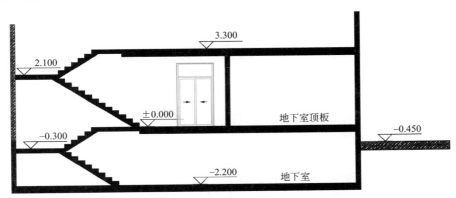

图 2-16　地下室构造

（1）墙体

地下室的外墙不仅承受上部结构的垂直荷载，还承受土壤的侧压力，并受到地下水的侵蚀。地下室的墙体应满足强度、防水、防潮等要求。

（2）底板

地下室的底板不仅承受作用在上面的垂直荷载，还需要承受地下水的浮力，常采用现浇钢筋混凝土底板，并满足强度、刚度、防水和抗渗透性要求。

（3）顶板

地下室的顶板采用现浇或预制的钢筋混凝土板，人防地下室的顶板一般为现浇的钢筋混凝土板。

（4）门和窗

地下室的门和窗与地面上部相同，普通地下室的窗位于室外地坪以下时须设采光井，以达到采光通风的目的。人防地下室一般不允许设窗，门应符合防护等级的要求，出入口一般设三道门：与地面交接处设水平推拉门，主要供分隔、管理之用；入口通道外设弧形防波门，主要是抵挡冲击波，常用钢筋混凝土制作，厚度可达到 1000mm；内部设密闭防护门，主要是防细菌、毒气及放射性尘埃等，密闭防护门用钢丝水泥制作，四周设橡胶密封条，关闭后保持密封状态。

（5）楼梯

地下室的楼梯，可以与地面上的楼梯结合设置，由于地下室的层高较低，故多采用单跑楼梯。人防地下室至少有两个楼梯通向地面，其中一个是与地面楼梯部分结合设置的楼梯出口，另一个必须是独立的安全出口，与地面建筑物要有一定的距离，中间与地下通道相连接。

（6）采光井

半地下室窗外一般应设采光井，一般每个窗设一个独立的采光井。当窗的距离很近时，也可将采光井连在一起。采光井由侧墙和底板构成，侧墙一般用砖砌筑，井底板则用混凝土浇筑。

采光井的深度由地下室窗台的高度而定，一般窗台应高于采光井底板面层 250～300mm。采光井的长度应比窗宽 100m 左右；采光井的宽度视采光井的深度而定，当采光井深度为 1～2m 时，宽度为 1m 左右。采光井侧墙顶面应比室外设计地面高 250～300mm，以防止地面水流入井内。

2.3.3　地下室的防水防潮处理

由于地下室的墙身、底板埋在土中，长期受到潮气或地下水的侵蚀，会导致室内地面、墙面发霉，墙面装饰层脱落，严重时使室内进水，影响地下室的正常使用和建筑物的耐久性，因此必须对地下室采取相应的防潮、防水措施，以保证地下室在使用时不受潮、不渗漏。

2.3.3.1 地下室的防潮处理

当地下水的最高水位低于地下室地坪300~500m时，地下室的墙体和底板只会受到土中潮气的影响，所以只需做防潮处理，即在地下室的墙体和底板中采用防潮构造。

当地下室的墙体采用砖墙时，墙体必须用水泥砂浆来砌筑，要求灰缝饱满，并在墙体的外侧设置垂直防潮层，在墙体的上下设置水平防潮层。

墙体垂直防潮层的做法是：先在墙外侧抹20mm厚1：2.5的水泥砂浆找平层，延伸到散水以上300mm，找平层干燥后，上面刷一道冷底子油和两道热沥青，然后在墙外侧回填低渗透性的土壤，如黏土、灰土等，并逐层夯实，宽度不小于500mm；墙体水平防潮层中一道设在地下室地坪以下60mm处，一道设在室外地坪以上200mm处，如图2-17(a)所示。如果墙体采用现浇钢筋混凝土墙，则不需做防潮处理。

地下室需防潮时，底板可采用非钢筋混凝土，其防潮构造如图2-17(b)所示。

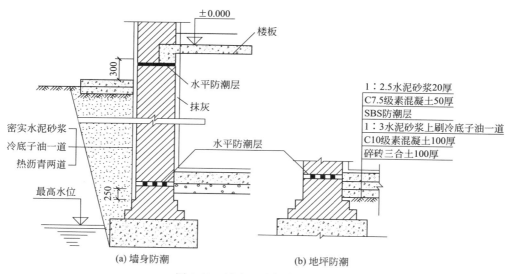

图 2-17 墙身、地坪防潮处理

2.3.3.2 地下室的防水处理

当地下水的最高水位高于地下室底板时，地下室的墙体和底板浸泡在水中，这时地下室的外墙会受到地下水侧压力的作用，底板会受到地下水浮力的作用，这些压力水具有很强的渗透能力，会导致地下室漏水，影响正常使用，所以，地下室的外墙和底板必须采取防水措施。具体做法有柔性防水和混凝土构件自防水两种。

（1）柔性防水

柔性防水分为卷材防水和涂膜防水两种。

① 卷材防水。在工程中，卷材防水层一般采用高聚物改性沥青防水卷材（如SBS改性沥青防水卷材、APP改性沥青防水卷材）或合成高分子防水卷材（如三元乙丙橡胶防水卷材、再生胶防水卷材等）与相应的胶结材料黏结形成防水层。按照卷材防水层的位置不同，分为外防水和内防水。

外防水是将卷材防水层满包在地下室墙体和底板外侧的做法，其构造要点是：先做底板防水层，并在外墙外侧伸出接茬，将墙体防水层与其搭接，并高出最高地下水位500~1000mm，然后在墙体防水层外侧砌半砖保护墙，应注意在墙体防水层的上部设垂直防潮层与其相连，地下室外防水构造如图2-18所示。

内防水是将卷材防水层满包在地下室墙体和地坪的结构层内侧的做法，内防水施工方便，但属于被动式防水，对防水不利，所以一般用于修缮工程。

② 涂膜防水。涂膜防水有合成高分子聚氨酯涂膜防水材料等，它由以异氰酸酯为主剂的甲料，最高地下水位有多羟基的固化剂，并掺有增黏剂、防霉剂、填充剂、稀释剂制成的乙料所组成。这种甲料和乙料按一定比例即可进行涂膜施工，涂膜防水有利于形成完整的防水涂层，对建筑内有穿墙管、转折和

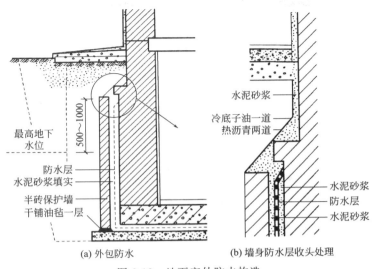

(a) 外包防水　　　　(b) 墙身防水层收头处理

图 2-18　地下室外防水构造

高差的特殊部位的防水处理极为有利。为保证施工质量，应使基层保持清洁、平整、表面干燥。

（2）混凝土构件自防水

当地下室的墙体和地坪均为钢筋混凝土结构时，可通过增加混凝土的密实度或在混凝土中添加防水剂、加气剂等方法来提高混凝土的抗渗性能。这时，地下室就不需再专门设置防水层，这种防水做法称为混凝土构件自防水。地下室采用构件自防水时，外墙板的厚度不得小于 200mm，底板的厚度不得小于 150mm，以保证刚度的抗渗效果。为防止地下水对钢筋混凝土结构的侵蚀，在墙的外侧应先用水泥砂浆找平，然后刷热沥青隔离。地下室混凝土构件自防水构造如图 2-19 所示。

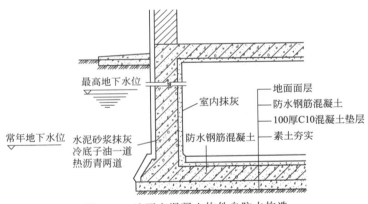

图 2-19　地下室混凝土构件自防水构造

二维码 2.2

2.4　结构施工图基础与地下室的三维绘制

（1）确定基础尺寸

首先根据图纸提供的"基础平面布置图"中"基础施工说明"确定基础的形状、符号标注以及不同大小的尺寸，如图 2-20 所示，然后在 Revit 软件中绘制基础模型。

因 Revit 系统中没有与该条形基础相同的构件族，所以需要根据项目的要求创建条形基础族文件。

（2）创建基础族的三维模型

① 双击打开 Revit 文件，单击应用程序菜单下拉按钮，选择"新建"→"族"命令，如图 2-21 所示。

② 弹出"新建-选择样板文件"对话框，选择"公制结构框架-梁和支撑"选项，如图 2-22 所示，单击"打开"按钮。

③ 打开的族样板如图 2-23 所示，选择系统自带的图形然后按【Delete】删除，然后在"项目浏览器-

族 2"中打开立面视图"右"。

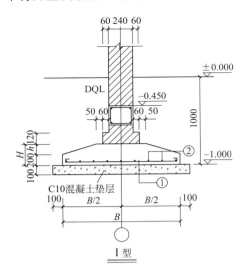

基础编号	基础宽度 B/mm	基底标高 D/m	基础高度 H/mm	底板配筋		备注
				①	②	
J-1	1200	−1.000	300	φ10@160	φ8@200	I 型
J-2	1400	−1.000	300	φ10@150	φ8@200	I 型
J-3	1800	−1.000	300	φ10@120	φ8@200	I 型
J-4	2000	−1.000	350	φ12@160	φ8@200	I 型

图 2-20　条形基础尺寸

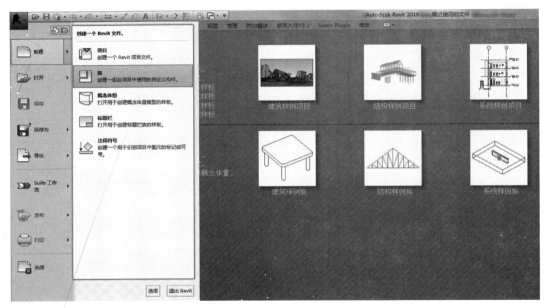

图 2-21　打开 Revit 文件

图 2-22　选择样板文件

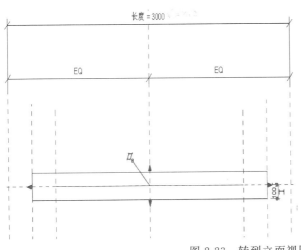

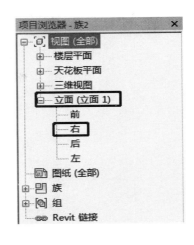

图 2-23　转到立面视图

④ 选择"创建"选项卡下"参照平面"命令，绘制如图 2-24 所示的辅助参照平面，并标注尺寸（基础编号 J-1 为例）。选择"注释"选项卡→"尺寸标注"面板→"对齐"命令，左键选择每根参照线，然后点击空白位置生成尺寸标注。

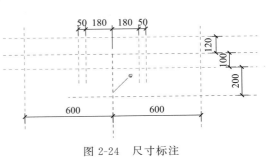

图 2-24　尺寸标注

⑤ 选择"创建"选项卡→"形状"面板→"拉伸"命令，弹出"工作平面"对话框，选择"名称"，然后点击下拉菜单中的"参照平面：右"，最后单击"确定"按钮，如图 2-25 所示。

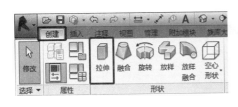

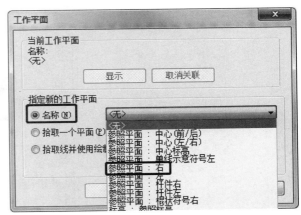

图 2-25　选择参照平面

⑥ 单击"确定"之后，现在处于编辑模式，选择"绘制"中的直线，开始编辑条形基础的右面轮廓，如图 2-26 所示，编辑完成后单击"√"完成编辑。

⑦ 选中标注"100"点击"标签"选项卡中的"添加参数"，弹出对话框"参数属性"，在名称位置输入小写字母"h"单击确定，如图 2-27 所示。

⑧ 删除标注"h＝100"下方尺寸"200"，并添加尺寸"300"，设置标签为大写字母"H"，如图 2-28 所示。

注：尺寸"200"的存在会约束"H＝300"，使其产生标注冲突。

⑨ 同时选择尺寸"600"，点击"EQ"命令，则该基础基于中心线左右平分，测量基础宽度"1200"，并添加标签大写字母"B"，如图 2-29 所示。

⑩ 选择"创建"选项卡→"属性"面板→"族类型"命令，弹出"族类型"对话框，在尺寸标注"H"后面添加公式"h＋200"，单击"应用"，关闭对话框，如图 2-30 所示。

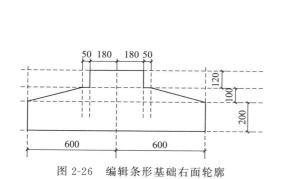

图 2-26 编辑条形基础右面轮廓

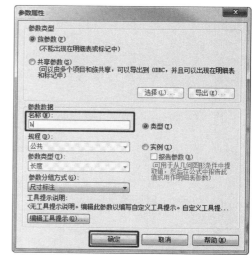

图 2-27 添加标签"h"

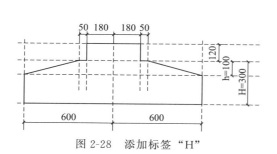

图 2-28 添加标签"H"

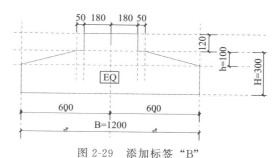

图 2-29 添加标签"B"

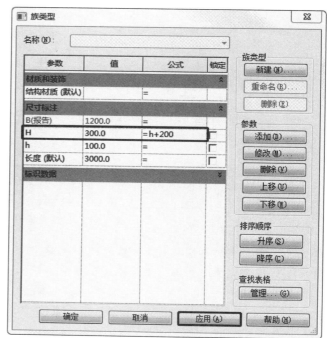

图 2-30 添加公式

⑪ 选择"创建"选项卡→"属性"面板→"族类别和族参数"命令，弹出"族类别和族参数"对话框，在"族参数"中找到"用于模型行为的材质"参数，在后方的下拉菜单中选择"混凝土"材质，如图 2-31 所示。

⑫ "楼层平面"下的"参照标高"平面进入到平面视图，单击画好的模型，每条边会出现可以拖动的小三角，拖动左右两边的小三角，使其与"长度＝3000"的两个边界相重合，并点击出现的小锁锁定，

如图 2-32 所示。

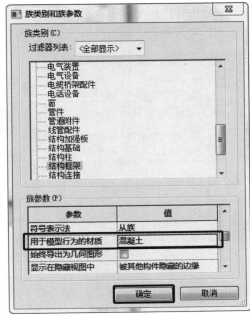

图 2-31 设置材质

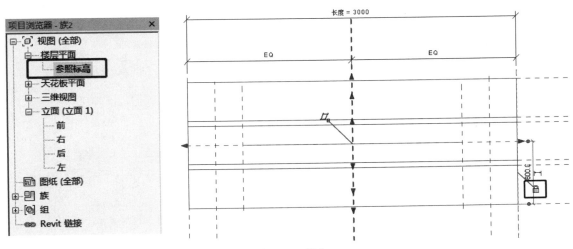

图 2-32 锁定

⑬ 保存文件，命名为"条形基础"，如图 2-33 所示。

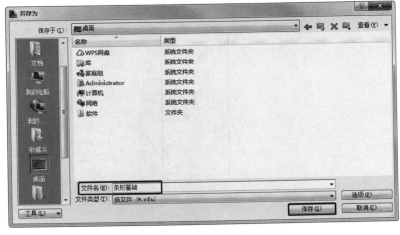

图 2-33 保存文件

（3）项目中结构基础的三维绘制

① 双击打开 Revit 软件，单击应用程序菜单下拉按钮，选择"新建"→"项目"命令，弹出对话框"新建项目"，选择下拉菜单中"结构样板"及新建"项目"命令，单击完成，如图 2-34 所示。

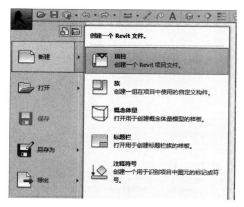

图 2-34　新建结构样板

② 按照图纸在 Revit 立面绘制图 2-35 的标高，创建完成后，双击"F0"平面视图，绘制如图 2-36 所示轴网。

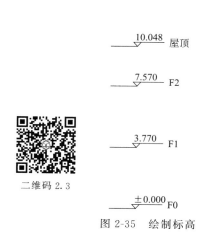

图 2-35　绘制标高

二维码 2.3

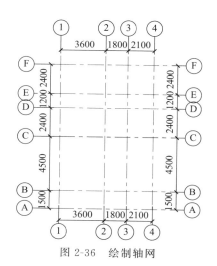

图 2-36　绘制轴网

③ 选择"插入"选项卡中"载入族"选项，弹出对话框"载入族"，双击保存的"条形基础"文件，即可载入进来，如图 2-37 所示。

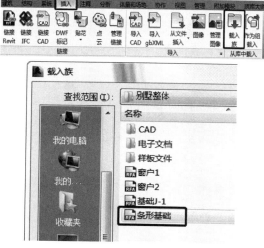

图 2-37　载入"条形基础"

④ 在"项目浏览器"中"族"选项卡中找到载入进来的"条形基础",右键选择"类型属性"命令,在弹出的"类型属性"对话框中选择复制,并重命名修改尺寸与"基础表"中的尺寸相一致,如图 2-38 所示。

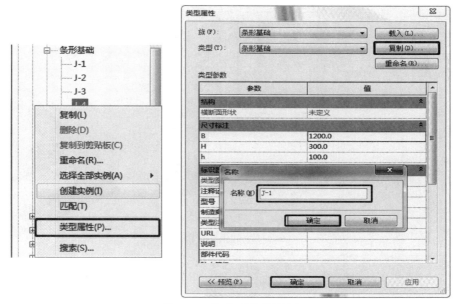

图 2-38　修改"类型属性"

⑤ 选中创建的条形基础,依次按照图纸位置对应的条形基础编号放置(注:基底标高均为 -1m),完成如图 2-39 所示条形基础。

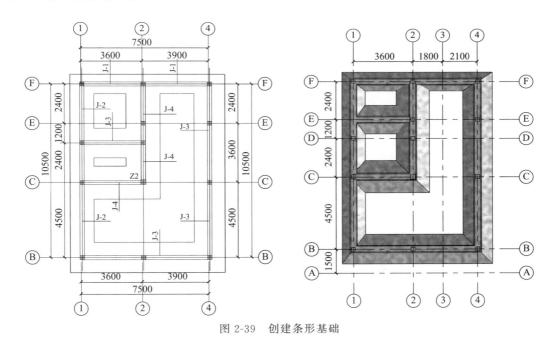

图 2-39　创建条形基础

⑥ 绘制条形基础下混凝土垫层,采用板来绘制,需要新建一个楼板,并命名为"C10 混凝土垫层100mm",设置偏移量为 -420mm,根据图纸可知基础板比基础宽 100mm,完成图 2-40 的绘制。

⑦ 单击"模式"面板中完成编辑模式按钮"√",最终完成基础的绘制。至此完成基础,如图 2-41 所示。

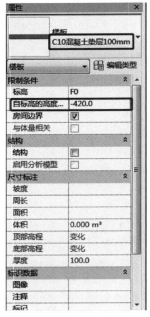

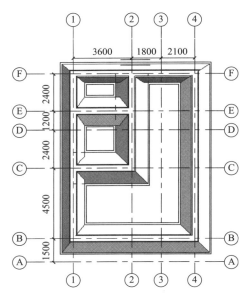

图 2-40　创建混凝土垫层　　　　　　　　　　　　　图 2-41　基础的三维展示

能力训练题

1. 超过（　　　）为深基础。

A. 3m　　　　　　　B. 4m　　　　　　　C. 5m　　　　　　　D. 6m

2. 关于刚性基础的特点说法正确的是（　　　）。

A. 抗压强度高　　　B. 抗拉强度高　　　C. 抗剪强度高　　　D. 抗裂性差

3. 基础按构造形式分类不包括（　　　）。

A. 条形基础　　　　B. 独立基础　　　　C. 箱形基础　　　　D. 柔性基础

4. 不属于独立基础特点的是（　　　）。

A. 土方工程量小　　　　　　　　　　B. 便于地下管道穿越

C. 节约基础材料　　　　　　　　　　D. 整体刚性好

5. 半地下室是指房屋地面低于室外地坪的高度超过该房间净高的（　　　），且不超过（　　　）。

A. 1/5　　　　　　　B. 1/4　　　　　　　C. 1/3　　　　　　　D. 1/2

6. 当地下水位较高，基础不能埋置在地下水位以上时，应将基础底面埋置在最低地下水位（　　　），不应使基础底面处于地下水位变化的范围之内。

A. 500mm 以下　　B. 150mm 以下　　C. 250mm 以下　　D. 200mm 以下

7. 以下关于从业人员与职业道德说法正确的是（　　　）。

A. 道德意识是与生俱来的，不需要做规范性要求

B. 只有所有人都认为正确的专业道德理论，才可以被认可

C. 所有从业人员走上工作岗位之前都应接受专业道德教育

D. 以上均不正确

8. 什么叫作地基？地基的分类有哪些？

9. 地基的设计要求有哪些？

10. 地基埋深的主要因素是什么？

项目 3

墙体的认知与绘制

学习目标

知识目标：了解墙体的作用、分类和墙面装修的基本知识，掌握砖墙、砌块墙、隔墙、幕墙的构造。

能力目标：掌握基本墙体的创建和编辑，能根据所给图纸识读墙体的位置，并结合Revit 所学知识绘制出图纸墙体位置。

素质目标

通过墙体项目引领与学习任务，引导学生理论联系实际，培养学生树立认真负责、精益求精的工作态度，严格遵守设计标准的职业操守、自主学习新技术的创新能力。

学习任务

绘制某别墅一层墙体，其尺寸标注如图 3-1（a）所示，层高为 3m，外墙为叠层墙，底部高度为 600mm，"WQ-50＋200 剪"（即作为外墙的外侧贴 50mm 厚石材，颜色为深红色，结构厚度为 200mm 的剪力墙），600mm 以上为 "WQ-5＋200 剪"（即作为外墙的外侧为 5mm 厚抹灰层，颜色为白色，结构厚度为 200mm 的剪力墙），修改类型属性中的"结构"一项中衬底层厚度为 70mm，并修改材质为 "FA＿外饰－面砖 1，XXX"，并对材质进行设置，确定完成样式如图 3-1（b）所示，内墙为普通砖墙。

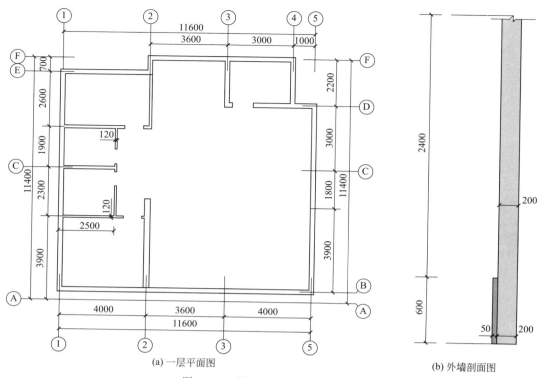

(a) 一层平面图   (b) 外墙剖面图

图 3-1   一层平面图及外墙剖面图

二维码 3.1

3.1 墙体的基础知识

墙体是房屋建筑中不可缺少的一部分，它和楼板、楼盖共同被称为建筑的主体工程。墙体主要是建筑的承重和维护构件，它对整个建筑的使用、造型、自重和成本方面影响较大。

3.1.1 墙体的作用

① 承重作用，即承受楼板、屋顶或梁传来的荷载及墙体自重、风荷载、地震荷载等。

② 围护作用，即抵御自然界中风、雨、雪等的侵袭，防止太阳辐射、噪声的干扰，起到保温、隔热、隔声、防风、防水等作用。

③ 分隔作用，即把房屋内部划分为若干房间，以适应人的使用要求。

④ 装饰作用，即墙体装饰是建筑装饰的重要部分，墙体装饰对整个建筑物的装饰效果作用很大。

3.1.2 墙体的分类

（1）按墙体所处的位置分类

按所处的位置来分，墙体可分为内墙和外墙两种。外墙是指建筑物四周与外界交接的墙体，内墙是指建筑物内部的墙体。

（2）按墙体布置方向分类

按布置方向来分，墙体可分为纵墙和横墙。纵墙是指与房屋长轴方向一致的墙，横墙是指与房屋短轴方向一致的墙。外纵墙通常称为檐墙，外横墙通常称为山墙。

（3）按受力情况分类

按受力情况来分，墙体可分为承重墙和非承重墙。承重墙是指承受上部传来的荷载的墙。非承重墙是指不承受上部传来的荷载的墙。非承重包括自承重和框架填充墙、隔墙、幕墙。自承重墙仅承受自身质量；框架填充墙是指在框架结构中填充在框架间的墙，它的质量由梁、柱承受；隔墙是指在房间内部起分隔作用而不承受外力（自重除外）的墙；幕墙是指悬挂于骨架外部的轻质墙。

（4）按墙体的构成材料分类

按构成材料来分，墙体可分为砖墙、石墙、砌块墙、混凝土墙、钢筋混凝土墙、轻质板材墙等。

（5）按墙体的施工方式分类

按墙体的施工方式来分，可分为叠砌墙、板筑墙和装配墙。

① 叠砌墙，指将砖、石、砌块等块材用砂浆等胶结材料按一定的技术要求组砌而成的墙体，如砖墙、石材墙、加气混凝土砌块墙等。

② 板筑墙，指在墙体施工时现场浇筑而成的墙体，如框架结构的剪力墙以及滑模建筑的现浇墙体。

③ 装配墙，指将预制完成的墙搬到施工现场拼装而成的墙体，如大板建筑的预制墙体。

3.1.3　墙体的设计要求

（1）强度要求

墙的强度取决于砌墙所用材料的强度等级及砌筑质量，墙体的强度多采用验算的方法来确定。施工时应保证灰浆饱满度不小于 80%，墙面垂直且不得有通缝。

（2）稳定性要求

墙的稳定性通过高厚比控制。墙的稳定性与墙的厚度、高度、长度有关，当墙的长度和高度确定之后，应通过增加墙的厚度、加设构造柱、加设圈梁等方法来增加其稳定性。

（3）热工要求

热工要求主要是指墙体的保温与隔热。在严寒地区，墙体的保温性能要求通过热工计算来确定。构造上要求选择热导率小的墙体材料，墙体砌筑灰缝应饱满，墙面应抹灰，减少其透气性，提高墙体的保温能力。对于墙体的隔热既可以采用热导率小的材料砌墙，也可以砌成中空的墙，使空气在墙中流动，带走部分热量以降低墙的内表面温度，还可以采取采用浅色而平滑的墙体外饰面及窗口外设遮阳等措施增强隔热效果。

（4）隔声要求

为防止噪声影响，墙体应具有一定的隔声能力。墙体的隔声能力与单位面积的质量（密度）、墙体的构造方式有关。墙体越厚，隔声能力越强。在设计中可依据不同的隔声要求，选用不同的墙体厚度，墙体内部构造设置有空气层也能增强墙体的隔声能力。

（5）防火要求

墙体材料及墙体的厚度应符合防火规范规定的燃烧性能和耐火极限的要求。当建筑物的长度和面积增大时，还要按规定设置防火墙，将房屋分成若干段，以防止火灾蔓延。

（6）经济性要求

墙体是建筑物的重要组成部分，墙体材料尽量做到就地取材，以降低建筑的造价，墙体材料的改革应向高强、轻质方向发展，从而满足经济要求。

（7）防震要求

各种墙体的抗震构造应以《建筑抗震设计规范》（GB 50011—2010）的有关规定为准。

（8）建筑工业化的要求

要逐步改革墙体材料，采用预制装配式墙体材料和构造方案，为生产工厂化、施工机械化创造条件，以降低劳动强度，提高墙体施工的工效。

3.2　砖墙

3.2.1　砖墙材料

（1）砖

砖按照材料有黏土砖、灰砂砖、页岩砖、煤矸石砖、水泥砖以及各种工业废料砖如炉渣砖等，按外观有实心砖、空心砖和多孔砖，按制作方法有烧结和蒸压养护成型等方式，常用的有烧结普通砖、烧结多孔砖、烧结空心砖、蒸压灰砂砖、蒸压粉煤灰砖等。

普通实心砖是指没有孔洞或孔洞率小于15%的砖，常见的有烧结黏土砖、烧结粉煤灰砖、烧结页岩砖等，其规格为240mm×115mm×53mm，砖块长、宽、高间形成4:2:1的尺寸关系，如图3-2所示。强度等级有MU30、MU25、MU20、MU15、MU10五个级别。

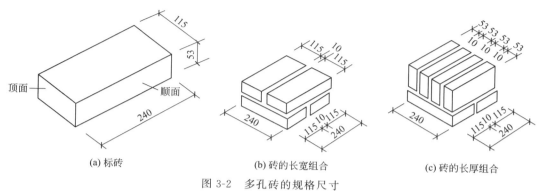

(a) 标砖　　　　　　　(b) 砖的长宽组合　　　　　(c) 砖的长厚组合

图 3-2　多孔砖的规格尺寸

烧结多孔砖和空心砖以黏土、页岩、煤矸石为主要原料经焙烧而成，多孔砖孔洞率不小于15%，孔形为圆孔或非圆孔，孔的尺寸小且数量多，可以用于承重部位，如图3-3所示。空心砖孔洞率大于30%，孔的直径大、数量少，多用于非承重部位。

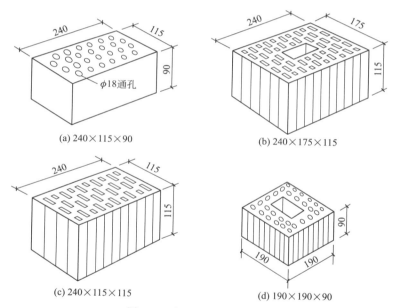

(a) 240×115×90　　　　　　　　　　　(b) 240×175×115

(c) 240×115×115　　　　　　　　　　　(d) 190×190×90

图 3-3　多孔砖的规格尺寸

蒸压灰砂砖以石灰和砂为主要原料，压制成型后由蒸压养护而成，有实心砖，也有空心砖，其隔声和蓄热能力好，如图3-4所示。蒸压粉煤灰砖是以粉煤灰为主要原料，掺加适量石膏和集料，经坯料制备、压制成型后由高压蒸汽养护而成的实心砖，如图3-5所示。

图 3-4　蒸压灰砂砖　　　　　　　　　　　　　　图 3-5　蒸压粉煤灰砖

（2）砂浆

砂浆是砌体的黏结材料，它将砌块粘接成整体，并将砌块之间的缝隙填实，便于上层块材所承受的荷载能均匀地传到下层块材，以保证砌体的强度。

砌筑墙体常用的砂浆有水泥砂浆、石灰砂浆、混合砂浆3种，石灰砂浆由石灰膏、砂加水拌和而成，属气硬性材料，强度不高，多用于砌筑次要的民用建筑中地面以上的砌体；水泥砂浆由水泥、砂加水拌和而成，属水硬性材料，强度较高，较适合于砌筑潮湿环境下的砌体；混合砂浆由水泥、石灰膏、砂加水拌和而成，这种砂浆强度较高，和易性、保水性较好，常用于砌筑地面以上的砌体。

砂浆的强度等级有M15、M10、M7.5、M5、M2.5五个等级。

3.2.2 砖墙的组砌方式

砖墙的组砌方式是指砖块在砌体中的排列方式。砖墙组砌应满足横平竖直、砂浆饱满、错缝搭接、避免出现通缝等基本要求，以保证墙体的强度和稳定性。在砖墙组砌中，把砖的长向垂直于墙面砌筑的砖叫作丁砖；把砖的长向平行于墙面砌筑的叫作顺砖，每排列一层砖则称为一皮。上下皮之间的水平灰缝称横缝，左右两块砖之间的垂直缝称竖缝，如图3-6（a）所示。如果墙体的表面或内部的竖缝处于一条线上则形成通缝，在荷载的作用下，会使墙体的强度和稳定性显著降低，如图3-6（b）所示。

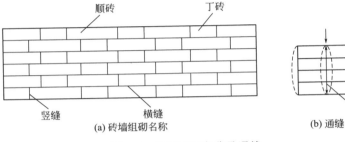

图 3-6 砖墙组砌名称及通缝

砖墙的组砌方式主要有以下5种形式：

① 一顺一丁式。丁砖和顺砖隔层砌筑，这种砌筑方法整体性好，主要用于砌筑厚240mm以上的墙体，如图3-7（a）所示。

② 多顺一丁式。多层顺砖、一皮丁砖相间砌筑，如图3-7（b）所示。

③ 每皮丁顺相间式。又称为"梅花丁""沙包丁"，在每皮之内，丁砖和顺砖相间砌筑而成，优点是墙面美观，常用于清水墙的砌筑，如图3-7（c）所示。

④ 全顺式。每皮均为顺砖，上下皮错缝120mm，适用于砌筑120mm厚的砖墙，如图3-7（d）所示。

⑤ 两平一侧式。每层由两皮顺砖与一皮侧砖组合相间砌筑而成，主要用来砌筑180mm厚的砖墙，如图3-7（e）所示。

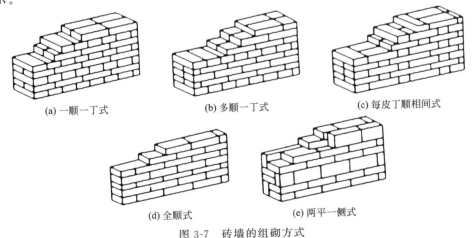

(a) 一顺一丁式　　　(b) 多顺一丁式　　　(c) 每皮丁顺相间式

(d) 全顺式　　　(e) 两平一侧式

图 3-7 砖墙的组砌方式

3.2.3 砖墙的细部构造

砖墙的细部构造一般是指在墙体上的细部做法，其中包括墙脚、门窗过梁、窗台、圈梁等。

3.2.3.1 墙脚

墙脚通常是指基础以上、室内地面以下的那部分墙身。由于砖砌体本身存在无数微小的细孔，地基土壤中的水分在毛细管作用下,沿着这些细孔渗入墙体内部,使墙体冻融破坏,砖墙饰面发霉、剥落,所以对砖墙墙脚应着重处理墙身防潮问题,增强墙脚耐久性和房屋四周地面排水等细部构造。

(1)墙身防潮

其做法是在墙脚处铺设连续的水平防潮层。防潮层应在所有的内外墙中连续设置,其位置与所在墙体及地面情况有关。当室内地面垫层为混凝土等密实材料时,内、外墙防潮层应设在垫层范围内,一般低于室内地坪60mm即皮砖处,如图3-8(a)所示;当室内地面垫层为炉渣、碎石等透水材料时,水平防潮层的位置应平齐或高于室内地面60mm,如图3-8(b)所示;当室内地面垫层为混凝土等密实材料,且内墙面两侧地面出现高差或室内地面低于室外地面时,应在高低两个墙脚处分别设道水平防潮层,并在土壤一侧的墙面设垂直防潮层,如图3-8(c)所示。

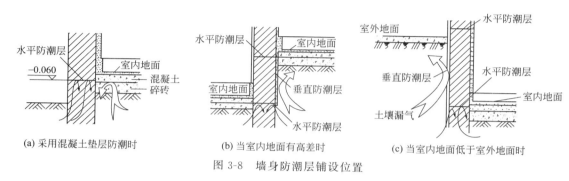

图 3-8 墙身防潮层铺设位置

(2)水平防潮层的具体做法

① 防水砂浆防潮层:防水砂浆是在1:2水泥砂浆中掺入水泥质量3%～5%的防水剂配制而成的。在需要铺设防潮层的位置铺设厚度为20～25mm的防水砂浆(水泥砂浆中加入3%～5%防水剂)或者用防水砂浆砌三皮砖做防潮层。这种做法构造简单,但如果砂浆不饱满容易开裂,就会影响防潮效果,因而此做法不宜用于地基有不均匀沉降的建筑物。防水砂浆防潮层做法如图3-9(a)所示。

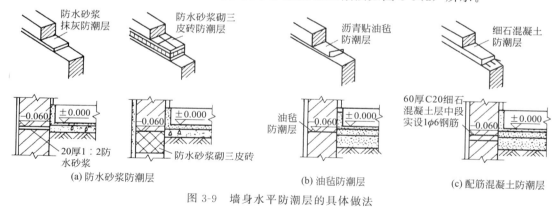

图 3-9 墙身水平防潮层的具体做法

② 油毡防潮层:它是在需要铺设防潮层的位置先抹20mm厚水泥砂浆找平层,然后在上面铺一毡二油,如图3-9(b)所示。此种做法防潮效果较好,但因为油毡层的隔离削弱了砖墙的整体性,因此不应在刚度要求高或地震区采用。油毡的使用寿命一般只有20年左右,长期使用将失去防潮作用,目前已较少采用。

③ 配筋混凝土防潮层:这种防潮层多用于地下水位偏高、地基土较弱而整体刚度要求较高的建筑中。它是在设置防潮层的位置铺设60mm与墙等厚的细石混凝土。由于此种防潮层抗裂性能好,防潮效果好,而且可以与砌体结合成为一个整体,所以适合于整体刚度要求较高的建筑,如图3-9(c)所示。如在防潮层位置处设有钢筋混凝土地圈梁时,可不再单设防潮层。

垂直防潮层的做法如下:在需设垂直防潮层的墙面(靠回填土一侧),先用水泥砂浆抹面,刷上冷底子油一道,再刷热沥青两道,也可以采用掺有防水剂的砂浆抹面的做法。

(3)勒脚构造

建筑物外墙的墙脚称为勒脚。一般情况下,其高度是指室内地坪与室外地面之间的高差部分,也有的将底层窗台至室外地面的高度视为勒脚。由于勒脚距室外地面最近,容易受到人、物和车辆的碰撞以及雨、雪的侵蚀而遭到破坏，影响建筑物的耐久性和美观，同时，地表水和地下水因毛细作用所形成的地潮也会造成对勒脚部位的侵蚀，甚至地潮沿墙身上升，使墙体冻融破坏，室内抹灰粉化、脱落、表面发霉等，因此，在构造上须采取相应的防护措施，而且还要考虑墙体立面上的美观。其具体做法有如下几种：

① 抹灰勒脚：抹灰勒脚是在勒脚部位抹 20～30mm 厚 1∶3 水泥砂浆或水刷石。为了保证抹灰层与砖墙粘接牢固，施工时应注意清扫墙面，浇水润湿，也可在墙面上留槽，使抹灰嵌入，称为"咬口"。这种做法施工方便，较经济，是经常采用的方法，其构造如图 3-10(a) 所示。

② 贴面勒脚：勒脚部位铺贴块料材料，贴面勒脚是用花岗石、大理石等天然石材或水磨石板等人工石材作为勒脚贴面。这种做法防撞、耐久、美观，但费用较高，主要用于高标准建筑，其构造如图 3-10(b) 所示。

③ 砌筑勒脚：它是将勒脚部位的墙体采用天然石材或人造石材砌筑，整个勒脚采用强度高、耐久性和防水性好的材料砌筑，其构造如图 3-10(c) 所示。

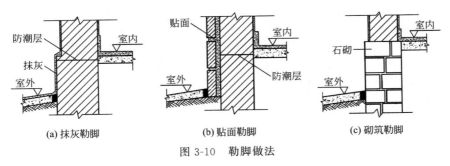

图 3-10 勒脚做法

（4）散水

散水指的是建筑物四周靠近勒脚、与室外地面相接处位置。散水的排水坡度为 3%～5%。散水又称为排水坡或护坡，它能将建筑物四周地表积水迅速排走，防止建筑物因积水渗入地基而下沉。散水宽度一般为 600～1000mm，当屋面排水方式为自由落水时，散水应比屋面檐口宽 150～200mm。散水构造是在基层夯实素土，有的在其上还做 3∶7 灰土一层，再浇筑 60～80mm 厚 C15 混凝土垫层，随捣随抹光，或在垫层上再设置 10～20mm 厚 1∶2 水泥砂浆面层，如图 3-11 所示。寒冷地区应在基层上设置 300～500mm 厚炉渣、中砂或粗砂防冻层。散水与外墙交接处、散水整体面层纵向距离每隔 5～8m 应设分隔缝，缝宽为 20～30mm，并用弹性防水材料嵌缝，以防渗水。散水做法如图 3-11 所示。

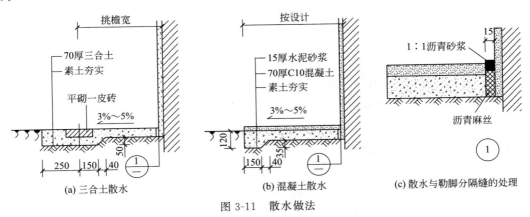

图 3-11 散水做法

（5）排水沟

排水沟分明沟和暗沟两种，设置在外墙四周，将水有组织地导向集水井，然后流入排水系统。明沟一般可用素混凝土现浇，或者用砖砌、石砌，然后用水泥砂浆抹面。沟底应有 0.5%～1% 的坡度，坡向集水井，以保证排水通畅。明沟构造做法如图 3-12 所示。

暗沟是在明沟上加盖能漏水的盖板而成，便于人的行走，打开盖板后可进行沟底清扫或维修。

3.2.3.2 门窗过梁

在墙体上开设门窗洞口时，为了承受门窗洞口上部墙体传来的荷载，并把这些荷载传给两侧的墙体，需要在门窗洞口上设置横梁，称为门窗过梁。过梁的种类很多，可以根据洞口跨度和洞口上的荷载不同来选择,常见的有砖拱过梁、钢筋砖过梁和钢筋混凝土过梁3种。

(1)砖拱过梁

它有平拱过梁和弧拱过梁两种。平拱过梁的做法:将立砖和侧砖相间砌筑,使砖缝上宽下窄,砖对称向两边倾斜,相互挤压形成拱,用来承担荷载。平拱的跨度为1.2m以内,弧拱的跨度稍大些。砖拱过梁节约钢材和水泥,但施工麻烦,整体性差,不宜用于上部有集中荷载、振动较大或地基承载力不均匀以及地震区的建筑。砖拱过梁构造如图3-13所示。

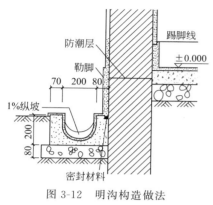

图 3-12　明沟构造做法

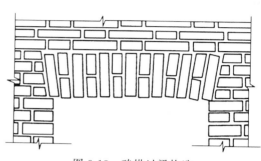

图 3-13　砖拱过梁构造

(2)钢筋砖过梁

它是在洞口上部墙体内夹砌钢筋,形成能承受弯矩的加筋砖砌体,钢筋直径不应小于5mm,间距不宜大于120mm,钢筋伸入洞口两侧的墙体内的长度不宜小于240mm,并设90°直弯钩,埋在墙体的竖缝中。过梁采用M5水泥砂浆砌筑,高度一般不小于5皮砖,且不小于门窗洞口跨度的1/4。当在过梁底部设钢筋时,要求梁底部砂浆层厚度不应小于30mm,以保证钢筋不锈蚀。钢筋砖过梁最大跨度为1.5m。钢筋砖过梁构造如图3-14所示。

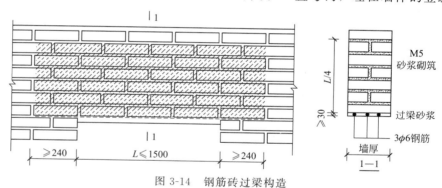

图 3-14　钢筋砖过梁构造

(3)钢筋混凝土过梁

当门窗洞口跨度大于2m,或洞口上部有集中荷载,或房屋有不均匀沉降,或受较大的振动荷载时,可以采用钢筋混凝土过梁。它坚固耐用、施工方便,目前已广泛采用。钢筋混凝土过梁有预制和现浇两种,预制钢筋混凝土过梁施工速度快,是较常用的一种过梁。

钢筋混凝土过梁的截面尺寸,应根据洞口的跨度和荷载计算而定。为了施工方便,过梁宽一般同墙厚,过梁的高度应与砖的皮数相配合,作为黏土实心砖墙的过梁,梁高常采用60mm、120mm、180mm、240mm等,作为多孔砖墙的过梁,梁高则采用90mm、180mm等。钢筋混凝土过梁的两端伸进墙内的支承长度为每边250mm。当洞口上部有圈梁时,洞口上部的圈梁可兼作过梁,且过梁部分的钢筋应按计算用量另行增配。

钢筋混凝土过梁的截面形式有矩形和L形,一般矩形截面的过梁多用于内墙,L形截面的过梁多用于外墙。有时,由于立面的需要,为简化构造,可将过梁与窗套、悬挑雨篷、窗楣板、遮阳板结合起来设计。炎热多雨地区,常从过梁上挑出300～500mm宽的窗楣板,既保护窗户不淋雨,又可遮挡部分直射阳光。钢筋混凝土过梁截面形式如图3-15所示。

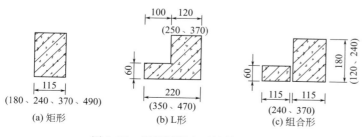

图 3-15　钢筋混凝土过梁截面形式

3.2.3.3 窗台

窗洞下部应设置窗台，根据设置的位置可分为外窗台和内窗台。外窗台靠室外一侧设置，且须向外形成一定坡度。外窗台的设置是为了避免雨水顺窗面淌下后聚积在窗洞下部，侵入墙身或沿窗下框与窗洞之间的缝隙向室内渗流，也为了避免污染墙面。内窗台靠室内一侧设置，是为了排出窗上的凝结水，以保护室内墙面，以及存放东西、摆放花盆等，也方便室内装修和在其下安装暖气。

窗台还有悬挑窗台和不悬挑窗台之分。悬挑窗台常采用顶砌一皮砖，并向外挑出60mm，表面用1:3水泥砂浆抹出坡度并在下部做出滴水，以引导雨水沿滴水线聚积而下落。另一种悬挑窗台是用一砖倾斜侧砌，亦向外挑出60mm，自然形成坡度和滴水，用水泥砂浆严密勾缝，称为清水窗台，常用于清水墙面。此外，还有预制钢筋混凝土悬挑窗台等。

由于悬挑窗台下部易积灰，并因风雨作用而污染窗下墙，影响建筑物立面美观，为此，可做成不悬挑而仅在上表面抹水泥砂浆斜面的窗台，利用雨水的冲刷洗去脏污，使墙面保持干净。窗台形式如图3-16所示。

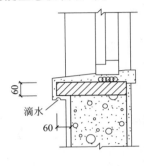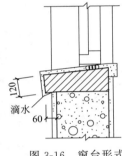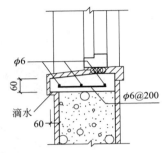

图 3-16　窗台形式

此外，窗框下槛与窗台交接部位是防水渗漏的薄弱环节，为避免雨水顺缝渗入，在做窗台排水坡时，应将抹灰嵌入木窗下槛外缘创出的槽口内，或者嵌在槽口下，但不能将抹灰抹得高于槽口。

3.2.3.4 圈梁

圈梁是在房屋的檐口、窗顶、楼层、吊车梁顶或基础顶面标高处，沿砌体墙水平方向设置封闭状的按构造配筋的梁。它的作用是增强房屋的整体刚度，防止由于地基的不均匀沉降或较大振动荷载等对房屋引起的不利影响。

多层普通砖、多孔砖房屋的现浇钢筋混凝土圈梁设置应符合下列要求：

① 装配式钢筋混凝土楼盖、屋盖或木楼盖、屋盖的砖房，横墙承重时应按表3-1所示的要求设置圈梁；纵墙承重时，每层应设置圈梁，且有抗震要求的房屋，横墙上的圈梁间距应适当加密。

表 3-1　砖房现浇钢筋混凝土圈梁设置要求

墙类	烈度		
	6度、7度	8度	9度
外墙和内纵墙	屋盖处及每层楼盖处	屋盖处及每层楼盖处	屋盖处及每层楼盖处
内横墙	同上；屋盖处间距不应大于7m；楼盖处间距不应大于15m；构造柱对应部位	同上；屋盖处沿所有横墙，且间距不应大于7m；楼盖处间距不应大于7m；构造柱对应部位	同上；各层所有横墙

② 现浇或装配整体式钢筋混凝土楼、屋盖与墙体有可靠连接的房屋，应允许不另设圈梁，但楼板沿墙体周边应加强配筋并应与相应的构造柱钢筋可靠连接。

③ 宿舍、办公楼等多层砌体民用房屋，且层数为3、4层时，应在檐口标高处各设置一道圈梁；当层数超过4层时，应在所有纵横墙上隔层设置。

④ 采用现浇钢筋混凝土楼（屋）盖的多层砌体房屋，当层数超过5层时，除在檐口标高处设置一道圈梁外，可隔层设圈梁，并与楼（屋）面板一起现浇。未设置圈梁的楼面板嵌入墙内的长度不小于120mm，并沿墙长配置不小于$2\phi10$的纵向钢筋。

圈梁应符合的构造要求如下：

圈梁宜连续地设置在同一水平面上，并形成封闭状；当圈梁被门窗洞口截断时，应在洞口上部增设相同截面的附加圈梁。附加圈梁与圈梁的搭接长度不应小于两者中心垂直间距的2倍，且不得小于1m，如图3-17所示。

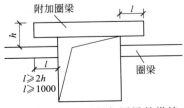

图 3-17　附加圈梁与圈梁的搭接

3.2.3.5 构造柱

构造柱是指为了增强建筑物的整体性和稳定性，多层砖混结构建筑的墙体中还应设置钢筋混凝土构造柱，并与各层圈梁相连接，形成能够抗弯抗剪的空间框架，它是防止房屋倒塌的一种有效措施。

构造柱的设置部位在外墙四角、错层部位横墙与外纵墙交接处、较大洞口两侧、大房间内外墙交接处等。此外，房屋的层数不同、地震烈度不同，构造柱的设置要求也不一致。构造柱的最小截面尺寸为240mm×180mm，竖向钢筋多用4φ12，箍筋φ6，间距不大于250mm，随烈度和层数的增加建筑四角的构造柱可适当加大截面和钢筋等级。

构造柱施工时应先放置构造柱钢筋骨架，后砌墙，随着墙体的升高而逐段现浇混凝土构造柱身。构

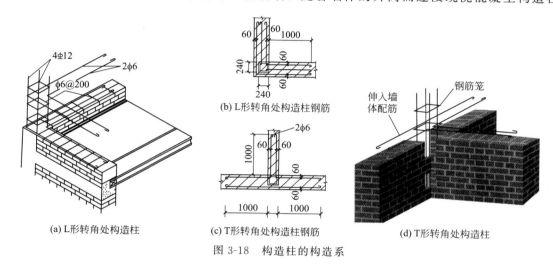

(a) L形转角处构造柱　(b) L形转角处构造柱钢筋　(c) T形转角处构造柱钢筋　(d) T形转角处构造柱

图 3-18　构造柱的构造系

造柱与墙体的连接处宜砌成五进五出的大马牙槎，并应沿墙高度每500mm设2φ6拉结筋，每边深入墙内的长度不少于1m，如图3-18所示。

构造柱可不单独设基础，但应伸入室外地坪下500mm，或锚入浅于500mm的基础梁内，在构造柱与圈梁的连接处，构造柱的纵筋应穿过圈梁，以保证构造柱纵筋的上下贯通，如图3-19所示。

除此之外，根据房屋的层数和抗震设防烈度不同，构造柱的设置要求如表3-2所示。

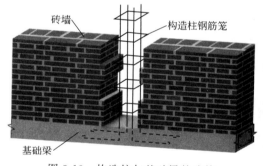

图 3-19　构造柱与基础梁的连接

表 3-2　多层砖砌体房屋构造柱设置要求

房屋层数				设 置 部 位	
6 度	7 度	8 度	9 度		
四、五	三、四	二、三		楼、电梯间四角，楼梯斜梯段上下端对应的墙体处；外墙四角和对应转角；错层部位横墙与外纵墙交接处；大房间内外墙交接处；较大洞口两侧	隔12m或单元横墙与外纵墙交接处；楼梯间对应的另一侧内横墙与外纵墙交接处
六	五	四	二		隔开间横墙（轴线）与外纵墙交接处；山墙与内纵墙交接处
七	≥六	≥五	≥三		内墙（轴线）与外墙交接处；内墙的局部较小墙垛处；内纵墙与横墙（轴线）交接处

注：较大洞口，内墙指不小于2.1m的洞口；外墙在内外墙交接处已设置构造柱时应允许适当放宽，但洞侧墙体应加强。

3.2.4 砖墙的厚度

砖墙的厚度由块材和灰缝的尺寸组合而成，利用普通砖的尺寸关系可以组砌成以砖长为基数的任何尺寸的墙体。常见砖墙厚度尺寸见表3-3，墙厚与砖的规格的关系如图3-20所示。

表 3-3　砖墙的厚度尺寸　　　　　　　　　　　　　　　　　单位：mm

墙厚名称	1/4 砖	1/2 砖	3/4 砖	1 砖	1 砖半	2 砖	2 砖半
标志尺寸	60	120	180	240	370	490	620
构造尺寸	53	115	178	240	365	490	615
习惯称呼	6 墙	12 墙	18 墙	24 墙	37 墙	49 墙	62 墙

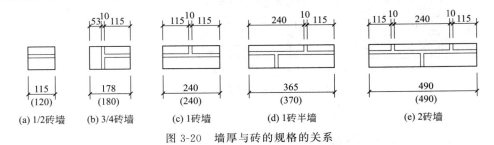

图 3-20　墙厚与砖的规格的关系

3.3　砌块墙

3.3.1　砌块的规格和类型

（1）按材料分类

按材料分类有普通混凝土砌块、加气混凝土砌块及利用各种工业废料制成的砌块。

（2）按砌块在组砌中的作用与位置分类

按砌块在组砌中的作用与位置可分为主砌块和辅助砌块。

（3）按重量和幅面大小分类

按重量和幅面大小可分为小型砌块、中型砌块和大型砌块，如图 3-21 所示。小型砌块每块重量不超过 20kg，主砌块高度在 115～380mm，常用的外形尺寸有 390mm×290mm×190mm、290mm×240mm×190mm 等，辅助砌块有 90mm×190mm×190mm 等尺寸系列，适合人工搬运和砌筑。中型砌块每块重量在 20～350kg，主砌块高度在 380～980mm，常用的外形尺寸有 240mm×380mm×280mm、180mm×845mm×630mm 等系列，需要用轻便机具搬运和砌筑。大型砌块重量超过 350kg，主砌块高度大于 980mm，需用大型机具搬运和施工。

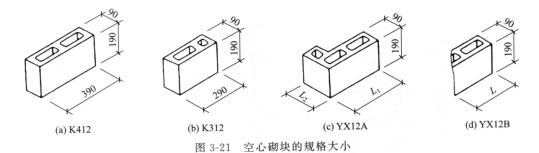

图 3-21　空心砌块的规格大小

（4）按构造形式分类

按构造形式分类有实心砌块和空心砌块。空心砌块有单排方孔、单排圆孔和多排扁孔等形式，其中多排扁孔保温效果较好，如图 3-22 所示。

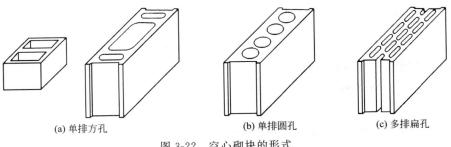

图 3-22　空心砌块的形式

3.3.2 砌块墙的排列

为满足砌筑的需要，必须在多种规格间进行砌块的排列设计，即在建筑平面图和立面图上进行砌块的排列设计，并注明每一砌块的型号，以便施工时按排列图进料和砌筑，如图 3-23 所示。

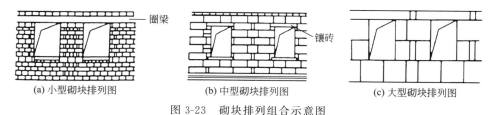

(a) 小型砌块排列图　　(b) 中型砌块排列图　　(c) 大型砌块排列图

图 3-23　砌块排列组合示意图

砌块排列设计应满足以下要求：

① 上、下皮砌块应错缝搭接，尽量减少通缝。

② 内外墙和转角处砌块应彼此搭接，以加强其整体性。

③ 优先采用大规格的砌块，即主砌块的总数量在 70% 以上，以利于加快施工进度。

④ 尽量减少砌块规格，在砌块体中允许用极少量的普通砖来镶砌填缝，以便施工。

⑤ 空心砌块上、下皮之间应孔对孔、肋对肋，以保证有足够的受压面积。

3.4　隔墙

3.4.1　砌筑隔墙

砌筑隔墙有砖砌隔墙和砌块隔墙两种。

（1）砖砌隔墙

1/2 砖砌隔墙用普通黏土砖全顺式砌筑而成，砌筑砂浆强度等级不低于 M5，当墙长超过 6m 时应设砖壁柱，墙高超过 4m 时在门过梁处应设通长钢筋混凝土带。为增强隔墙的稳定性，隔墙两端应沿墙高每 500mm 设 $2\phi6$ 钢筋与承重墙拉结，为了保证砖隔墙不承重，在砖墙砌到楼板底或梁底时，将砖斜砌一皮，或将空隙塞木楔打紧，然后用砂浆填缝，如图 3-24 所示。

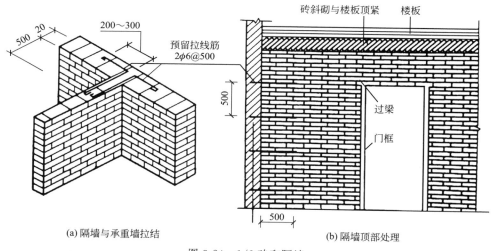

(a) 隔墙与承重墙拉结　　　　　　　　　(b) 隔墙顶部处理

图 3-24　1/2 砖砌隔墙

1/4 砖砌隔墙用普通黏土砖侧砌而成，砌筑砂浆强度等级不低于 M5。因稳定性差，一般用于不设门窗的部位，如厨房、卫生间之间的隔墙，并采取加固措施。

（2）砌块隔墙

为减轻隔墙自重，可采用轻质砌块，如加气混凝土砌块、粉煤灰砌块、空心砌块等。墙厚由砌块尺寸决定，加固措施同 1/2 砖墙，且每隔 1200mm 墙高铺 30mm 厚砂浆一层，内配 2φ4 通长钢筋或钢丝网一层。加气混凝土砌块一般不宜与其他块材混砌。墙体砌筑时因砌块吸水量大，墙底部应先砌实心砖（如灰砂砖、页岩砖）或先浇筑 C20 混凝土坎台，其高度≥200mm，宽度同墙厚，如图 3-25 所示。

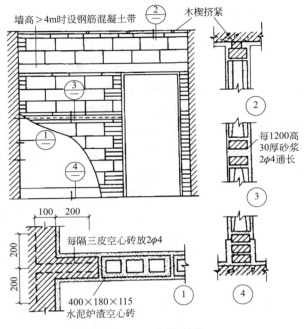

图 3-25　砌块隔墙

3.4.2　立筋隔墙

立筋隔墙由骨架和面板两部分组成，骨架又分为木骨架和金属骨架，面板又分为板条抹灰、钢丝网板条抹灰、胶合板、纤维板、石膏板等。

（1）板条抹灰隔墙

板条抹灰隔墙是由立筋、上槛、下槛、立筋斜撑或横档组成木骨架，其上钉以板条再抹灰而成，如图 3-26 所示。这种隔墙耗费木材多，施工复杂，湿作用多，不宜大量采用。

板条抹灰隔墙木骨架各断面尺寸为 50mm×70mm 或 50mm×100mm，斜撑或横档中距为 1200～1500mm；立筋间距为 400mm 时，板条采用 1200mm×24mm×6mm；立筋间距为 500～600mm 时，板条采用 1200mm×38mm×9mm。

钉板条时，板条之间要留 7～10mm 的缝隙，以便抹灰浆能挤到板条缝的背面以咬住板条墙。板条垂直接头每隔 500mm 要错开一档龙骨，考虑到板条抹灰前后的湿胀干缩，板条接头处要留出 3～5mm 宽的缝隙，以利于伸缩。考虑防潮防水及保证踢脚线的质量，在板条墙的下部砌 3～5 皮砖。隔墙转角交接处钉一层钢丝网，避免产生裂缝。板条墙的两端边框立

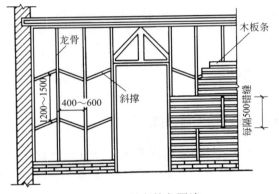

图 3-26　板条抹灰隔墙

筋应与砖墙内预埋的木砖钉牢，以保证板条墙的牢固。隔墙内设门窗时，应加大门窗四周的立筋截面或采用撑至上槛的长脚门框。

（2）立筋面板隔墙

立筋面板隔墙是在木质骨架或金属骨架上镶钉人造胶合板、石膏板、纤维板等其他轻质薄板的一种隔墙，如图 3-27 所示。木质骨架做法同板条抹灰隔墙，但立筋与斜撑或横档的间距应按面板的规格排列。金属骨架一般采用薄型钢板、铝合金薄板或拉眼钢板网加工而成，并保证板与板的接缝在立筋和横档上，留出 5mm 宽的缝隙以利于伸缩，用木条或铝压条盖缝。采用金属骨架时，可先钻孔，用螺栓固定，或采用膨胀铆钉将面板固定在立筋上，然后在面板上刮腻子再裱糊墙纸或喷涂油漆等。

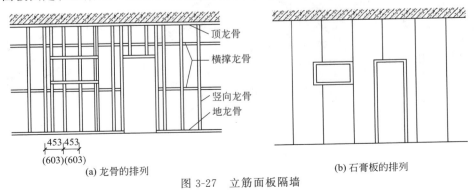

(a) 龙骨的排列　　　　　　　　　　　　(b) 石膏板的排列

图 3-27　立筋面板隔墙

3.4.3 板材隔墙

板材隔墙是一种由条板直接装配而成的隔墙。由工厂生产各种规格的定型条板，高度相当于房间的净高，面积也较大。常见的有加气混凝土板、多孔石膏板、碳化石灰空心板等隔墙。

碳化石灰空心板长、宽、厚分别为2700～3000mm、500～800mm、90～120mm。它是用磨丝生石灰掺入3%～4%的短玻璃纤维，加水搅拌、入模振动、碳化成型而成，制作简单、造价较低、容量轻、干作业施工，有可加工性（可刨、锯、钉），有一定的防火、隔声功能。安装时板顶与上层楼板连接可用木楔打紧，条板之间的缝隙用水玻璃黏结剂或107聚合水泥砂浆连接，安装完毕刮腻子找平，再在表面进行装修，如图3-28所示。

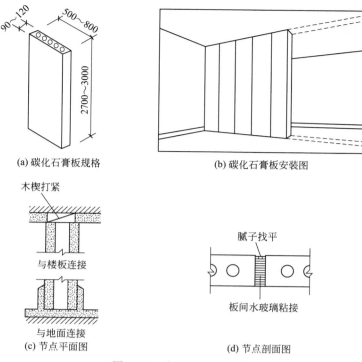

(a) 碳化石膏板规格
(b) 碳化石膏板安装图
(c) 节点平面图
(d) 节点剖面图

图 3-28　碳化石膏板隔墙

3.5　幕墙

3.5.1　玻璃幕墙的类型

玻璃幕墙按构造方式不同可分为有框玻璃幕墙和无框玻璃幕墙两类，按施工方式可分为分件式玻璃幕墙（现场组装）和单元式玻璃幕墙（预制装配）两种。有框玻璃幕墙可现场组装，也可预制装配，无框玻璃幕墙只能现场组装。

3.5.2　玻璃幕墙的组装与构造

（1）有框玻璃幕墙

有框玻璃幕墙由骨架、玻璃和附件3部分组成。

① 骨架。有竖框、横框之分，起骨架和传递荷载作用，可用铝合金、铜合金、不锈钢等型材做成。铝合金型材外表美观、耐久、耐腐蚀、质轻，可挤压成型，是玻璃幕墙最理想的边框材料。其断面形状由受力、框料连接方式、玻璃的安装固定、凝结水的排出等因素确定，如图3-29所示。

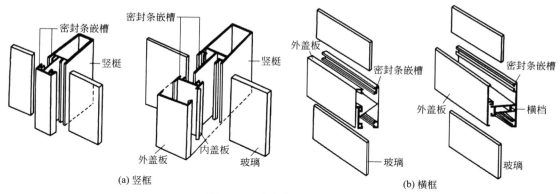

(a) 竖框
(b) 横框

图 3-29　玻璃幕墙铝框断面

② 玻璃。有单层玻璃、双层玻璃、双层中空玻璃和多层中空玻璃，起采光、通风、隔热、保温等围护作用。通常选择热工性能好，抗冲击能力强的钢化玻璃、吸热玻璃、镜面反射玻璃、中空玻璃等，接缝构造多采用密封层、密封衬垫层、空腔 3 层构造层。

③ 附件。玻璃幕墙的主要附件有预埋件、转接件、连接件、密封材料等，在玻璃与骨架及骨架与主体结构之间起连接固定作用。

有框玻璃幕墙又分为显框和隐框两种。显框玻璃幕墙也称明框玻璃幕墙，玻璃是镶嵌在金属框上的，金属框完全暴露在室外。隐框玻璃幕墙的金属框隐蔽在玻璃背面，室外看不见金属框。它需要制作从外面看不见框的玻璃板块，然后采用压块、挂钩等方式与幕墙的主体结构连接。隐框玻璃幕墙又可分为全隐框玻璃幕墙和半隐框玻璃幕墙两种，半隐框玻璃幕墙可以是横明竖隐，也可以是竖明横隐。

分件式玻璃幕墙一般以竖梃作为龙骨柱，横档作为梁组合成幕墙的框架。竖梃通过连接件固定在楼板上，横档与竖梃通过连接件连接，然后将窗框、玻璃、衬墙等按顺序安装。上下两根竖梃的连接一般设在楼板连接件附近，且需在接头处插入一截内衬管，其断面尺寸应小于竖梃内孔，如图 3-30(a) 所示。

单元式玻璃幕墙是在工厂将玻璃、铝框、保温隔热材料组装成一块块的幕墙定型单元，运到现场直接与建筑结构连接而成的。为便于安装，每一单元的规格应与结构一致。当幕墙板悬挂在楼板或梁上时，板的高度为层高；若与柱连接，板的宽度为一个柱距，上下墙板的接缝（横缝）略高于楼面标高（200～300mm），以便安装时进行墙板固定和板缝密封操作，左右两块幕墙板之间的垂直缝宜与框架柱错开。单元式幕墙的安装元件是整块玻璃组成的墙板，因而立面划分灵活，如图 3-30(b) 所示。

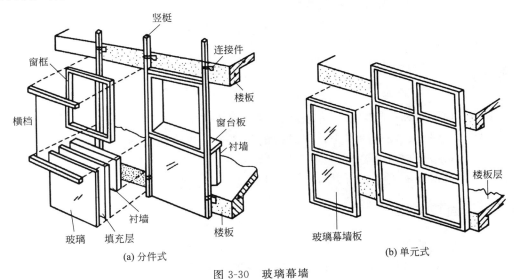

图 3-30　玻璃幕墙

（2）无框玻璃幕墙

无框玻璃幕墙不设边框，以高强黏结胶将玻璃连接成整片墙，这种玻璃幕墙在视线范围内不出现边框，即全玻璃幕墙。它为观赏者提供了宽广的视野，并加强了室内外空间的交融，无框玻璃幕墙的优点是透明、轻盈、空间渗透强，因而被许多建筑师钟爱，有着广泛的应用前景。无框玻璃幕墙只能现场组装，为增强玻璃刚度，每隔一定距离用条形玻璃板作为加强肋板，加强肋板垂直于玻璃幕墙表面设置。因其设置的位置如同板的肋一样，又称作肋玻璃，形成幕墙的玻璃称为面玻璃。面玻璃和肋玻璃相交处宜留一定间隙，并用密封胶封实。

3.5.3 玻璃幕墙的细部构造

为解决幕墙的保暖隔热问题，可用玻璃棉、矿棉一类轻质保暖材料填充在内衬墙与幕墙之间，如果再加铺一层铝箔则隔热效果更佳。为了防火和隔声，必须用耐火极限不低于 1h 的绝缘材料将幕墙与楼板、幕墙与立柱之间的间隙堵严，如图 3-31(a) 所示。当建筑设计不考虑设衬墙时，可在每层楼板外沿设置耐火极限≥1h，高度≥0.8m 的实体墙裙。

由于玻璃幕墙的保暖性能差，在玻璃、铝框、内衬墙和楼板外侧等处，在寒冷天气会出现凝结水。

因此，要设法将这些凝结水及时排走，可将幕墙的横档做成排水沟槽，并设滴水口，如图 3-31（b）所示。

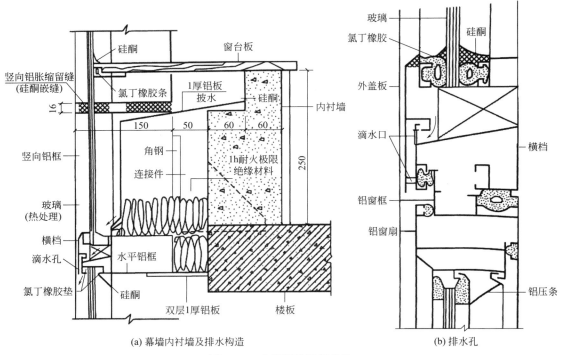

(a) 幕墙内衬墙及排水构造   (b) 排水孔

图 3-31 玻璃幕墙细部构造

3.6 墙面装修

墙面装修分为外墙装修和内墙装修。外墙装修主要是为了保护墙体不受风、霜、雪、雨的侵袭，提高墙体的防潮、防水、保温、隔热的能力，同时也能起到美化建筑的作用。内墙装修是为了改善室内的卫生条件、物理条件，增加室内的美观。

墙面装修按所用材料和施工方式的不同可分为抹灰类、贴面类、涂料类、裱糊类和铺钉类五种类型。

3.6.1 抹灰类墙面装修

抹灰类墙面装修是以水泥、石灰膏为胶结材料，加入砂或石渣与水拌和成砂浆或石渣浆，如石灰砂浆、混合砂浆、水泥砂浆，以及纸筋灰、麻刀灰等作为饰面材料抹到墙面上的一种操作工艺。它是一种传统的墙面装修方式，能够起到一定的提高墙面防潮、防风化、耐热及耐久的作用，且材料多为地方材料，施工方便、造价低廉，因而在大量建筑中仍得到了广泛的应用。但其多为手工操作、湿作业施工，工效较低，饰面具有耐久性低、易开裂、易变色、易脱落的特点。

在构造上，抹灰类墙面装修需分层处理。一般由底层抹灰、中层抹灰和面层抹灰组成，如图 3-32 所示。

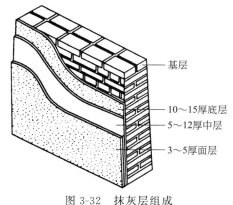

图 3-32 抹灰层组成

底层的主要作用是与基层黏结，同时对基层做初步找平。底层厚度一般不大于 15mm。

中层的主要作用是做进一步找平，有时可兼作底层与面层之间的黏结，所用材料与底层基本相同，厚度一般为 5～12mm，面层的主要作用是装饰，要求表面平整，色彩均匀、无裂纹，面层根据要求可做成光滑的表面，也可做成粗糙的表面，如水刷石、拉毛灰、斩假石等饰面。面层抹灰又称为装饰抹灰。

（1）水刷石构造做法

水刷石饰面是先在底层用 1：3 水泥砂浆打底，再在底层上刷一遍素水泥，然后抹水泥砂浆，再用水泥石屑罩面，待面层开始凝固时，即用刷子蘸水刷掉面层水泥至石子外露。此方法应用较广，耐久性好，但费工费料。

（2）扫毛灰构造做法

扫毛灰饰面是用水泥、白灰膏、砂子按1:1:6配成混合砂浆，抹在墙面上以后，用铁丝扫帚扫出装饰花纹。横竖交错扫毛，使墙面富于质感变化。扫毛墙面的厚度为20mm左右，扫出的条纹要横平竖直，使其具有天然石材剁斧的纹理。

扫毛抹灰饰面工序简单，施工方便，容易掌握，造价低廉，其造价仅为天然石材的3%左右。

3.6.2 贴面类墙面装修

贴面类饰面可用于室内和室外，贴面类墙面装修是通过挂或粘贴各种天然石板、人造石板、陶瓷面砖等来装饰墙面的。这类装修具有耐久性强、施工方便、装饰效果好等优点，但造价较高，一般用于装修要求较高的建筑中。

3.6.2.1 面砖、瓷砖饰面装修

面砖是以陶土为原料，经压制成型煅烧而成的饰面块，分挂釉和不挂釉、平滑和有一定纹理质感等不同类型，色彩和规格多种多样。面砖具有质地坚硬、防冻、耐腐蚀、色彩丰富等优点，常用规格有113mm×77mm×17mm、145mm×113mm×17mm、233mm×113mm×17mm、265mm×113mm×17mm等。瓷砖具有表面光滑、容易擦洗、美观耐用、吸水率低等特点，常用规格有151mm×151mm×5mm、110mm×110mm×5mm等，并配有各种边角制品。

外墙面砖的安装是先在墙体基层上以15mm厚1:3水泥砂浆打底，再以5mm厚1:1水泥砂浆粘贴面砖。粘贴时常于面砖之间留出宽约10mm的缝隙，让墙面有一定的透气性，有利于湿气的排出，也增加了墙面的美观。瓷砖安装亦采用15m厚1:3水泥砂浆打底，用8~10mm厚1:0.3:3水泥石灰砂浆或3mm厚内掺6%~10%的107胶的白水泥浆作为黏结层，外贴瓷砖，如图3-33所示。

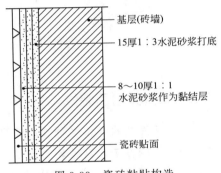

基层(砖墙)

15厚1:3水泥砂浆打底

8~10厚1:1水泥砂浆作为黏结层

瓷砖贴面

图3-33 瓷砖粘贴构造

3.6.2.2 锦砖饰面装修

锦砖有陶瓷锦砖和玻璃锦砖之分。陶瓷锦砖是用优质陶土烧制而成的小块瓷砖；玻璃锦砖是以玻璃为主要原料，加入外加剂，经高温熔化、压块、烧结、退火而成。由于锦砖尺寸较小，为便于粘贴，出厂前已按各种图案反贴在牛皮纸上。锦砖饰面具有质地坚硬、色调柔和典雅、性能稳定、不褪色和自重轻等特点。

锦砖饰面构造与粘贴面砖相似，所不同的是在粘贴前先在牛皮纸背面每块瓷片间的缝隙中抹以白水泥浆（加5%的107胶），然后将纸面朝外粘贴于1:1水泥砂浆上，用木板压平，待砂浆结硬后，洗去牛皮纸即可。若有个别瓷片不正的，可进行局部调整。

3.6.2.3 天然石材、人造石材墙面

（1）天然石材墙面

天然石材墙面包括花岗石、大理石和碎拼大理石墙面等几种。它们具有强度高、结构致密、色彩丰富、不易被污染等优点，但由于施工复杂、价格较高等因素，多用于高级装修。花岗石主要用于外墙面，大理石主要用于内墙面。

天然石材贴面装修构造通常采用拴挂法，即预先在墙面或柱面上固定钢筋网，再将石板用铜丝、不锈钢丝或镀锌铁丝穿过事先在石板上钻好的孔眼绑扎在钢筋网上。因此，固定石板的水平钢筋的间距应与石板高度尺寸一致。当石板就位并用木楔校正后，便可绑扎牢固，然后在石板与墙或柱之间浇筑厚为30mm的1:3水泥砂浆。图3-34为天然大理石板墙面装饰构造。

（2）人造石材墙面

人造石材常见的有人造大理石、水磨石板等。其构造与天然石材相同，但不必在预制板上钻孔，而用预制板背面在生产时露出的钢筋将板用铁丝绑牢在墙面所设的钢筋网上即可。图3-35为预制水磨石板装修构造。

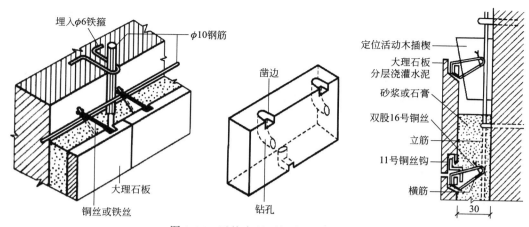

图 3-34 天然大理石板墙面装饰构造

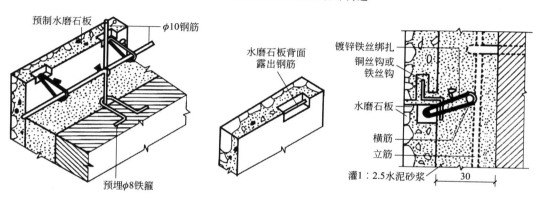

图 3-35 预制水磨石板装修构造

3.6.3 涂料类墙面装修

涂料类墙面装修是将各种涂料喷刷于基层表面而形成牢固的保护膜，从而起到保护墙面和装饰墙面作用的一种装修方法，这类装修做法具有造价低、操作简单、工效高、维修方便等优点，因而应用较为广泛。实际中应根据建筑的使用功能、墙体所处环境、施工和经济条件等，尽量选择附着力强、无毒、耐久、耐污染、装饰效果好的涂料。

建筑涂料的种类很多，按其主要成膜物的不同可分为有机涂料和无机涂料两大类，根据我国目前在建筑中的使用情况，大致有以下几种。

3.6.3.1 无机涂料

无机涂料包括石灰浆、大白浆、水泥浆及各种无机高分子涂料等。

石灰浆采用石灰膏加水拌和而成。根据需要可掺入颜料，为增强灰浆与基层的黏结力和耐久性，还可在石灰浆中加入食盐、107胶或聚乙酸乙烯乳液等，石灰浆的耐久性、耐候性、耐水性以及耐污染性均较差，主要用于室内墙面，一般喷或刷两遍即成。

大白浆由大白粉掺入适量胶料配制而成。大白浆亦可掺入颜料而成色浆，大白浆覆盖力强，涂层细腻洁白、价格低、施工和维修方便，多用于内墙饰面，一般喷或刷两遍即可。

3.6.3.2 有机合成涂料

有机合成涂料依其稀释剂的不同可有如下几种。

（1）溶剂型涂料

常见的溶剂型涂料有苯乙烯内墙涂料、聚乙烯醇缩丁醛内外墙涂料、过氯乙烯内墙涂料、812建筑涂料等。这类涂料用作墙面装修具有较好的耐水性和耐候性，但有机溶剂在施工时会挥发出有害气体，污染环境，同时在潮湿的基层上施工会引起脱皮现象。

（2）水溶型涂料

常见的水溶型涂料有聚乙烯醇水玻璃内墙涂料、聚合物水泥砂浆饰面涂料、改性水玻璃内墙涂料、

108 内墙涂料等。这类涂料价格低、无毒无怪味，具有一定的透气性，在较潮湿的基层上亦可操作。

（3）乳胶涂料

常见的乳胶涂料有乙-丙乳胶涂料、苯-丙乳胶涂料、氯-偏乳胶涂料，PAI 乳胶涂料等。这类涂料无毒，无味，不易燃烧，耐水性及耐候性较好，具有一定的透气性，可在潮湿基层上施工，乳胶涂料多用作外墙饰面。

3.6.3.3 油漆类涂料

常见的油漆涂料有调和漆、清漆和防锈漆。油漆涂料能在材料表面结成漆膜，使之与外界空气、水分隔绝，从而达到防潮、防锈和防腐的目的，漆膜表面光洁、美观、光滑，也增强了装饰效果。

3.6.4 裱糊类墙面装修

裱糊类墙面装修是将各类装饰性的墙纸、墙布等卷材类的装饰材料用黏结剂裱糊在墙面上的一种装修方法，该方法涉及的材料和花色品种繁多，主要有塑料壁纸、纸基涂塑壁纸、纸基织物壁纸、玻璃纤维印花墙布、无纺墙布等。裱糊类墙面仅适用于室内装修。

墙纸及墙布的裱贴主要是在抹灰基层上进行，因而要求基层应平整、致密，对不平的基层需用腻子刮平。同时应使基层保持干燥，墙纸或墙布在施工前应做浸水或润水处理，使其发生自由膨胀变形。裱糊的顺序为先上后下、先高后低，相邻面材可在接缝处重叠 20mm，用工具刀沿钢直尺进行裁切，然后将多余部分揭去，再用刮板刮平接缝。当饰面有拼花要求时，应使花纹重叠搭接。

裱糊类饰面装饰性强，造价较经济，施工方法简便，效率高，饰面材料更换方便，在曲面或转折处粘贴可获得连续的饰面效果。

3.6.5 铺钉类墙面装修

铺钉类墙面装修是指在抹灰的墙基上钉骨架，再在骨架上铺贴面板的饰面方法。

骨架有木骨架和金属骨架之分。木骨架由墙筋和横档组成，通过预埋在墙上的木砖针固到墙身上。为防止骨架与面板因受潮而坏，可先在墙体上刷热沥青一道再干铺油毡一层，也可在墙面上抹 10mm 厚混合砂浆并涂刷热沥青两道。

装饰面板多为人造板，如纸面石膏板、硬木条、胶合板、装饰吸声板、纤维板、彩色钢板及铝合金板等。

石膏板与木骨架的连接一般用圆钉或木螺钉固定，与金属骨架的连接可先钻孔后用自攻螺钉或镀锌螺钉固定，亦可采用黏结剂黏结。

这种饰面做法一般不需要对墙面抹灰，故属于干作业范畴，可节省人工、提高工效，一般用于对装修要求较高或有特殊使用功能的建筑中。

3.7 墙体与幕墙的三维绘制

3.7.1 建筑基本墙体的三维绘制

① 首先在"项目浏览器"中"视图"下单击"楼层平面"，双击"F0"进入一层平面视图。

② 单击"建筑"选项卡中"墙"下拉菜单中的"建筑墙"，在类型选择器中选择"常规-200mm"的墙体，单击"编辑类型"打开，单击"复制"命名为"外墙-240mm"，单击"结构"后面的"编辑"，将厚度更改为 240mm，材质设置为"双色面砖饰面"，如图 3-36 所示。

③ 继续设置墙体"属性"面板中的实例参数，如图 3-37 所示，"定位线"为"墙中心线"，"底部限制条件"为"F0"，"底部偏移"为"0.0"，"顶部约束"为"直到标高：F1"，"顶部偏移"为"0.0"，设置完成后，单击"属性"面板右下角"应用"按钮。

④ 单击直线命令，按照图纸将厚度为 240mm 的墙全部绘制，完成如图 3-38 所示。

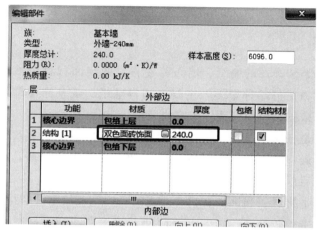

二维码 3.2

图 3-36　墙体的设置

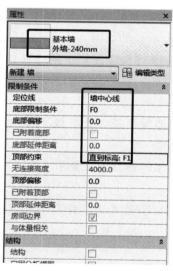

图 3-37　墙体属性的设置

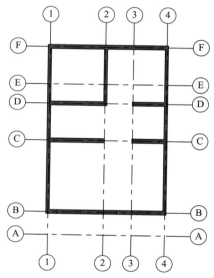

图 3-38　墙体的平面图

⑤ 利用上述方法，在"类型属性"中选择"外墙-240mm"，通过"复制"创建另一种新的墙体，命名为"隔墙-120mm"，单击"结构"后面的"编辑"，将厚度更改为 120mm，材质设置为白色喷漆，如图 3-39 所示，实例参数不变，绘制如图 3-40 所示隔墙。

⑥ 同理，依照上述方法完成二楼墙体的绘制。在"项目浏览器"中"视图"下单击"三维视图"，双击"3D"，进入三维视图，完成如图 3-41 所示的模型，至此墙体绘制完成。

3.7.2　建筑叠层墙的三维绘制

当需要绘制一个墙体，并且这面墙的上下有不同的厚度，而且材质、构造层都不同的时候，这时就需要用到叠层墙，其效果如图 3-42 所示。

图 3-39 隔墙的设置

二维码 3.3

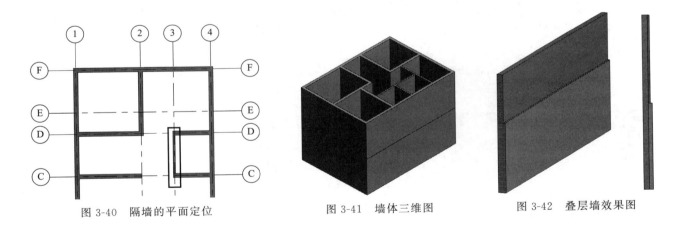

图 3-40 隔墙的平面定位　　　　图 3-41 墙体三维图　　　　图 3-42 叠层墙效果图

创建步骤：

① 单击"建筑"选项卡→"构建"面板→"墙"工具，单击"属性"面板中的"编辑类型"按钮，在弹出的"类型属性"对话框中，选择"常规 200mm"类型，单击"复制"，出现"名称"面板，新建墙体名称为"WQ-150＋200-剪"（即作为外墙的外侧为 150mm 厚建筑做法，结构厚度为 200mm），单击"确定"。

单击类型属性中的"结构"项后的"编辑"按钮，弹出"编辑部件"面板，进行图 3-43 设置，复制一个结构层，点取后面的黑色三角符号，设置"面层 1［4］"层所选材质为"外饰面砖 2"，"确定"完成，如图 3-44 所示。

② 以"WQ-150＋200-剪"为基础进行复制，重复上部操作，新建墙体"WQ-70＋200-剪"（即作为外墙的外侧为 70mm 厚建筑做法，结构厚度为 200mm 的剪力墙），修改类型属性中的"面层 1［4］"一项中厚度为 70mm，并修改材质为"外饰面砖 1"，并对材质进行设置，"确定"完成，如图 3-45 所示。

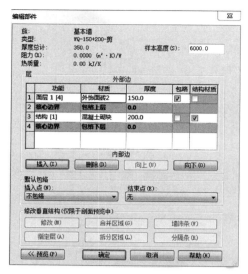

图 3-43　叠层墙的构造设置

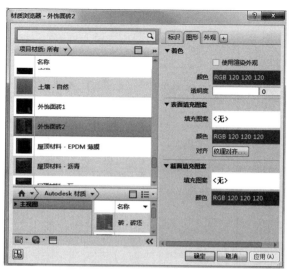

图 3-44　面层的材质设置

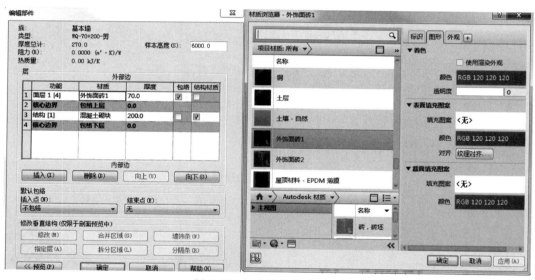

图 3-45　结构层的材质设置

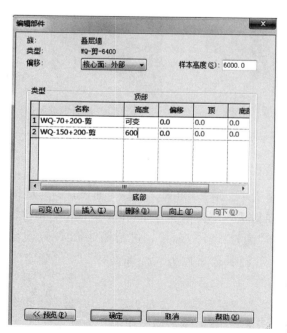

图 3-46　叠层墙的结构类型设置

③ 单击"建筑"选项卡→"构建"面板→"墙"工具→"属性"按钮，在弹出的"属性"对话框中选择默认的叠层墙，单击功能区"属性"→"类型属性"按钮，在弹出的"类型属性"面板中点击"复制"，新建墙体"WQ-剪-6400"，设置其类型属性中的结构选项，如图3-46所示。

3.7.3　玻璃幕墙的三维模型绘制

幕墙是由三部分组成的，分别是"幕墙嵌板""幕墙网格""幕墙竖梃"。幕墙嵌板是构成的基本图元，是由一块或多块组成的幕墙嵌板。幕墙网格决定了幕墙的大小和数量。幕墙竖梃为幕墙的龙骨，是沿幕墙网格生成的线性构件。

① 绘制幕墙，以 10000mm×8000mm 的幕墙进行讲解，如图3-47所示。打开Revit，新建建筑样板，如图3-48所示。

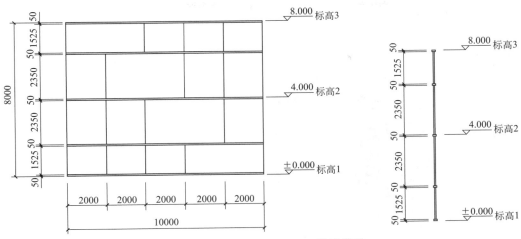

图 3-47　10000mm×8000mm 幕墙模型

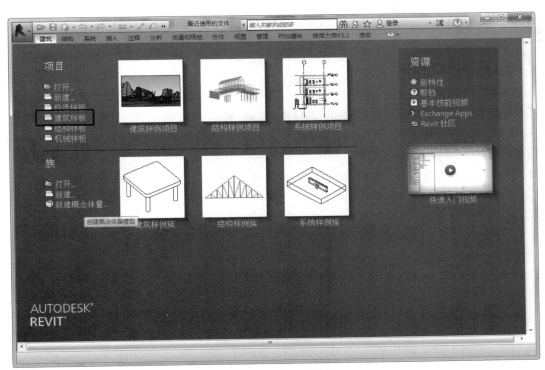

图 3-48　新建建筑样板

② 在项目浏览器中双击"立面视图"，在"建筑"选项卡"基准"面板中选择"标高"，进行"标高"绘制，如图 3-49 所示。

③ 进入编辑界面，在项目浏览器中双击打开"楼层平面"视图，单击"建筑"选项卡"构件"面板中"墙"工具下拉列表中的"幕墙"类型，在绘制幕墙时，设置选项中"底部限制条件"为"标高 1"，"底部偏移"为"0.0"。"顶部约束"为"直到标高：标高 3"，"顶部偏移"为"0.0"，如图 3-50 所示。

注：在绘制幕墙时，Revit 中幕墙不允许设置定位线。

④ 在项目浏览器中双击"楼层平面图"，绘制幕墙，如图 3-51 所示。

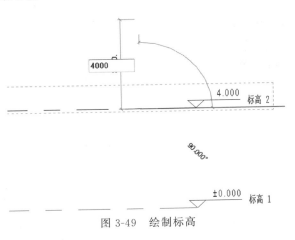

图 3-49　绘制标高

⑤ 在项目浏览器中双击打开北立面视图，在"建筑"选项卡"构件"面板中选择"幕墙网格"，绘制幕墙网格，出现虚线是放置的位置，如图 3-52 所示。

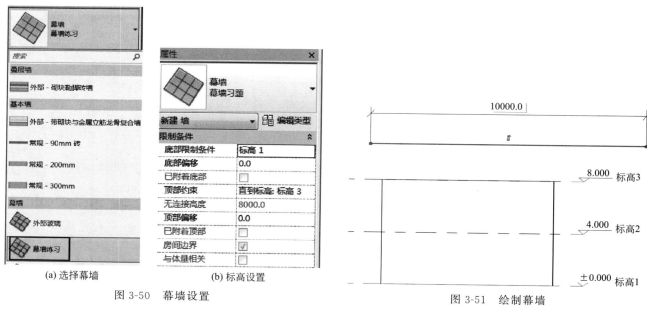

图 3-50 幕墙设置 　(a) 选择幕墙　(b) 标高设置

图 3-51 绘制幕墙

二维码 3.4

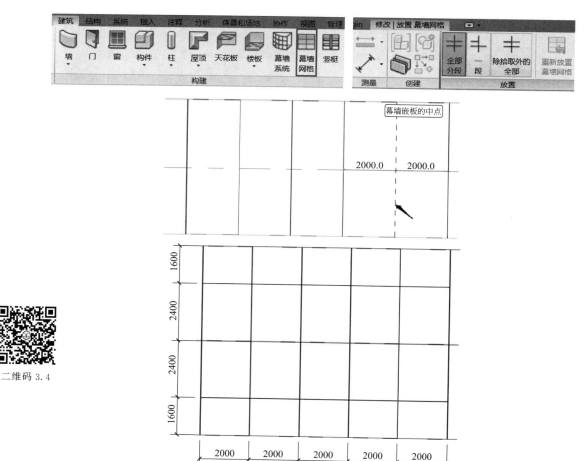

图 3-52 幕墙网格绘制

⑥ 选中幕墙网格，修改幕墙网格，如出现蓝色虚线则为修改完成，如图 3-53 所示。

⑦ 单击"建筑"选项卡"构件"面板中选择"竖梃"，绘制竖梃，出现蓝色虚线单击绘制即可，如图 3-54 所示。

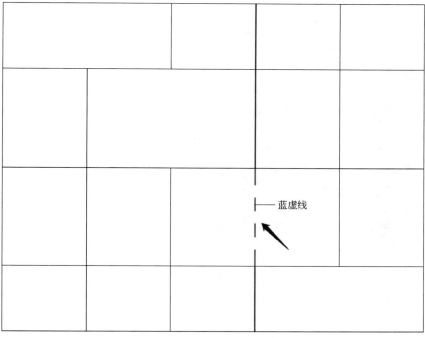

图 3-53 幕墙网格修改

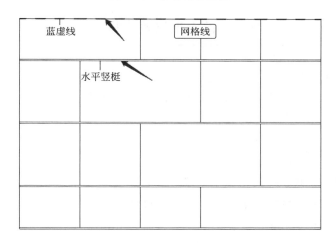

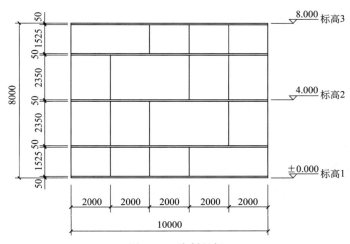

图 3-54 绘制竖梃

注：也可以在设置幕墙时，提前在"建筑"选项卡"构件"面板中"墙"下拉列表中选择"幕墙"，单击编辑类型，设置水平竖梃 50mm×150mm，快速地生成竖梃，如图 3-55 所示。

⑧ 绘制好 10000mm×8000mm 幕墙三维模型，如图 3-56 所示。

图 3-55 幕墙设置

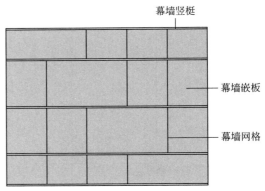

图 3-56 三维模型

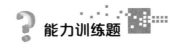 能力训练题

1. 下列说法正确的是（   ）。

A. 非承重墙承担自重 B. 非承重墙不承担自重 C. 填充墙承当自重 D. 自承重墙承担自重

2. 多孔砖的规格尺寸（mm）不正确的是（   ）。

A. 240×115×90 B. 190×190×90 C. 240×115×115 D. 240×175×175

3. 圈梁的设计原则是（   ）。

A. 必须现浇 B. 只在砖混结构中设置 C. 封闭连续 D. 宽度与墙厚相同

4. 在墙体中设置构造柱时，构造柱中的拉结钢筋每边深入墙内应不小于（   ）。

A. 1000mm B. 500mm C. 100mm D. 200mm

5. 圈梁的设置主要为了（   ）。

A. 提高建筑物的整体性、抵抗地震力 B. 承受竖向荷载

C. 便于砌筑墙体 D. 建筑设计需要

6. 墙体勒脚部位的水平防潮层一般设于（   ）。

A. 基础顶面

B. 底层地坪混凝土结构层之间的砖缝中

C. 底层地坪混凝土结构层之下 60mm 处

D. 室外地坪之上 60mm 处

7. 工程师的职业素质要求（   ）。

A. 品德素质 B. 团队协作 C. 沟通协调能力要求 D. 以上都是

8. 简述墙体的作用、分类。

9. 墙体的组砌方式有哪些？

10. 分别简述圈梁、构造柱的作用是什么？一般设置在什么位置？

项目 4

楼地层的认知与绘制

 学习目标

　　知识目标：了解楼板的分类，掌握楼板、阳台与雨棚的构造方法；理解常见楼地面的构造组成、类型及设计要求；理解阳台和雨棚的构造原理和做法。

　　能力目标：能够利用 BIM 技术绘制楼层结构布置图，绘制楼地面、顶棚、阳台构造图。

 素质目标

　　通过楼地层项目引领与学习任务，引导学生理论联系实际，培养学生树立认真负责、精益求精的工作态度，严格遵守设计标准的职业操守、自主学习新技术的创新能力。

 学习任务 1

　　识读结构平面布置图，利用 Revit 软件创建如图 4-1 所示的楼层结构平面的三维模型。

 学习任务 2

　　识读某楼地面构造详图，利用 Revit 软件创建如图 4-2 所示的楼地面构造的三维模型。

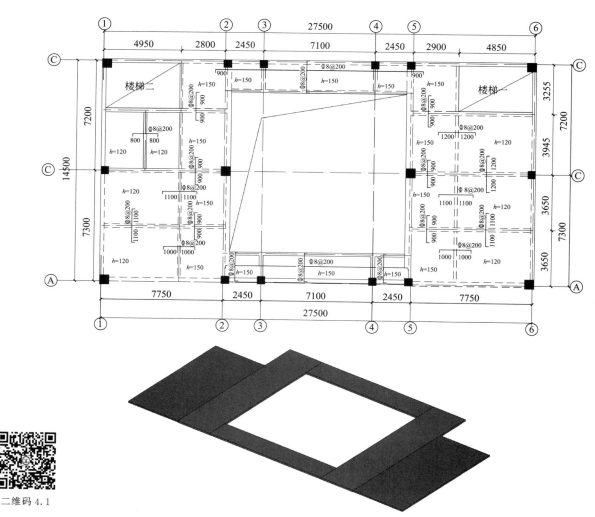

二维码 4.1

图 4-1 楼层结构平面三维模型

10厚地砖，干水泥擦缝
3厚撒素水泥面
20厚1：4干硬性水泥砂浆结合层
1.5厚聚氨酯防水涂料面上撒黄沙
20厚水泥砂浆找平层
55厚C20细石混凝土向地漏找坡
反射层(一层铝箔)
25厚挤塑聚苯板保温
无机铝盐防水素浆
现浇混凝土楼板

二维码 4.2

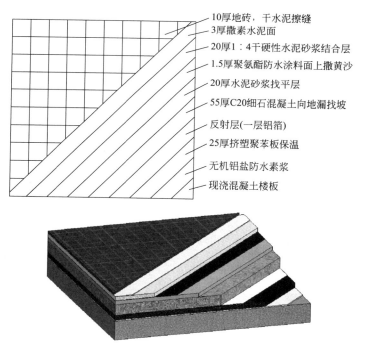

图 4-2 楼地面构造三维模型

4.1　楼地层的基础知识

楼地层包括楼板层和地坪层两大部分，是楼房建筑中的水平承重构件，同时还兼有竖向划分建筑内部空间的功能，楼板将人和家具等竖向荷载及楼板自重通过墙体、梁或柱传给基础，同时还对墙起到水平支撑的作用。楼板层应具有足够的承载能力、刚度，以减少风力和地震力产生的水平力对墙体的影响，还应具备防风、防水、隔声的性能。地坪是建筑底层房间与下部土层相接触的部分，它承担着底层房间的地面荷载。由于地坪下面往往是夯实的土壤，所以强度要求比楼板低，但仍要具有良好的耐磨、防潮、防水、保温的性能。

4.1.1　楼地层的基本构造

4.1.1.1　楼板层的基本构造

楼板层通常由面层、楼板、顶棚三部分组成，根据功能及构造要求可增加防水层、隔声层等附加层，如图 4-3 所示。

（1）面层

面层又称为地面或楼面，它是人们日常活动、家具设备等直接接触的部位，楼板面层保护结构层免受腐蚀和磨损，同时还对室内起美化装饰作用，增强使用者的舒适感。因此，楼板面层应满足坚固耐磨、不易起灰、舒适美观的要求。

（2）楼板

楼板是楼板层的结构层，是楼板层的承重部分，包括板、梁等构件。结构层承受整个楼板层的全部荷载，并对楼板层的隔声防火起主要作用。

（3）附加层

附加层又称为功能层，根据楼板的具体要求而设置，主要作用是保温、隔声、隔热、防水、防潮、防腐蚀、防静电等。根据需要，有时和面层合二为一，有时又和吊顶合为一体。

（4）顶棚

顶棚是楼板结构层以下的构造组成部分，也是室内空间上部的装修层，顶棚的主要功能是保护楼板、安装灯具改善室内光照条件、装饰美化室内空间以及满足室内的特殊使用要求。

4.1.1.2　地坪层的基本构造

地坪层是由面层、结构层、垫层和素土夯实层构成，根据需要还可以设各种附加层，如找平层、结合层、防潮层、保温层、管道敷设层等，如图 4-4 所示。

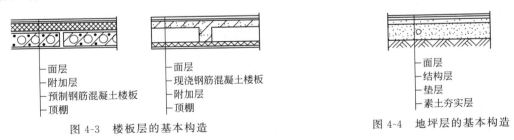

图 4-3　楼板层的基本构造　　　　　　　　图 4-4　地坪层的基本构造

（1）素土夯实层

素土夯实层也称地基，通常由填 300mm 厚的土夯实成 200mm 厚，使之能承载 $10\sim15kN/m^2$。

（2）垫层

垫层是承受并传递荷载给地基的结构层，分为刚性垫层和非刚性垫层。

（3）面层

地坪的面层又称地面，和楼面一样，是直接承受各种物理作用和化学作用的表面层，起着保护结构层和美化室内的作用。

（4）附加层

附加层是为了地面的某些特殊使用功能而设置的，一般位于面层与垫层之间，如保温层、隔热层、防潮层、防水层、隔声层、管道敷设层等。

4.1.2 楼地层的设计要求

（1）具有足够的强度和刚度

强度要求是指楼板层应保证在自重和活荷载作用下安全可靠，不发生任何破坏，这主要是通过结构设计来满足要求。刚度要求是指楼板层在一定荷载作用下不发生过大变形，以保证正常使用状况。结构规范规定楼板的允许挠度，（现浇）为 $f \leqslant (L/350 \sim L/250)$，（预制装配）为 $f \leqslant L/200$。一般可用板的最小厚度（$L/40 \sim L/35$）来保证其刚度。

（2）隔声要求

不同使用性质的房间对隔声的要求不同，如我国对住宅楼板的隔声标准中规定：一级隔声标准为65dB，二级隔声标准为75dB等。对一些特殊性质的房间如广播室、录音室、演播室等的隔声要求则更高。楼板主要是隔绝固体传声，如人的脚步声、拖动家具、敲击楼板等都属于固体传声，防止固体传声可采取以下措施：

① 在楼板表面铺设地毯、橡胶、塑料毡等柔性材料。

② 在楼板与面层之间加弹性垫层以降低楼板的振动，即"浮筑式楼板"，如图4-5所示。

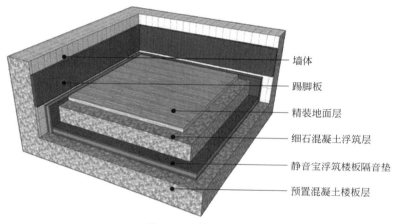

墙体
踢脚板
精装地面层
细石混凝土浮筑层
静音宝浮筑楼板隔音垫
预置混凝土楼板层

图 4-5　浮筑式楼板

③ 在楼板下加设吊顶，使固体噪声不直接传入下层空间。

（3）热工及防火要求

① 一般楼层和地层应有一定的蓄热性，即地面应有舒适的感觉。

② 防火要求楼地层应根据建筑物的等级对防火的要求等进行设计，以保证火灾发生时在一定时间内不会因楼板塌陷而给生命和财产带来损失。

（4）防水、防潮要求

对于有湿性功能的用房，例如厨房、厕所、卫生间等一些地面潮湿、易积水的房间，应处理好楼地层的防渗问题。

（5）设备管线的铺设

由于现代建筑的功能设施更加完善，有更多的管道和线路将借助楼板层来铺设，为保障室内平面布置的灵活性、空间使用更加的合理与完整，在楼板层的设计中必须充分考虑各种设备管线的走向，以便管线的铺设，如图4-6所示。

（6）经济要求

在多层建筑中，楼板层占自重的 $50\% \sim 60\%$，造价占建筑总造价的 $20\% \sim 30\%$，因此，在满足功能要求的基础

图 4-6　设备管线的铺设

上，要选择经济合理的结构形式和构造方案，尽量减少材料的消耗和楼板层的自重。

4.2　楼板的类型与构造

4.2.1　楼板的基本知识

根据承重结构所用材料的不同，楼板可分为木楼板、砖拱楼板、钢筋混凝土楼板和压型钢板组合楼板等多种类型，如图4-7所示。

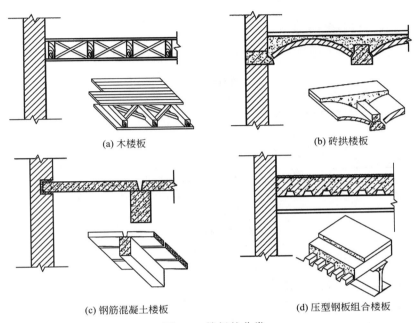

(a) 木楼板　　　　　　　　　　　(b) 砖拱楼板

(c) 钢筋混凝土楼板　　　　　　(d) 压型钢板组合楼板

图4-7　楼板的分类

（1）木楼板

木楼板自重轻、保温性能好、舒适、有弹性节约钢材和水泥等，但易燃、易腐蚀、易被虫蛀、耐久性差，特别是需耗用大量木材。

（2）砖拱楼板

砖拱楼板可以节省钢材、水泥和木材，曾在缺乏钢筋、水泥的地区采用过。由于它自重大，承载能力差，不宜用于有震动和地震烈度较高的地区，而且施工复杂，现已很少采用。

（3）钢筋混凝土楼板

钢筋混凝土楼板具有强度高、刚度高、耐久、耐火，且具有良好的可塑性、便于机械化施工的特点，是目前我国工业与民用建筑楼板的基本形式。

（4）压型钢板组合楼板

压型钢板组合楼板是利用压型钢板为底膜，上部浇筑混凝土而形成的一种组合楼板。它具有强度高、刚度大、施工速度快等优点，但钢材用量大、造价高。

4.2.2　钢筋混凝土楼板

钢筋混凝土楼板根据施工方法的不同，可分为现浇整体式、预制装配式、装配整体式三种类型。

4.2.2.1　现浇整体式钢筋混凝土楼板

现浇整体式钢筋混凝土楼板是指在现场依照设计位置，进行支模、绑扎钢筋、浇筑混凝土，经养护制作而成的楼板。现浇整体式钢筋混凝土楼板整体性好，利于抗震，布置灵活，适应各种不规则形状和要留孔洞等特殊要求的建筑。

（1）板式楼板

楼板内不设置梁，将板直接搁置在墙上的称为板式楼板。板有单向板与双向板之分。当板的长边与短边之比大于 2 时，板基本上沿短边方向传递荷载，这种板称为单向板，板内受力钢筋沿短边方向加置。双向板长边与短边之比不大于 2，荷载沿双向传递，短边方向内力较大，长边方向内力较小，受力主筋平行于短边，并摆在下面。板式楼板底面平整、美观、施工方便，适用于小跨度房间，如走廊、厕所和厨房等，如图 4-8 所示。

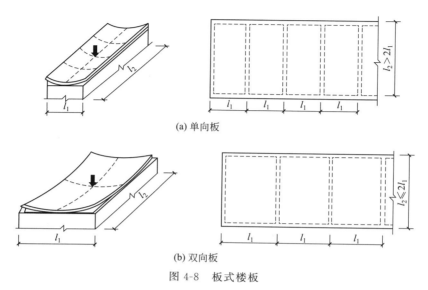

(a) 单向板

(b) 双向板

图 4-8　板式楼板

（2）肋梁楼板

肋梁楼板由板、次梁、主梁现浇而成。

楼板内设置梁，梁有主梁和次梁，主梁沿房间布置，次梁与主梁一般垂直相交，板搁置在次梁上，次梁搁置在主梁上，主梁搁置在墙或柱上，所以板内荷载通过梁传至墙或者柱子上，如图 4-9 所示。

梁、板的合理尺寸：主梁的经济跨度为 5～9m，最大可达 12m，主梁高为主梁跨度的 1/14～1/8；主梁宽为高的 1/3～1/2；次梁的经济跨度为 4～6m，次梁高为次梁跨度的 1/18～1/12，宽度为梁高的 1/3～1/2。单向板的短边一般为 1.7～2.5m，双向板不宜超过 5m×5m，对于民用建筑，单向板厚度为 70～100mm，双向板厚度为 80～160mm。

（3）井式楼板

井式楼板，将两个方向的梁等间距布置，并采用相同的梁高，形成井字形梁，它是梁式楼板的一种特殊布置形式，井式楼板无主梁、次梁之分，由于井式楼板梁跨度大，建筑效果好，所以适用于平面尺寸较大且平面形状为方形或接近于方形的房间或门厅，如图 4-10 所示。

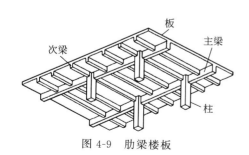

图 4-9　肋梁楼板

图 4-10　井式楼板

井式楼板的跨度一般为 6～10m，板厚为 70～80mm，井格边长一般在 2.5m 之内。井式楼板有正井式和斜井式两种。如果在井格梁下面加以艺术装饰处理，抹上线腰或绘上彩画，则可使顶棚更加美观。

（4）无梁楼板

无梁楼板是一种不设主梁和次梁、楼板直接支承在柱上、楼面荷载直接通过柱子传至基础的板柱结构体系。柱网一般布置为正方形或矩形，柱距以6m左右较为经济，无梁楼板可根据承载力和变形要求采用无柱帽（柱托）板或有柱帽（柱托）板形式。柱托板的长度和厚度应按计算确定，且每方向长度不宜小于板跨度的1/6，其厚度不宜小于板厚度的1/4。无梁板四周应设圈梁，梁高不小于2.5倍的板厚和1/15的板跨。当无柱托板且无梁板受冲切承载力不足时，可采用型钢剪力架（键），此时板的厚度不应小于200mm。无梁楼板具有净空高度大、顶棚平整、采光通风及卫生条件较好、施工简便等优点，适用于活荷载较大的商店、仓库等建筑，如图4-11所示。

（5）压型钢板组合楼板

压型钢板组合楼板是利用凹凸相间的压型薄钢板做衬板，与现浇混凝土浇筑在一起，支承在钢梁上构成整体型的楼板，主要由楼面层、组合板和钢梁三部分组成，具有施工周期短、现场作业方便、建筑整体性优于预制装配式楼板的优点；还可以利用压型钢板肋间的空隙铺设室内电力管线，从而充分利用楼板结构中的空间，适用于大空间建筑和高层建筑，目前在国外高层建筑中得到了广泛的应用，如图4-12所示。

图4-11　无梁楼板

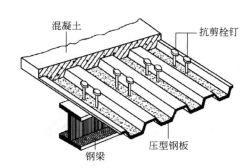

图4-12　压型钢板组合楼板

使用压型钢板组合楼板时应注意以下问题：

① 有腐蚀的环境中应避免应用；

② 应避免压型钢板长期暴露，以防钢板和梁生锈，破坏结构的连接性能；

③ 在动荷载作用下，应仔细考虑其细部设计，并注意保持结构组合作用的完整性和共振问题。

4.2.2.2　预制装配式钢筋混凝土楼板

预制装配式钢筋混凝土楼板是在工厂或现场预制好的楼板，然后人工或机械吊装到房屋上经座浆灌缝而成。此做法可节省模板，改善劳动条件，提高效率，缩短工期，促进工业化水平。但预制楼板的整体性不好，所以在地震设防地区的应用受到限制，灵活性也不如现浇板，更不宜在楼板上穿洞。

（1）预制实心平板

预制实心平板跨度一般较小，不超过2.4m，预应力实心平板可达到2.7m，板厚为跨度的1/30，一般为60～100mm，宽度为600mm或900mm，预制实心平板板面平整，制作简单，安装方便。由于跨度较小，通常用作走道板、储藏室隔板或厨房、厕所找坡板等，如图4-13所示。

（2）槽形板

槽形板是在实心平板的两侧或四周设边肋而形成的槽形板，属于梁、板组合构件。由于有小肋承担板上全部荷载，故板厚仅为20～40mm，槽形板的跨度可达7.2m，宽度有600mm、900mm、1200mm等，肋高为板跨的1/25～1/20，通常为150～300mm。槽形板具有自重轻、受力合理、节省材料、造价低等优点，如图4-14所示。

（3）空心楼板

空心楼板是把板的内部做成孔洞，与实心平板相比，在不增加钢筋和混凝土用量的前提下，可提高构件的承载能力和刚度，减轻自重，节省材料，其孔洞有方孔和圆孔两种。空心板制作方便，自重轻，隔热、隔声效果好，但板面不能随便开洞，以避免因破坏板肋而影响承载能力。板厚依其跨度不同有120mm、180mm、240mm等，板宽有600mm、900mm、1200mm等，如图4-15所示。

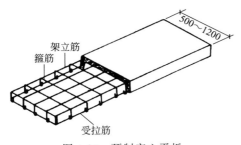

图 4-13 预制实心平板

图 4-14 槽形板

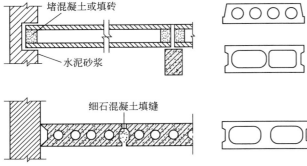

图 4-15 空心楼板

在安装空心板前,孔洞应用预制混凝土块或砖块砂浆堵严(安装后要穿导线和上部无墙体板的除外),以提高承受上部墙体传来的各种荷载(墙体自重、上部各层楼板的自重和活荷载等)时的板端抗压能力、传载能力和避免传声、传热、灌浆材料渗入等。

4.2.2.3 装配整体式钢筋混凝土楼板

装配整体式又叫装配式,即将预制板、梁等构件吊装就位后,在其上或者其他部位相接处浇筑钢筋混凝土连接成整体,这样就形成了装配整体式。装配整体式的整体性、抗震性介于前面两种之间。

装配式整体钢筋混凝土楼板按结构及构造方法的不同可分为密肋楼板和叠合楼板等类型。

(1)密肋楼板

密肋楼板也称为密肋填充块楼板,由板面、边框组成,特征是:由可挥发性聚苯乙烯颗粒热压成矩形板面,在板的四周设有边框,中间均布纵横相交的肋,板面带有边框及肋,使填充材料具有一定的强度,便于施工中搬运、安装。这种楼板构件数量多、施工麻烦,在施工中应用得较少,如图 4-16 所示。

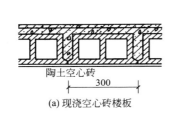

(a)现浇空心砖楼板

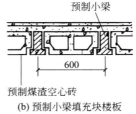

(b)预制小梁填充块楼板

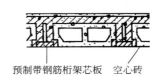

(c)带骨架芯填充块楼板

图 4-16 密肋楼板

(2)叠合楼板

叠合楼板是由预制板和现浇钢筋混凝土层叠合而成的装配整体式楼板。叠合楼板整体性能好,板的上下表面平整,便于装饰面装修,适用于对于整体刚度要求较高的高层建筑和大开间建筑,如图 4-17 所示。

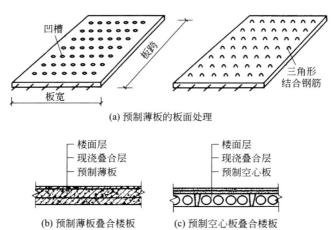

(a)预制薄板的板面处理

(b)预制薄板叠合楼板　　　　(c)预制空心板叠合楼板

图 4-17 叠合楼板

4.3　地面的类型与构造

　　地面构造主要是指楼地板和地坪层的面层装修。它是日常生活和工作时人体、家具和设备直接接触的部分，一般应满足坚固耐久、防水防潮、隔热隔声及适当的经济要求。地面按其材料和做法可分为四大类型，既整体地面、块材类地面、木地面和涂料地面。构造主要有踢脚线构造和楼地面防潮防水构造。

4.3.1　整体地面

　　整体地面是采用在现场拌和的湿料，经浇抹一次性连续铺筑而成的面层，具有构造简单、造价较低的特点，是一种应用较广泛的类型。主要类型有水泥砂浆地面、水磨石地面等。

　　（1）水泥砂浆地面

　　水泥、砂子和水的混合物叫水泥砂浆，水泥砂浆地面是指在混凝土垫层或结构层上抹水泥砂浆。一般有单层和双层两种做法，单层做法只抹一层20～25mm厚1：2或1：2.5的水泥砂浆；双层做法是增加一层10～20mm厚1：3水泥砂浆找平，表面再抹5～10mm厚1：2水泥砂浆抹平压光，如图4-18所示。该地面构造简单、坚固，能防潮、防水，而且造价又较低。但水泥地面蓄热系数大，冬天感觉冷，空气湿度大时易产生凝结水，而且表面不耐磨，易起砂、起灰。

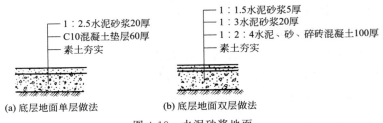

图 4-18　水泥砂浆地面

　　（2）水磨石地面

　　水磨石（也称磨石）是将碎石、玻璃、石英石等骨料拌入水泥粘接料制成混凝制品后经表面研磨、抛光的制品。常规做法是先用10～15mm厚1：3水泥砂浆打底、找平，按设计图采用1：1水泥砂浆固定分格条（玻璃条、铜条或铝条等），再用（1：2）～（1：2.5）水泥石渣浆抹面，浇水养护约一周后用磨石机磨光，再用草酸清洗，打蜡保护，如图4-19所示。

　　水磨石地面具有良好的耐磨性、耐久性，并具有质地美观、表面光洁、不起尘、易清洁的优点。常用于居住建筑的浴室、厨房和公共建筑门厅、走道及主要房间地面和墙裙等。

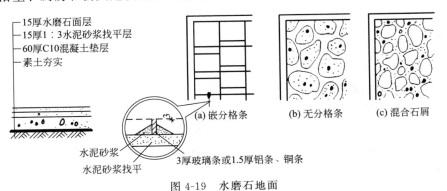

图 4-19　水磨石地面

4.3.2　块材类地面

　　块材类地面是把地面材料加工成块（板）状，然后借助胶结材料贴或铺砌在结构层上。块材类地面种类很多，常用的有水泥制品、石板、缸砖、陶瓷、木地面等。这种楼面易清洁、经久耐用、花色品种多、装饰效果强，但工效低、价格高，属于中高档的楼地面，适用于人流量大、清洁要求和装饰要求高、有水作用的建筑。

（1）水泥制品块地面

水泥制品块地面常见的有水泥砖地面、预制混凝土块（尺寸常为 400～500mm，厚 20～50mm）地面等。

铺设方式有两种：干铺和湿铺。干铺是在基层上铺一层 20～40mm 厚砂子，将砖块等直接铺设在砂上，板块间用砂或砂浆填缝。湿铺是在基层上铺 1∶3 水泥砂浆 10～20mm 厚，用 1∶1 水泥砂浆灌缝，如图 4-20 所示。

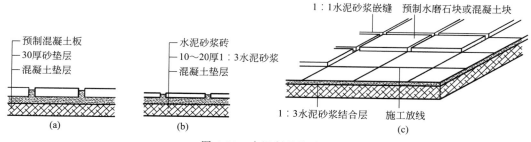

图 4-20　水泥制品块地面

（2）石板楼地面

石板楼地面包括天然石板楼地面和人造石板楼地面。天然石板有大理石板和花岗石板等，人造石板有预制水磨石板、人造大理石板等。这些石板尺寸较大，一般为 50m×500mm 以上，铺设时需预先试铺，合适后再正式粘贴，粘贴表面的平整度要求高。其构造做法是在混凝土垫层上先用 20～30mm 厚（1∶3）～（1∶4）干硬性水泥砂浆找平，再用 5～10mm 厚 1∶1 水泥砂浆铺粘石板，最后用水泥浆灌缝（板缝应不大于 1mm），待能上人后擦净，如图 4-21 所示。

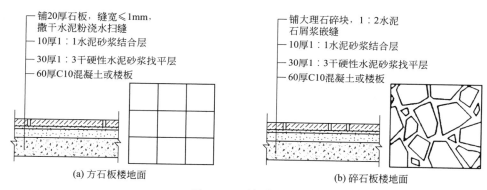

图 4-21　石板楼地面

（3）缸砖及陶瓷锦砖地面

缸砖是陶土加矿物颜料烧制而成的一种无釉砖块，缸砖背面有凹槽，铺贴时在基层上铺 1∶3 水泥砂浆 15～20mm 厚，可使砖块与基层黏结牢固。缸砖质地细密坚硬，强度较高，耐磨、耐水、耐油、耐酸碱，易于清洁不起灰，施工简单，如图 4-22 所示。

陶瓷锦砖质地坚硬，经久耐用，色泽多样，耐磨、防水、耐腐蚀、易清洁，适用于有水、有腐蚀的地面。做法类同缸砖，基层铺设 1∶3 水泥砂浆，后将陶瓷锦砖压平，使水泥砂浆挤入缝隙，用水洗去牛皮纸，用白水泥浆擦缝，如图 4-23 所示。

4.3.3　木地面

木地面的主要特点是弹性好、不起尘、易清洁、热导率小，但造价较高，是一种高级楼地面的类型，常用于住宅、宾馆、体育馆、剧院舞台等建筑。

按构造方式，木地面可分为空铺式木地面、实铺式木地面、复合木地面三种类型。

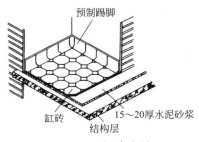

图4-22　缸砖地面

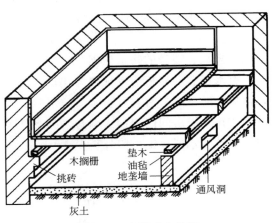

图4-23　陶瓷锦砖地面

（1）空铺式木地面

空铺式木地面是将木地面架空铺设，使板下有足够的空间便于通风，以保持干燥。由于其构造复杂，耗费木材较多，故一般用于要求环境干燥、对地面有较高的弹性要求的房间，如图4-24所示。

（2）实铺式木地面

实铺式木地面是直接在实体基层上铺设木地板。采用梯形截面木搁栅（俗称木楞），木搁栅的间距一般为400mm，中间可填一些轻质材料，以降低人行走时的空鼓声，并改善保温隔热效果。为增强整体性，木搁栅之上铺钉毛地板，最后在毛地板上打接或粘接木地板。在木地板和墙的交接处，要用踢脚板压盖。为散发潮气，可在踢脚板上开孔通风，如图4-25所示。

图4-24　空铺式木地面

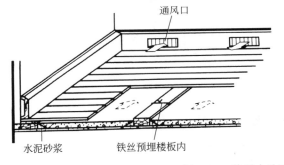

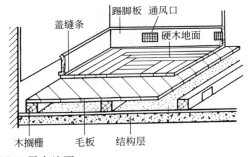

图4-25　单层木地面和双层木地面

（3）复合木地面

复合木地面一般由四层复合而成。第一层为透明人造金刚砂的超强耐磨层；第二层为木纹装饰纸层；第三层为高密度纤维板的基材层；第四层为防水平衡层，经高性能合成树脂浸渍后，再经高温、高压压制，四边开榫而成。这种木地板精度高，特别耐磨，阻燃性、耐污性好，保温、隔热及观感方面可与实木地板相媲美。复合木地板一般采用悬浮铺设，即在较平整的基层上先铺设一层聚乙烯薄膜作为防潮层，铺设时，复合木地板四周的棒槽用专用的防水胶密封，以防止地面水向下浸入。

4.3.4　涂料地面

涂料地面是利用涂料涂刷或涂刮而成。它是水泥砂浆地面的一种表面处理形式，用以改善水泥砂浆地面在使用和装饰方面的不足，用于地面涂料的有地板漆、过氯乙烯地面涂料、苯乙烯地面涂料等。

由于涂层较薄、耐磨性差，故不适于人流密集、经常受到物体或鞋底摩擦的公共场所。

4.3.5　踢脚线构造

地面与墙面交接处的垂直部位，在构造上通常按地面的延伸部分来处理，这一部分被称为踢脚线，也称为踢脚板。它可以保护室内墙脚避免扫地或拖地板时污染墙面。踢脚的高度一般为 $100\sim150\mathrm{mm}$，所用的材料有水泥砂浆、水磨石、木材、石材等，一般应与室内地坪材料一致或相适应。当采用多孔砖或空心砖砌筑墙体时，为保证室内踢脚质量，楼地面之上应改用三皮实心砖砌筑。

4.3.6 楼地面防潮防水构造

（1）楼面排水

为排出室内积水，楼面需有一定的坡度，并设置地漏。排水坡度一般为 $1\%\sim1.5\%$。为了防止室内积水外泄，对于有水房间的楼面或地面标高应比其他房间或走廊低 $30\sim50\mathrm{mm}$。当有水房间的楼地面标高与走廊或其他房间的楼地面标高等高时，则应在门口处做一高出地面 $20\sim30\mathrm{mm}$ 的门槛，以防水外流。

（2）楼板、墙身的防水处理

对有水侵袭的楼板应以现浇为佳。对防水质量要求较高的地方，可在楼板与面层之间设置防水层一道，常见的防水材料有卷材防水、防水砂浆或涂料防水层，以防止水的渗漏。

为防止水沿房间四周侵入墙身，应将防水层沿房间四周墙边向上伸入踢脚线内 $100\sim150\mathrm{mm}$，当遇到开门处，其防水层应铺出门外至少 $250\mathrm{mm}$，如图 4-26 所示。

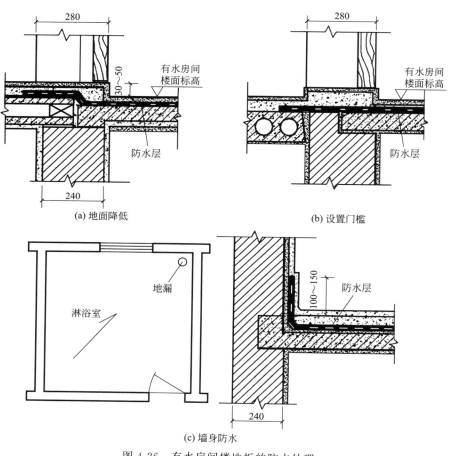

图 4-26　有水房间楼地板的防水处理

（3）穿楼板立管的防水处理

穿楼板立管的防水处理一般采用两种方法，如图 4-27 所示。

① 在管道穿过的周围用 C20 级干硬性细石混凝土捣固密实，再以两布二油橡胶酸性沥青防水涂料做密封处理。

② 对某些暖气管、热水管穿过楼板层时，为防止由于温度变化，故常在楼板走管的位置埋设一个比热水管直径稍大的套管，以保证热水管能自由伸缩。同时套管比楼面高出 $30\mathrm{mm}$ 左右。

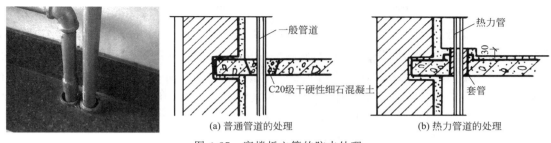

图 4-27　穿楼板立管的防水处理

4.4　顶棚的构造

顶棚亦称"天花板"，是楼地面的重要组成部分，顶棚的作用是使房屋顶部整洁美观，给人以美的享受，顶棚的造型、高低、颜色布置和色彩处理，都能使人们对空间的视觉音质环境产生不同的感受，同时还具有保温、隔热、隔声、隐藏管线设备等性能。按装饰面与基层的关系可分为直接式顶棚和吊顶式顶棚。

4.4.1　直接式顶棚

直接式顶棚是在屋面板或楼板结构地面直接做饰面材料的顶棚。它是直接在钢筋混凝土屋面板或楼板下表面喷浆、抹灰或粘贴装修材料的一种构造方法，如图 4-28 所示。当板底平整（没有供隐蔽的管线或设备）时，可直接喷、刷大白浆或 106 涂料；当楼板结构层为钢筋混凝土预制板时，可用 1：3 水泥砂浆填缝刮平，再喷刷涂料。这类顶棚构造简单，施工方便，具体做法和构造与内墙面的抹灰类、涂刷类、裱糊类基本相

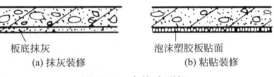

图 4-28　直接式顶棚

同。它具有构造简单、构造层厚度小、施工方便、可取得较高的室内净空以及造价低等特点，但由于没有隐蔽管线、设备的内部空间，故多用于普通建筑或空间高度受到限制的房间。

4.4.2　吊顶式顶棚

吊顶式顶棚离屋顶或楼板的下表面有一定的距离，通过悬挂物与主体结构联结在一起，如图 4-29 所示，一般用于装饰要求较高的房间中。吊顶式顶棚可结合灯具、通风口、音响、喷淋、消防设施等整体设计，其特点为立体造型丰富，改善室内环境，满足不同使用功能的要求。吊顶式顶棚由龙骨架与面层两部分组成，按面层和龙骨的关系分为活动装配式、固定式吊顶式顶棚；按结构层的显露状况分为开敞式、封闭式吊顶式顶棚；按龙骨材料分为木龙骨、轻钢、铝合金龙骨吊顶式顶棚；按面层材料分为木质、石膏板、矿棉板、金属板吊顶式顶棚；按顶棚受力大小分为上人、不上人吊顶式顶棚；按施工工艺分为暗龙骨、明龙骨吊顶式顶棚。

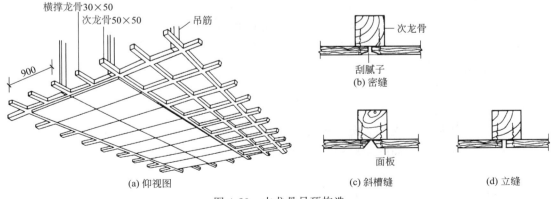

图 4-29　木龙骨吊顶构造

（1）木龙骨吊顶

木龙骨吊顶的主龙骨截面一般为 50mm×70mm 方木，中距 900～1200mm，用 φ8 螺栓钢筋或 φ6 钢筋与钢筋混凝土楼板固定。次龙骨截面为 40mm×40mm 方木，间距根据面板规格，一般为 400～500mm，通过吊木垂直于主龙骨单向布置。当面板采用板条抹灰时，可直接在次龙骨上钉板条，再抹灰，即形成传统的板条抹灰顶棚。这种吊顶造价较低，但抹灰湿作业量大，面层易出现龟裂，甚至破坏脱落，且防火性能差。若在板上加钉一层钢板网再抹灰，即形成板条钢板网抹灰吊顶，这种吊顶可防止抹灰层的开裂脱落，防火性好，适用于要求较高的建筑中，如图 4-29 所示。

木龙骨的面层还可采用木质板材。木质板材品种多，如胶合板、纤维板、木丝板、刨花板等，其优点主要是施工速度快、干作业，故比抹灰吊顶应用更广。

（2）金属龙骨吊顶

金属龙骨吊顶一般以轻钢或铝合金型材作龙骨，具有自重轻、刚度大、防火性能好、施工安装快、无湿作业等特点，得到广泛应用。

主龙骨一般是通过 φ6 钢筋或 φ8 螺栓悬挂于楼板下，间距为 900～1200mm，主龙骨下挂次龙骨。龙骨截面有 U 形、⊥ 形和凹形。为铺钉装饰面板和保证龙骨的整体刚度，应在龙骨之间增设横撑，间距视面板类型及规定而定。最后在次龙骨上固定面板。面板有各种人造板和金属板。人造板一般有纸面石膏板、浇注石膏板、水泥石棉板、铝塑板等；金属板有铝板、铝合金板、不锈钢板等，形状有条形、方形、长方形、折菱形等。面板可借用自攻螺钉固定在龙骨上或直接搁放于龙骨内，如图 4-30 所示。

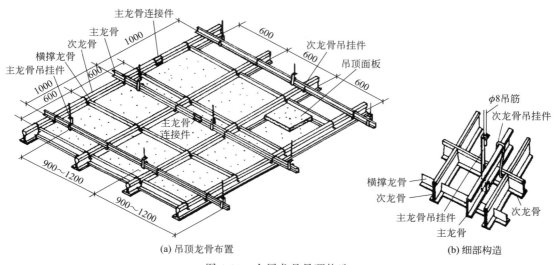

(a) 吊顶龙骨布置   (b) 细部构造

图 4-30　金属龙骨吊顶构造

4.5　阳台与雨篷

阳台是连接室内的室外平台，给居住在建筑里的人们提供一个舒适的室外活动空间，是多层住宅、高层住宅和旅馆等建筑中不可或缺的一部分。雨篷位于建筑物出入口的上方，用来遮挡雨雪，保护外门免受侵蚀，给人们提供一个从室外到室内的过渡空间，并起到保护门和丰富建筑立面的作用。

4.5.1　阳台的构造

4.5.1.1　阳台的形式

阳台按使用要求的不同可分为生活阳台和服务阳台；根据阳台与建筑物外墙的关系，可分为挑（凸）阳台、凹阳台和半挑半凹阳台，如图 4-31 所示；按阳台在建筑平面上的位置不同，有中间阳台和转角阳台；按其施工方式不同，可分为现浇阳台和预制阳台。

4.5.1.2　阳台的结构布置方式

阳台的承重结构通常是楼板的一部分，因此阳台的承重结构应与楼板的结构布置统一考虑，一般采

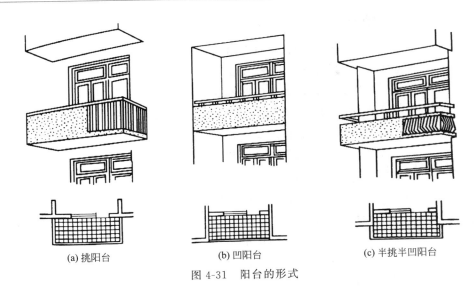

| (a) 挑阳台 | (b) 凹阳台 | (c) 半挑半凹阳台 |

图 4-31　阳台的形式

用现浇或预制钢筋混凝土结构。根据结构布置方式的不同，有墙承式、挑板式、压梁式、挑梁式四种。

（1）墙承式阳台

即将阳台板直接由阳台两边的墙支承，板的跨长与房屋开间尺寸相同，这种结构形式稳定、可靠，施工方便，如图 4-32 所示。

（2）挑板式阳台

将楼板延伸挑出墙外，形成阳台板。挑板式阳台板底平整，造型简洁，若采用现浇板，可将阳台平面制成弧形、半圆形等形式，如图 4-33 所示。

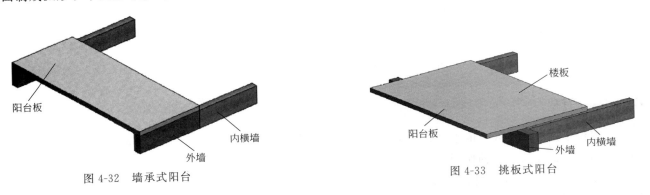

图 4-32　墙承式阳台

图 4-33　挑板式阳台

（3）压梁式阳台

阳台板与墙梁现浇在一起，利用墙梁和梁上的墙体或楼板来平衡阳台板，以保证阳台板的稳定性，阳台悬挑不宜过长，如图 4-34 所示。

（4）挑梁式阳台

从横墙上伸出挑梁，在挑梁上铺设预制板或现浇板。挑梁压入墙体内的长度与挑出的长度之比大于1.2，挑梁端部设边梁以加强阳台的整体性，如图 4-35 所示。

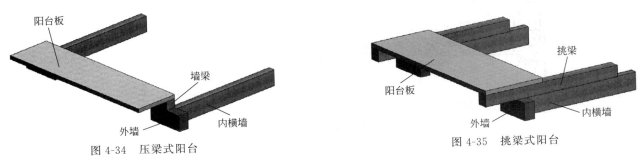

图 4-34　压梁式阳台

图 4-35　挑梁式阳台

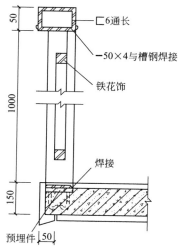

图 4-36　金属栏杆形式与构造

4.5.1.3　阳台的细部构造

（1）阳台栏杆、扶手

阳台栏杆、扶手是设置在阳台外围的垂直构件，主要供人们依扶之用，以保证人身安全，且起到装饰美化作用。栏杆扶手的高度不应低于1m，高层建筑不应低于1.1m，且不能采用空花栏杆。栏杆形式有空花栏杆、实心栏杆及组合栏杆。

栏杆扶手有金属和钢筋混凝土两种。金属扶手一般为钢管与金属栏杆焊接，如图4-36所示。钢筋混凝土扶手用途广泛，形式多样，有不带花台、带花台等。阳台扶手宽约120mm，如上面带花台时，其宽度应大于250mm。

（2）阳台的排水

阳台作为半室内空间，会受外界自然条件影响，如雨、雪侵入，还受人为使用影响，如洗、晾、晒等，难免要考虑避免水流入室内，所以要做一定的坡度和布置排水设施，使排水顺畅，阳台排水可采用水舌排水和落水管排水，如图4-37所示。

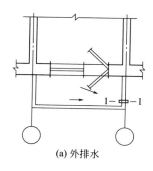

(a) 外排水

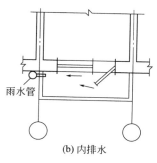

(b) 内排水

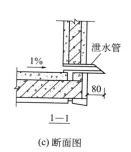

(c) 断面图

图 4-37　阳台排水构造

4.5.2　雨篷

雨篷位于建筑物出入口的上方，用来遮挡雨雪，给人们提供一个从室外到室内的过渡空间，并起到保护外门和丰富建筑立面的作用。

根据雨篷板的支承不同，有采用门洞过梁悬挑板的方式，也有采用墙或柱支承，其中最简单的是悬挑雨篷。悬挑雨篷板面与过梁顶面可不在同一标高上，梁面较板面标高高，对于防止雨水浸入墙体有利，如图4-38所示。另外，为了板面排水的组织和立面造型的需要，可做成梁板式雨篷，对板外沿长进行加高处理，采用混凝土现浇或用砖砌成，板面需做防水处理，并在靠墙处做泛水，如图4-38所示。

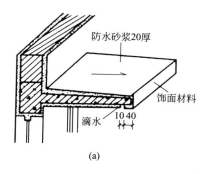

(a)

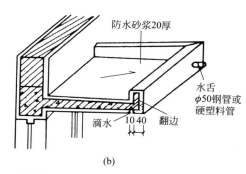

(b)

图 4-38　雨篷构造

4.6　建筑施工图楼地层的三维绘制

4.6.1　楼板的创建

① 根据给定的平面图 4-39 中所示的板厚及标高，绘制出楼板的三维模型。

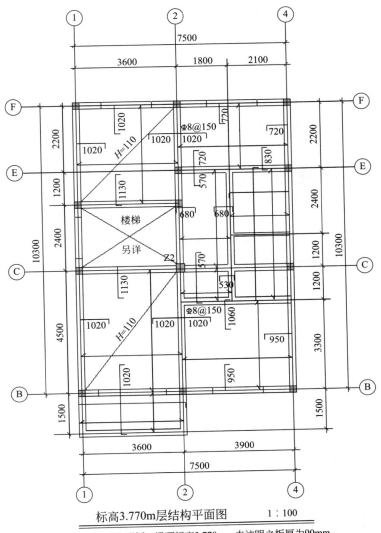

标高3.770m层结构平面图　　　　　1 : 100

注：图中未注明板、梁顶标高3.770m，未注明之板厚为90mm。

二维码 4.3

图 4-39　楼板平面图

② 首先进入一层平面视图，选择"建筑"选项卡中"楼板"下拉菜单中"楼板：建筑"，进入"创建楼板边界"界面，在"绘制"面板中选择直线绘制楼板的边界，如图 4-40 所示。

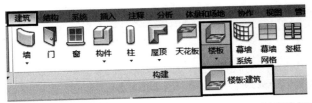
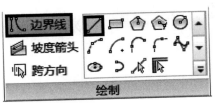

图 4-40　创建楼板边界

③ 在"属性"面板中设置楼板类型为"常规-110mm"，"自标高的高度偏移"为 0.0，如图 4-41 所示。

④ 开始创建房间的楼板，绘制如图 4-42 所示的轮廓线（卫生间和厨房要降低）。

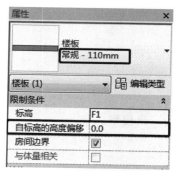

图 4-41　属性

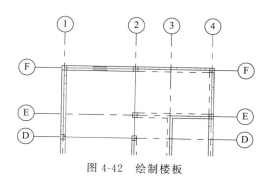

图 4-42　绘制楼板

注：绘制楼板时，由于框架结构、砖混结构等不同的结构类型，对楼板的搭建要求也不同。这里为了作图方便、美观，楼板绘制原则是：外墙沿墙的中心线绘制，内墙沿内墙边绘制。

⑤ 单击"完成编辑模式"按钮"√"，会弹出 4-43 所示的对话框，在这里都单击"否"，最终完成楼板的绘制，如图 4-44 所示。

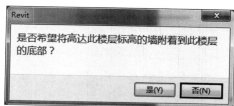

图 4-43　完成编辑

注："是否希望将高达此楼层标高的墙附着到此楼层的底部？"如果选择"是"，楼板会和外墙产生关联，当以后对墙体进行编辑时，也会对楼板产生影响；如果选择"否"，那么以后对墙体做任何编辑时都不会对楼板产生影响，所以在这里选择"否"。

⑥ 一层楼板绘制完成后，进入二楼平面视图，同理将二层楼板绘制完成。

注：绘制楼板时，楼板边界可以是多个闭合的轮廓，但一定要保证轮廓都是闭合的。如不闭合，系统会弹出如图 4-45 所示的警告，此时点击"继续"，手动把轮廓线闭合方可完成楼板的创建。

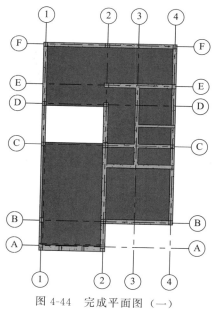

图 4-44　完成平面图（一）

图 4-45　"错误"对话框

4.6.2　木地板的创建

① 打开一层平面视图，从右下角跨选部分图元，如图 4-46 所示，在"选择"面板中单击"过滤器"

按钮，如图 4-47 所示，在"过滤器"对话框中单击"放弃全部"，然后勾选"楼板"单击"确定"按钮即可选中主体楼板。

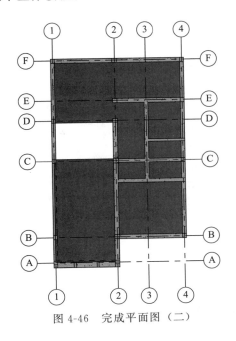

图 4-46　完成平面图（二）

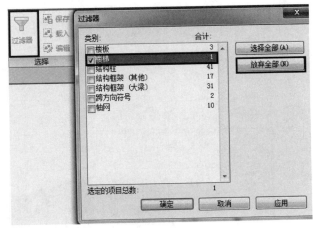

图 4-47　过滤器

② 在"属性"面板中单击"编辑类型"按钮，打开"类型属性"对话框，单击"结构"参数后面的"编辑"按钮，打开"编辑部件"对话框；单击"插入"按钮，添加多个构造层，为其指定功能、材质、厚度，使用"向上""向下"按钮调整位置，如图 4-48 所示。

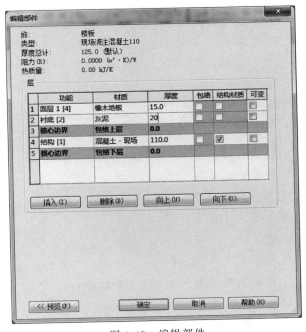

图 4-48　编辑部件

二维码 4.4

③ 对面层材质进行设置：打开材质编辑器，设置材质"表面填充图案"为模型填充，在"填充样式"对话框中单击"新建"，重命名新建的填充图案为"水平-600mm"，设置其角度和间距如图 4-49 所示。

④ 选中楼板，在"修改 | 楼板"，面板中选择"创建零件"命令，可使楼板分割成多个零件，如图 4-50 所示。

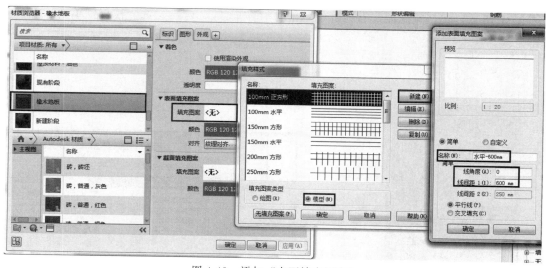

图 4-49 添加"表面填充图案"

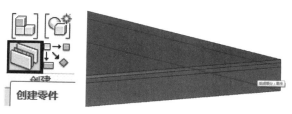

图 4-50 创建零件

能力训练题

1. 不属于地面设计要求的是（ ）。

A. 坚固耐久
B. 防水防潮
C. 隔声隔热
D. 施工速度快

2. 具有强度高、刚度高、耐久、耐火且具有良好的可塑性的楼板是（ ）。

A. 木楼板
B. 砖拱楼板
C. 钢筋混凝土楼板
D. 压型钢板组合楼板

3. 槽形板的板厚一般为（ ）。

A. 10～20mm
B. 20～40mm
C. 40～60mm
D. 60～80mm

4. 不属于预制装配式钢筋混凝土楼板的是（ ）。

A. 预制实心平板
B. 槽形板
C. 密肋楼板
D. 空心楼板

5. 住宅楼板中一级隔声标准为（ ）。

A. 55dB
B. 65dB
C. 75dB
D. 85dB

6. 某住宅采用现浇钢筋混凝土楼板，下列选项（ ）不是现浇钢筋混凝土楼板的特点。

A. 施工速度快、节约模板、缩短工期、减少施工现场的湿作业

B. 整体性好、抗震性强、防水抗渗性好

C. 便于留孔洞、布置管线、适应各种建筑平面形状

D. 模板用量大、施工速度慢、现场湿作业量大、施工受季节影响

7. 水磨石楼地面是用水泥做胶结材料，大理石或白云石等中等硬度石料的石屑做骨料混合铺设，经磨光打蜡而成。下列选项不适用于水磨石楼地面的是（ ）。

A. 卫生间
B. 办公室
C. 走廊
D. 楼梯间

8. 楼地面的基本构造包含哪些？

9. 现浇钢筋混凝土楼板包括哪几类？

10. 阳台的作用及按结构布置分为哪几类？

项目 5

屋顶的认知与绘制

 素质目标

通过屋顶项目引领与学习任务，引导学生理论联系实际，培养学生树立认真负责、精益求精的工作态度，严格遵守设计标准的职业操守、自主学习新技术的创新能力。

学习任务

依据给定的图 5-1 所示坡屋顶的平面、立面的数据尺寸，利用 Revit 绘制出坡屋顶的三维模型。

二维码 5.1

二维码 5.2

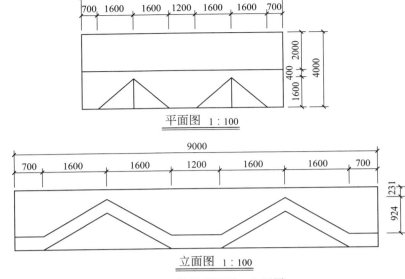

图 5-1 坡屋顶平面、立面图

5.1 屋顶的基础知识

5.1.1 屋顶的组成与作用

（1）屋顶的组成

屋顶是房屋的重要组成部分，也是房屋最上部的围护构件，主要由屋面、承重结构、保温隔热层和顶棚四部分组成，如图 5-2 所示。

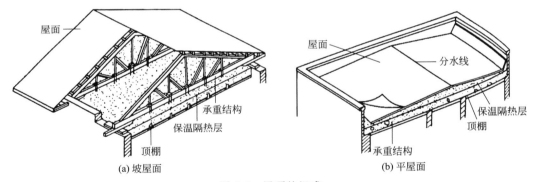

图 5-2 屋顶的组成

① 屋面：屋面是屋顶最上面的表面层次，它暴露在大气中，直接受自然界的影响，所以，屋面材料不仅应有一定的抗渗能力，还应能经受自然界中各种有害因素的长期作用。此外，屋面材料应该具有一定的强度，以便承受风雪荷载和屋面检修荷载。

② 承重结构：屋顶的承重结构承受屋面传来的荷载和屋顶自重，承重结构可以是平面结构也可以是空间结构。当房屋内部空间较小时，多采用平面结构，如屋架、刚架、梁板结构等；大型公共建筑（如体育馆、会堂等）的内部使用空间大，不允许设柱支承屋顶，故常采用空间结构，如薄壳、悬索、网架结构等。

③ 保温隔热层：当对屋顶有保温隔热要求时，需要在屋顶中设置相应的保温隔热层，以防止外界温度变化对建筑物室内空间带来影响。保温层是寒冷地区为了防止冬季室内热量通过屋顶散失而设置的构造层，隔热层是炎热地区为了夏季隔绝太阳辐射热进入室内而设置的构造层；保温层和隔热层均应采用热导率小的材料，其位置均应设在顶棚与承重结构之间或承重结构与屋面之间。

④ 顶棚：顶棚位于屋顶的底部，当承重结构采用梁板结构时，可以在梁板的底面抹灰，形成抹灰顶棚；当承重结构为屋架或要求顶棚平齐时，应从屋顶承重结构向下吊挂顶棚，叫作吊顶。顶棚也可以用搁栅搁置在墙上形成，与屋顶的承重结构不相连。

（2）屋顶的作用

屋顶是建筑物最上部的维护构件，其作用概括起来有以下三个方面：

① 屋顶的围护作用是阻隔风、霜、雨、雪和太阳辐射的侵袭，满足室内环境的使用要求，同时满足防水排水、保温隔热的要求；

② 屋顶是主要的水平承重构件，承受和传递屋顶及其上部各种荷载，并对房屋起着水平支撑作用，确保房屋具有良好的刚度和稳定性；

③ 屋顶的色彩及造型是建筑艺术的重要组成部分，也是城市景观中不可缺少的元素。

（3）屋顶的类型

屋顶按其外形一般可分为平屋顶、坡屋顶和其他形式的屋顶，如图 5-3 所示。平屋顶是指排水坡度小于 10% 的屋顶，常用排水坡度为 2%～3%；坡屋顶是指屋面坡度在 10% 以上的屋顶，常用坡度范围为 10%～60%；其他形式的屋顶有拱结构、薄壳结构、悬索结构和网架结构的屋顶等，这类屋顶一般用于较大空间的公共建筑。

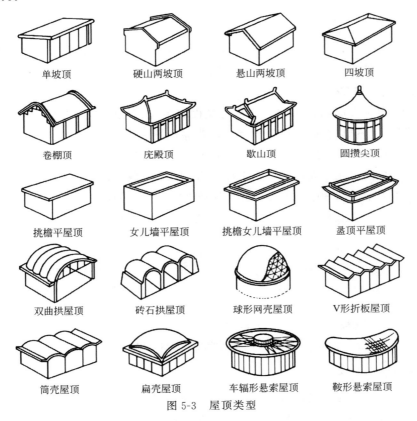

图 5-3　屋顶类型

（4）屋顶的设计要求

① 要求屋顶起良好的围护作用，具有防水、保温和隔热性能。其中防止雨水渗漏是屋顶的基本功能要求，也是屋顶设计的核心。

② 要求屋顶具有足够的强度、刚度和稳定性。屋顶应能承受风、雨、雪、施工、上人等荷载，地震区还应考虑地震荷载对它的影响，满足抗震的要求，并力求做到自重轻、构造层次简单。此外，还宜就地取材、方便施工、造价经济、便于维修。

③ 要求屋顶满足人们对建筑艺术即美观方面的需求。屋顶是建筑造型的重要组成部分，中国古建筑的重要特征之一就是有变化多样的屋顶外形和装修精美的屋顶细部，现代建筑也应注重屋顶形式及其细部设计。

（5）屋面的防水等级与设防要求（表 5-1）

表 5-1　屋面的防水等级与设防要求

项目	屋面防水等级			
	Ⅰ	Ⅱ	Ⅲ	Ⅳ
建筑物类别	特别重要的民用建筑和对防火有特殊要求的工业建筑	重要的工业和民用建筑、高层建筑	一般的工业与民用建筑	非永久性的建筑
防水层耐用年限	25 年	15 年	10 年	5 年
防水层选用材料	宜选用合成高分子卷材、高聚物改性沥青防水卷材、合成高分子防水涂料、细石混凝土等材料	宜选用高聚物改性沥青防水卷材、合成高分子卷材、合成高分子防水涂料、高聚物改性沥青防水涂料、细石混凝土、平瓦等材料	应选用三毡四油防水卷材、高聚物改性沥青防水卷材、高聚物改性沥青防水涂料、合成高分子防水涂料、沥青基防水涂料、刚性防水层、平瓦、油毡瓦等材料	应选用三毡四油防水卷材、高聚物改性沥青防水卷材、高聚物改性沥青防水涂料、合成高分子防水涂料、沥青基防水涂料、刚性防水层、平瓦、油毡瓦等材料
设防要求	三道或三道以上防水设防，其中应有一道合成高分子防水卷材，且只能有一道厚度不小于2mm的合成高分子涂膜	二道防水设防，其中应有一道卷材，也可采用压型钢板进行一道设防	一道防水设防或两道防水材料复合使用	一道防水设防

5.1.2　屋顶的坡度

屋顶面坡度是屋顶面形成排水系统的首要条件。只有形成一定的屋顶坡度，才能使屋顶面上的雨雪水按设计意图流向一定的处所，从而达到排水的目的。

5.1.2.1　屋顶坡度的表示方法

屋顶的坡度大小是由多方面因素决定的，它与屋面材料、当地降雨量大小、屋顶结构形式、建筑造型要求及经济条件等有关。所以在确定屋顶坡度时，要综合考虑各方面的因素。

屋顶坡度大小的表示方法有角度法、斜率法和百分比法，如图 5-4 所示。斜率法是以屋顶斜面的垂直投影高度与其水平投影长度之比来表示的，如 1∶2、1∶10 等；较大的坡度有时也用角度法，即以倾斜屋面与水平面所成的夹角表示，如 30°、45°等；较小的坡度则常用百分比法，即以屋顶倾斜面的垂直投影高度与其水平投影长度的百分比值来表达，如 2%、5%等，如图 5-4 所示。

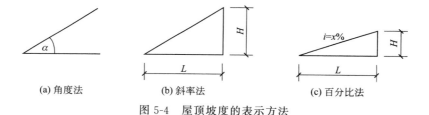

(a) 角度法　　　　　　　(b) 斜率法　　　　　　　(c) 百分比法

图 5-4　屋顶坡度的表示方法

5.1.2.2　屋顶坡度的确定因素

屋顶坡度的确定与屋顶结构形式、防水构造方式、屋面基层类别、防水材料性能及尺寸、气候条件等因素有关，对于一般民用建筑，主要考虑以下两方面因素。

（1）屋面防水材料与排水坡度的关系

防水材料如尺寸较小，接缝必然就多，容易产生缝隙渗漏，因此屋面应有较大的排水坡度，以便将屋面积水迅速排出。坡屋顶的防水材料多为瓦材（如小青瓦、机制平瓦、琉璃筒瓦等），其覆盖面积较小，故屋面坡度较陡。如果屋面的防水材料覆盖面积大，接缝少而且严密，屋面的排水坡度就可以小一些。平屋顶的防水材料多为各种卷材、涂膜或现浇混凝土等，故其排水坡度通常较小。

（2）降雨量大小与坡度的关系

降雨量大的地区，屋面渗漏的可能性较大，屋顶的排水坡度应适当加大；反之，屋顶排水坡度则宜小一些。

5.1.2.3　屋顶坡度的形成

屋顶排水坡度的形成主要有材料找坡和结构找坡两种，如图 5-5 所示。

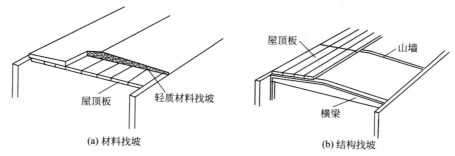

图 5-5 屋顶坡度的形成

（1）材料找坡

材料找坡是指屋顶结构层的屋顶板水平搁置，利用轻质材料垫置坡度，因而材料找坡又称垫置找坡。

（2）结构找坡

结构找坡是指屋顶板倾斜搁置在下面的墙体或屋顶梁及屋架上的一种做法，因而结构找坡又称搁置找坡。

5.1.3 屋顶的排水形式

屋面排水方式有无组织排水和有组织排水两大类。

5.1.3.1 无组织排水

无组织排水是指屋面的雨水由檐口自由滴落到室外地面，又称自由落水。当平屋顶采用无组织排水时，需把屋顶在外墙四周挑出，形成挑檐，如图 5-6 所示。

无组织排水不需在屋顶上设置排水装置，构造简单、造价低，但沿檐口下落的雨水会溅湿墙脚，有风时雨水还会污染墙面。所以无组织排水一般适用于低层或次要建筑及降雨量较小地区的建筑。

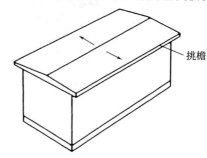

图 5-6 平屋顶四周挑檐自由落水

5.1.3.2 有组织排水

有组织排水是在屋顶设置与屋面排水方向相垂直的纵向天沟，汇集雨水后，将雨水由雨水口、雨水管有组织地排到室外地面或室内地下排水系统，这种排水方式称为有组织排水。有组织排水的屋顶构造较复杂、造价较高，但避免了雨水自由下落对墙面和地面的冲刷和污染。

按照雨水管的位置，有组织排水分为外排水和内排水。

（1）外排水

外排水是屋顶雨水由雨水斗收集，汇入安装于室外的雨水管，再排到室外的排水方式。这种排水方式构造简单、造价低、应用较广。按照檐沟在屋顶的位置，外排水的屋顶形式有沿屋顶四周设檐沟、沿纵墙设檐沟、女儿墙外设檐沟、女儿墙内设檐沟等，如图 5-7 所示。

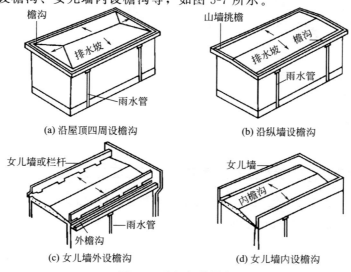

(a) 沿屋顶四周设檐沟   (b) 沿纵墙设檐沟

(c) 女儿墙外设檐沟   (d) 女儿墙内设檐沟

图 5-7 有组织外排水

（2）内排水

内排水是屋顶雨水沿屋面排水坡汇到天沟，再由设在室内的雨水管排到地下排水系统的排水方式。这种排水方式构造复杂，造价及维修费用高，而且雨水管占室内空间，一般适用大跨度建筑、高层建筑、严寒地区及对建筑立面有特殊要求的建筑。雨水口的位置和间距要尽量使其排水负荷均匀，有利于雨水管的安装且不影响建筑美观，如图5-8所示。

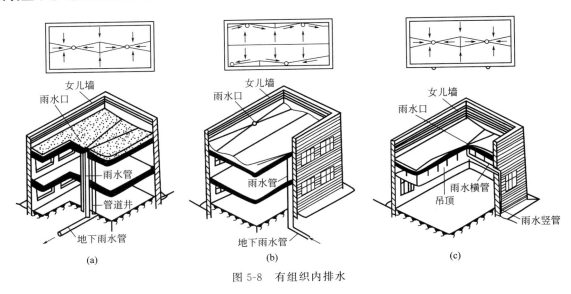

图 5-8　有组织内排水

5.2　平屋顶的构造

依据屋面防水层的不同，平屋顶有柔性防水屋面、刚性防水屋面、涂膜防水屋面及粉剂防水屋面等多种构造做法。

5.2.1　柔性防水屋面

柔性防水屋面是指以防水卷材和黏结剂分层粘贴而构成防水层的屋面。柔性防水屋面所用卷材分为石油沥青油毡、焦油沥青油毡、高聚物改性沥青防水卷材、SBS改性沥青防水卷材、APP改性沥青防水卷材、合成高分子防水卷材、三元乙丙丁基橡胶防水卷材、三元乙丙橡胶防水卷材、氯磺化聚乙烯防水卷材、再生胶防水卷材、氯丁橡胶防水卷材、氯丁聚乙烯-橡胶共混防水卷材等。聚氯乙烯防水卷材适用于防水等级为Ⅰ～Ⅳ级的屋面防水。

5.2.1.1　柔性防水屋面构造层次和做法

柔性防水屋面由多层材料叠合而成，其基本构造层次按构造要求由结构层、找平层、结合层、防水层和保护层组成，如图5-9所示。

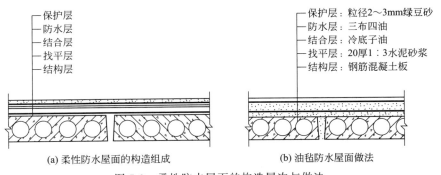

(a) 柔性防水屋面的构造组成　　(b) 油毡防水屋面做法

图 5-9　柔性防水屋面的构造层次与做法

5.2.1.2　柔性防水屋面细部构造

屋面细部是指屋面上的泛水、檐口、雨水口、变形缝等部位。

（1）泛水构造

泛水指屋顶上沿所有垂直面所设的防水构造，突出于屋面之上的女儿墙、烟囱、楼梯间、变形缝、检修孔、立管等的壁面与屋顶的交接处是最容易漏水的地方。必须将屋面防水层延伸到这些垂直面上，形成立铺的防水层，称为泛水。卷材防水屋面泛水构造如图5-10所示。

（2）檐口构造

柔性防水屋面的檐口构造有无组织排水挑檐和有组织排水挑檐沟及女儿墙檐口等，挑檐和挑檐沟构造都应注意处理好卷材的收头固定、檐口饰面并做好滴水。女儿墙檐口构造的关键是泛水的构造处理，其顶部通常做钢筋混凝土压顶，并设有坡度坡向屋面。檐口构造如图5-11所示。

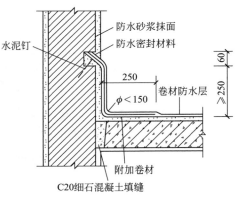

图 5-10　卷材防水屋面泛水构造

（3）雨水口构造

雨水口的类型有用于檐沟排水的直管式雨水口和女儿墙外排水的弯管式雨水口两种。雨水口在构造上要求排水通畅、防止渗漏水堵塞。为防止直管式雨水口周边漏水，应加铺一层卷材并贴入连接管内100mm，雨水口上用定型铸铁罩或铅丝球盖住，用油膏嵌缝。弯管式雨水口穿过女儿墙预留孔洞，屋面防水层应铺入雨水口内壁四周不小于100mm，并安装铸铁箅子以防杂物流入造成堵塞。雨水口构造如图5-12所示。

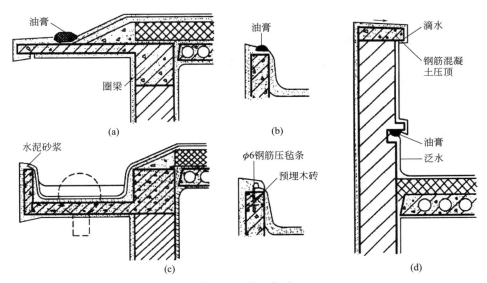

图 5-11　檐口构造

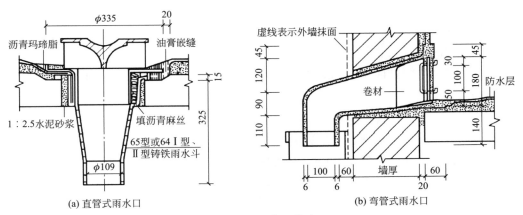

图 5-12　雨水口构造

（4）变形缝构造

屋面变形缝的构造处理原则是：既不能影响屋面的变形，又要防止雨水从变形缝渗入室内。屋面变形缝按建筑设计可设于同层等高屋面上，也可设在高低屋面的交接处。等高屋面变形缝构造如图 5-13 所示。

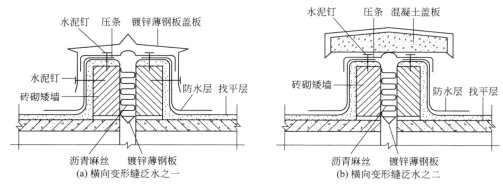

（a）横向变形缝泛水之一　　（b）横向变形缝泛水之二

图 5-13　等高屋面变形缝构造

5.2.2　刚性防水屋面

刚性防水屋面是指以刚性材料作为防水层的屋面，如防水砂浆、细石混凝土、配筋细石混凝土防水屋面等。这种屋面具有构造简单、施工方便、造价低廉的优点，但对温度变化和结构变形较敏感，容易产生裂缝而渗水，故多用于我国南方地区的建筑。

5.2.2.1　刚性防水屋面构造

刚性防水屋面一般由结构层、找平层、隔离层和防水层组成，如图 5-14 所示。

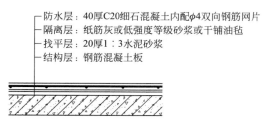

防水层：40厚C20细石混凝土内配φ4双向钢筋网片
隔离层：纸筋灰或低强度等级砂浆或干铺油毡
找平层：20厚1：3水泥砂浆
结构层：钢筋混凝土板

图 5-14　刚性防水屋面的构造

（1）结构层

刚性防水屋面的结构层要求具有足够的强度和刚度，一般应采用现浇或预制装配的钢筋混凝土屋面板，并在结构层现浇或铺板时形成屋面的排水坡度。

（2）找平层

当结构层为预制钢筋混凝土楼板时，其上应用 1：3 水泥砂浆找平，厚度为 20mm。若结构层为整体现浇混凝土板时，则可不设找平层。

（3）隔离层

隔离层的作用是减少结构层变形对防水层的不利影响，结构层在荷载作用下不产生挠曲变形，在温度变化作用下产生胀缩变形。

（4）防水层

防水层常采用不低于 C20 的防水细石混凝土整体现浇而成，其厚度宜不小于 40mm，双向配置 $\phi 4\sim\phi 6.5$ 钢筋、间距为 $100\sim 200$mm 的双向钢筋网片。

5.2.2.2　刚性防水屋面的细部构造

与柔性防水屋顶一样，刚性防水屋顶也需要处理好泛水、檐口、雨水口等细部构造，另外还应做好防水层的分格缝构造。

（1）分格缝构造

分格缝又称分仓缝，是设置在刚性防水层中的变形缝，如图 5-15、图 5-16 所示。如同外墙面粉刷时预留引条线的原理一样，可起到分散变形应力的效果，其作用具体表现在：将单块混凝土的防水层的面积减小，从而减少其伸缩变形，防止和限制裂缝产生。

（2）泛水构造

刚性防水屋面的泛水要点与卷材屋面相同的地方是：泛水应有足够的高度，一般不小于 250mm，泛

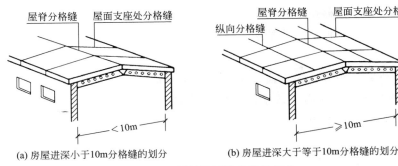

(a) 房屋进深小于10m分格缝的划分　　　(b) 房屋进深大于等于10m分格缝的划分

图 5-15　刚性屋面分格缝的划分

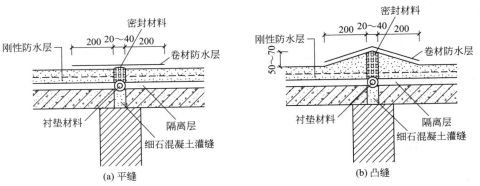

(a) 平缝　　　　　　　　　　　　(b) 凸缝

图 5-16　分格缝构造

水应嵌入立墙上的凹槽内并用压条及水泥钉固定；不同的地方是：刚性防水层与屋面突出物（女儿墙、烟囱等）间须留分格缝，一般应预留 30mm 宽的缝隙，并用密封材料嵌填，另铺贴附加卷材盖缝形成泛水，如图 5-17 所示。

（3）檐口构造

同卷材防水屋面一样，刚性防水层檐口一般也用无组织排水檐口、有组织排水檐口两种方式。无组织排水檐口通常直接由刚性防水层挑出形成，挑出尺寸一般大于 450mm；也可设置挑檐板，刚性防水层伸到挑檐板之外。有组织排水檐口有挑檐沟檐口、女儿墙檐口和斜板挑檐口等做法，如图 5-18、图 5-19 所示。

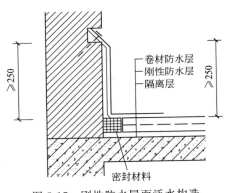

图 5-17　刚性防水屋面泛水构造

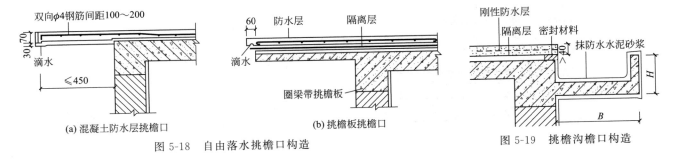

(a) 混凝土防水层挑檐口　　　　(b) 挑檐板挑檐口

图 5-18　自由落水挑檐口构造

图 5-19　挑檐沟檐口构造

5.2.3　其他防水屋面

（1）涂膜防水屋面

涂膜防水是将可塑性和黏结力较强的高分子防水涂料直接涂刷在屋面基层上，形成一层满铺的不透水薄膜层。主要有乳化沥青、氯丁橡胶类、丙烯酸树脂类等。按涂膜防水原理通常分为两大类：一类是用水或溶剂溶解后在基层上涂刷，通过水或溶剂蒸发而干燥硬化；另一类是通过材料的化学反应而硬化。

涂漠的基层为配筋混凝土或水泥砂浆，如图 5-20 所示。

涂膜防水屋面由结构层、找坡层、找平层、结合层、防水层和保护层组成。

（2）粉剂防水屋面

粉剂防水屋面是以脂肪酸钙为主体，通过特定的化学反应组成的复合型粉状防水材料加保护层，来作为屋面防水层的一种做法。透气而不透水，有极好的憎水性、耐久性和随动性，并且具有施工简单、快捷，造价低，寿命长等优点，如图 5-21 所示。

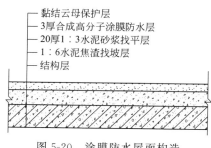

图 5-20 涂膜防水屋面构造

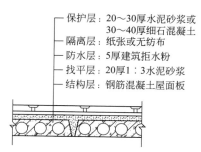

图 5-21 粉剂防水屋面构造

5.2.4 平屋顶保温与隔热

5.2.4.1 平屋顶的保温

（1）屋顶的保温材料

保温材料多为轻质多孔材料，一般可分为以下三种类型：

① 散料类：常用炉渣、矿渣、膨胀蛭石、膨胀珍珠岩等。

② 整体类：指以散料作骨料，掺入一定量的胶结材料，现场浇筑而成。

③ 板块类：指利用骨料和胶结材料由工厂制作而成的板块状材料，如加气混凝土、泡沫混凝土、膨胀蛭石、膨胀珍珠岩、泡沫塑料等块材或板材等。

（2）屋顶保温层的位置

保温层在屋顶上的设置位置有以下三种：

① 正铺保温层：即保温层位于结构层与防水层之间，如图 5-22 所示。

② 倒铺保温层：即保温层位于防水层之上，如图 5-23 所示。

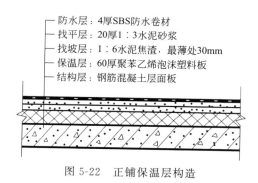

图 5-22 正铺保温层构造

图 5-23 倒铺保温层构造

③ 保温层与结构层结合：有三种做法，一种是保温层设在槽形板的下面；一种是保温层设在槽形板朝上（倒槽板）的槽口内；还有一种是将保温层与结构层融为一体，如图 5-24 所示。

5.2.4.2 平屋顶的隔热

为保证建筑物室内有良好的学习、工作和生活的环境，在我国南方地区，屋顶的隔热是建筑物必须采用的措施。常采用的构造做法有通风隔热屋顶、蓄水隔热屋顶、种植隔热屋顶、反射隔热屋顶等，如图 5-25、图 5-26 所示。

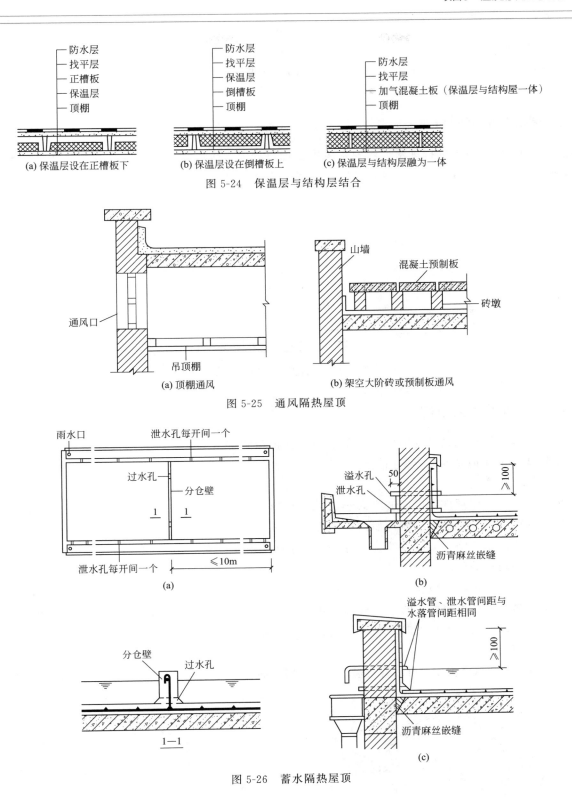

5.3 坡屋顶的构造

5.3.1 坡屋顶的形式

坡屋顶是排水坡度较大的屋顶，由各类屋面防水材料覆盖。根据坡面组织的不同，主要有双坡顶、四坡顶及其他形式屋顶等种类。

（1）双坡顶

根据檐口和山墙处理的不同可分为硬山屋顶、悬山屋顶、出山屋顶。

（2）四坡顶

四坡顶亦称四落水屋顶，古代宫殿庙宇中的四坡顶称为庑殿；四坡顶两面形成两个小山尖的称为歇山。

5.3.2 坡屋顶的屋面排水

坡屋顶利用屋面坡度进行排水，当雨水集中到檐口处时，可以无组织排水，也可以有组织排水（内排水或外排水）。坡屋顶的坡面交接形成屋脊、斜脊、斜沟，如图 5-27 所示。

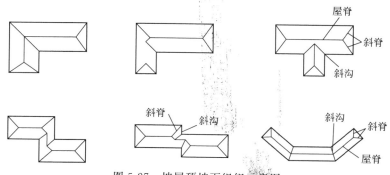

图 5-27 坡屋顶坡面组织示意图

5.3.3 坡屋顶的承重结构

坡屋顶的承重结构用来承受屋面传来的荷载，并把荷载传给墙或柱。其结构类型有横墙承重、屋架承重、木构架承重和钢筋混凝土屋面板承重等。

5.3.3.1 横墙承重

横墙承重：将横墙顶部按屋面坡度大小砌成三角形，在墙上直接搁置檩条或钢筋混凝土屋面板，支承屋面传来的荷载，又叫硬山搁檩，如图 5-28 所示。

特点：构造简单、施工方便、节约木材，有利于防火和隔声等，但房间开间尺寸受限制，适用于住宅、旅馆等开间较小的建筑。

5.3.3.2 屋架（屋面梁）承重

屋架是由多个杆件组合而成的承重桁架，可用木材、钢材、钢筋混凝土制作，形状有三角形、梯形、拱形、折线形等。屋架支承在纵向外墙或柱上，上面搁置檩条或钢筋混凝土屋面板，承受屋面传来的荷载，如图 5-29 所示。

屋架承重与横墙承重相比，可以省去横墙，使房屋内部有较大的空间，增加了内部空间划分的灵活性。

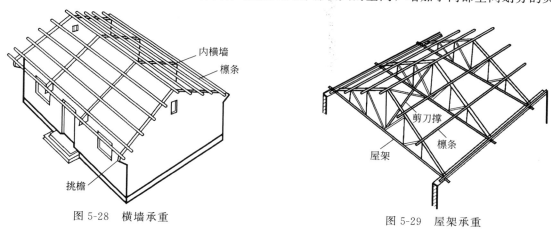

图 5-28 横墙承重　　　　　　　　　　　图 5-29 屋架承重

5.3.3.3 木构架承重

木构架结构是我国古代建筑的主要结构形式，它一般由立柱和横梁组成屋顶和墙身部分的承重骨架，檩条把一排排梁架联系起来形成整体骨架，如图 5-30 所示。

这种结构形式的内外墙填充在木构架之间，不承受荷载，仅起分隔和围护作用。构架交接点为榫齿结合，整体性及抗震性较好；但消耗木材量较多，耐火性和耐久性均较差，维修费用高。

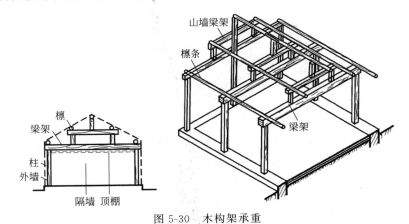

图 5-30 木构架承重

5.3.3.4 钢筋混凝土屋面板承重

钢筋混凝土屋面板承重即在墙上倾斜搁置现浇或预制钢筋混凝土屋面板（类似于平屋顶的结构找坡屋面板的搁置方式）来作为坡屋顶的承重结构，如图 5-31 所示。

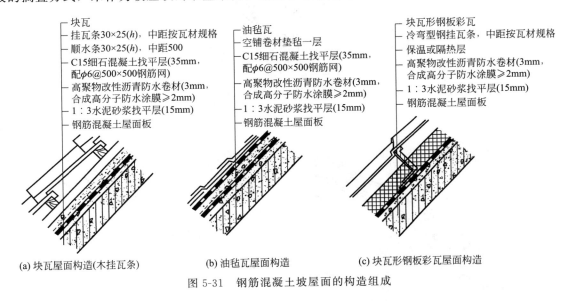

图 5-31 钢筋混凝土坡屋面的构造组成

(a) 块瓦屋面构造(木挂瓦条)　　(b) 油毡瓦屋面构造　　(c) 块瓦形钢板彩瓦屋面构造

特点：节省木材，提高了建筑物的防火性能，构造简单，近年来常用于住宅建筑和风景园林建筑中。

（1）钢筋混凝土坡屋面的构造组成

目前最常用的是大面积现浇钢筋混凝土坡屋面，即用钢筋混凝土浇筑坡屋顶板，板面上做防水卷材层再贴接各种瓦材和面砖。屋面从下至上大致可分为：结构层、找平层、防水隔热层、屋面瓦 4 大构造层，各构造层的质量好坏都与屋面渗漏与否密切相关。

① 结构层：现浇钢筋混凝土板，是屋面的主体结构。

② 找平层：用以找平结构，形成坚硬平整表面，以便防水隔热层的施工，找平层施工时的质量好坏，将直接影响到防水隔热层的质量。

③ 防水隔热层：其实是隔热层和防水层 2 层，质量与各自的施工工艺及材料好坏有很大关系，如果质量不佳产生裂缝会导致屋面渗漏。

④ 屋面瓦：贴于坡屋面外表面，起到美化立面及防水、防渗作用。瓦片抗渗、抗冻、吸水等性能不佳，尺寸控制不严，瓦接缝不严等都会造成屋面渗漏。

（2）钢筋混凝土平瓦屋面的构造做法

钢筋混凝土平瓦屋面的构造可分为以下两种，如图 5-32、图 5-33 所示：

① 将断面形状呈倒 T 形或 F 形的预制钢筋混凝土挂瓦板固定在横墙或屋架上，然后在挂瓦板的板肋上直接挂瓦。

② 采用钢筋混凝土屋面板作为屋顶的结构层，上面固定挂瓦条挂瓦，或用水泥砂浆、麦秸泥等固定平瓦。

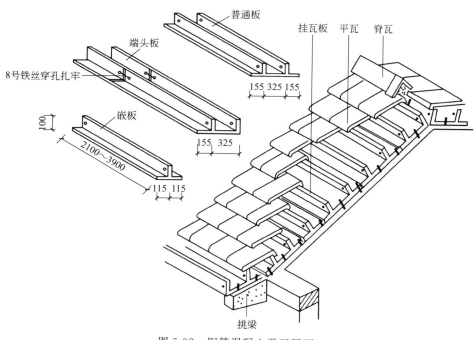

图 5-32　钢筋混凝土平瓦屋面

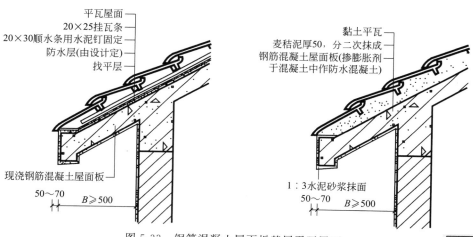

图 5-33　钢筋混凝土屋面板基层平瓦屋面

5.4　建筑施工图屋顶的三维绘制

5.4.1　屋顶的基本知识

① 在"建筑"选项卡下"构建"面板中选择"屋顶"命令。

② "屋顶"命令的下拉菜单中有三种创建屋顶的方法："迹线屋顶""拉伸屋顶""面屋顶"。依附于屋顶进行放样的命令有："屋檐：底板""屋顶：封檐板""屋顶：檐槽"，如图 5-34 所示。

迹线屋顶：通过创建屋顶边界线，定义边线属性和坡度的方法创建各种常规坡屋顶和平屋顶。

图 5-34　屋顶的分类

拉伸屋顶：当屋顶的横断面有固定形状时可以用"拉伸屋顶"命令创建。

面屋顶：异形屋顶可以先创建参照体量的形体，再用"面屋顶"命令进行创建。

5.4.2　屋顶的创建与编辑

下面进行屋顶的绘制，图 5-35 为屋顶的定位图。

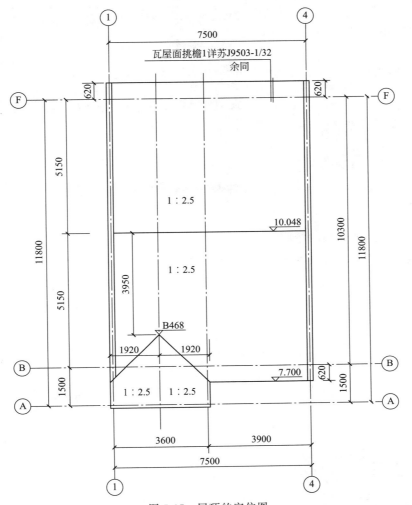

图 5-35　屋顶的定位图

二维码 5.3

① 首先在项目浏览器中双击"屋顶"进入屋顶的平面视图，单击"建筑"选项卡"屋顶"下拉列表中"迹线屋顶"命令，如图 5-36 所示。

② 单击"属性"面板"编辑类型"按钮，打开"类型对话框"，在"类型属性"对话框中，以"常规-100mm"为基础复制建立名称为"常规-150mm"的新屋顶类型。单击"类型属性"列表中"结构"参数的"编辑"按钮，弹出"编辑部件"对话框，如图 5-37 所示。完成后单击"确定"按钮返回"类型属性"对话框，再次单击"确定"按钮退出"类型属性"对话框，返回屋顶绘制状态。

图 5-36　选择屋顶

③ 将"属性"面板"底部标高"设置为"屋顶"，在 Revit 中屋顶工具创建的屋顶图元的底面将与所指定的标高对齐，为确保屋顶的"顶面"与标高面对齐，修改"属性"面板中的"自标高的底部偏移"值为—2510，单击"应用"按钮完成屋顶编辑。

④ 设置完成后，选取"绘制"面板中的直线命令，如图 5-38 所示。

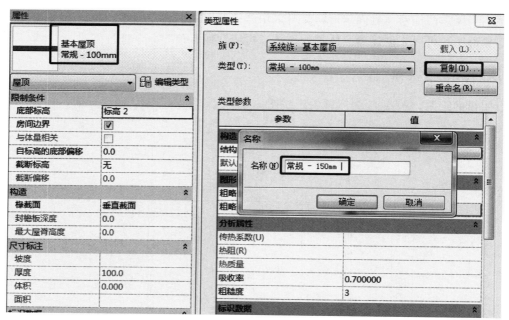

图 5-37　屋顶的属性

⑤ 绘制如图 5-39 所示的屋顶的轮廓线。

⑥ 对图 5-39 选中的边界进行坡度定义，将坡度修改为 21.8°，如图 5-40 所示。

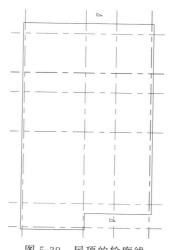

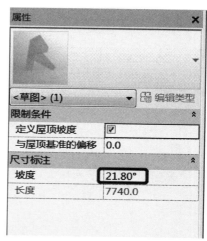

图 5-38　编辑屋顶　　　　图 5-39　屋顶的轮廓线　　　　图 5-40　坡度的修改（一）

⑦ 利用"拆分图元"命令对屋顶迹线进行修改，如图 5-41 所示。

图 5-41　屋顶迹线的修改

⑧ 根据图 5-41 所示，定义剩余部分的屋顶坡度，如图 5-42 所示。

⑨ 单击"完成编辑模式"按钮✔，完成屋顶的绘制，效果如图 5-43 所示。

提示：在草图绘制模式下，不能进行项目的保存操作，否则 Revit 将退出草图绘制模式。

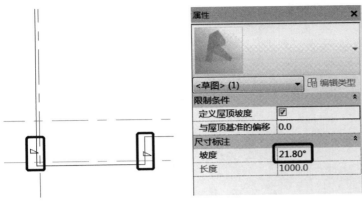

图 5-42　坡度的修改（二）

图 5-43　完成屋顶

能力训练题

1. 平屋顶是指屋面排水坡度小于或等于（　　　）的屋顶。

A. 10％　　　　　　　　B. 20％　　　　　　　　C. 30％　　　　　　　　D. 15％

2. 屋面防水等级为Ⅱ级的一般性建筑，其防水层合理使用年限和设防要求分别是（　　　）。

A. 15 年，二道防水设防　　　　　　　　B. 10 年，一道防水设防

C. 5 年，一道防水设防　　　　　　　　D. 25 年，三道或三道以上防水设防

3. 屋面坡度大小的表示方法不包括（　　　）。

A. 角度法　　　　　　　　B. 斜率法　　　　　　　　C. 百分比法　　　　　　　　D. 坡度法

4. 卷材防水屋面也称（　　　）。

A. 自防水屋面　　　　　　B. 柔性防水屋面　　　　　　C. 刚性防水屋面　　　　　　D. 涂抹防水屋面

5. 雨水管的适用间距为（　　　）。

A. 12 ～ 15m　　　　　　B. 10～15m　　　　　　C. 10～12m　　　　　　D. 15～20m

6. 屋面防水层与垂直墙面相交处的构造处理称泛水。下列说法错误的是（　　　）。

A. 卷材防水屋面的泛水重点应做好防水层的转折、垂直墙面上的固定及收头

B. 转折处应做成弧形或 45°斜面（又称八字角）防止卷材被折断

C. 泛水处卷材应采用满粘法

D. 泛水高度由设计确定，但最低不小于 200mm

7. 下列哪种材料不宜用于屋面保温层？（　　　）

A. 混凝土　　　　　　　　B. 水泥蛭石　　　　　　　　C. 水泥珍珠岩　　　　　　　　D. 楼梯间

8. 屋顶的作用是什么？屋顶由哪几部分组成？

9. 屋顶的排水方式有哪些？各自的适用范围是什么？

10. 平屋顶的隔热措施有哪些？

项目 6

楼梯的认知与绘制

 学习目标

　　知识目标：掌握楼梯的分类、功能要求；掌握钢筋混凝土楼梯的构造；了解楼梯细部构造；掌握台阶、坡道构造做法；了解建筑其他垂直交通知识。

　　能力目标：能够根据提供的楼梯平面、立面、剖面详图，利用 BIM 技术绘制出楼梯的三维模型。

 素质目标

　　通过楼梯项目引领与学习任务，引导学生理论联系实际，培养学生树立认真负责、精益求精的工作态度，严格遵守设计标准的职业操守、自主学习新技术的创新能力。

学习任务

　　根据图 6-1 给出的楼梯的平面图、剖面图尺寸，利用 Revit 软件绘制出其三维模型，文件保存为"楼梯.rvt"。

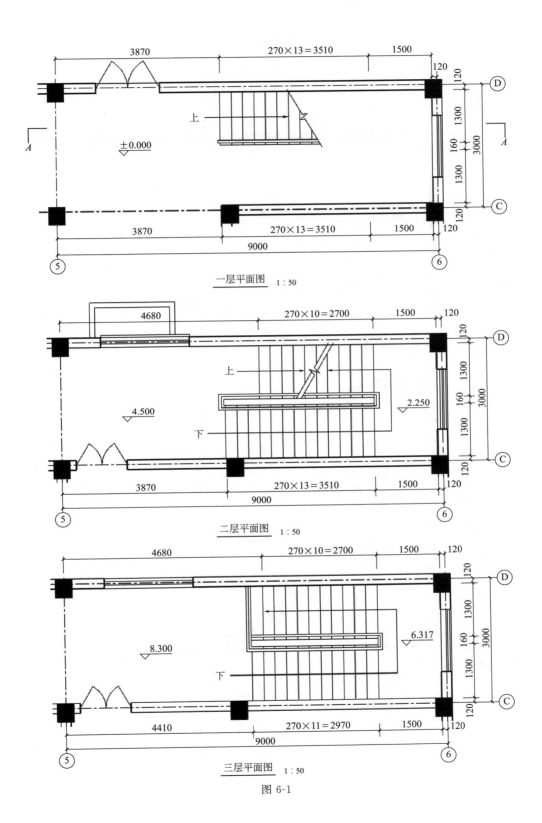

一层平面图　1 : 50

二层平面图　1 : 50

三层平面图　1 : 50

图 6-1

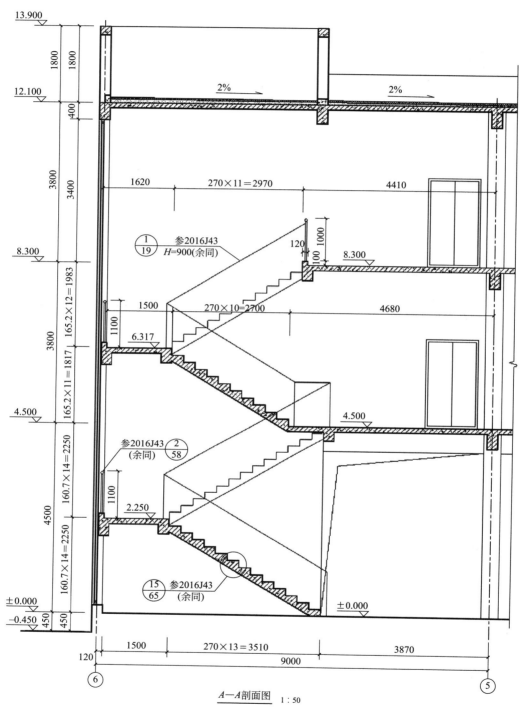

$A—A$剖面图 1:50

图 6-1 楼梯平面图、剖面图

6.1 楼梯的基础知识

6.1.1 楼梯的类型

按楼梯的材料分为钢筋混凝土楼梯、钢楼梯、木楼梯等；按楼梯的位置分为室内楼梯和室外楼梯；按楼梯的使用性质分为主要楼梯、辅助楼梯、疏散楼梯及消防楼梯；根据消防要求又有开敞楼梯间、封闭楼梯间和防烟楼梯间之分；按楼梯的平面形式分为单跑直楼梯、双跑直楼梯、折角楼梯、双分折角楼梯、三跑楼梯、双跑楼梯、双分平行楼梯、剪刀楼梯、圆形楼梯、旋转楼梯等，如图 6-2 所示。

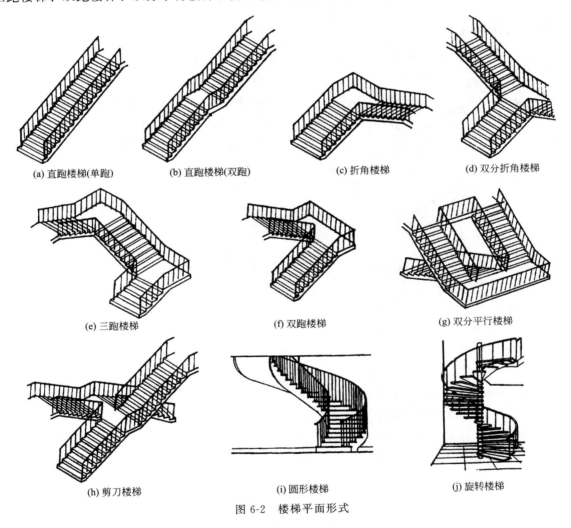

(a) 直跑楼梯(单跑)　　(b) 直跑楼梯(双跑)　　(c) 折角楼梯　　(d) 双分折角楼梯

(e) 三跑楼梯　　(f) 双跑楼梯　　(g) 双分平行楼梯

(h) 剪刀楼梯　　(i) 圆形楼梯　　(j) 旋转楼梯

图 6-2　楼梯平面形式

6.1.2 楼梯的组成

楼梯一般由梯段、平台和栏杆扶手三部分组成，如图 6-3 所示。

（1）梯段

梯段是联系两个不同标高平台的倾斜构件，由若干个踏步构成。每个梯段的踏步数量最多不超过 18 级，最少不少于 3 级。公共建筑楼梯井净宽大于 200mm、住宅楼梯井净宽大于 110mm 时，必须采取安全措施。

（2）平台

平台是两楼梯段之间的水平连接部分，根据位置的不同分中间平台和楼层平台。中间平台的主要作用是楼梯转换方向和缓解人们上楼的疲劳，故又称休息平台。楼层平台与楼层地面标高平齐，除起着中间平台的作用外，还用来分配从楼梯到达各层的人流。

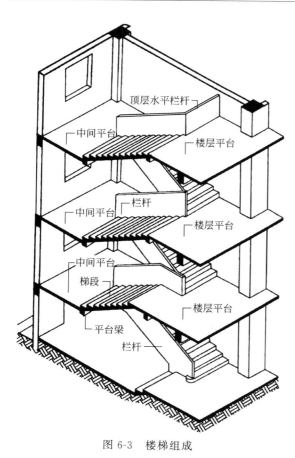

图 6-3　楼梯组成

（3）栏杆扶手

栏杆扶手是设在梯段及平台边缘的安全保护构件。当梯段宽度不大时，可只在梯段临空面设置；当梯段宽度较大时，非临空面也应加设靠墙扶手；当梯段宽度很大时，则需在梯中间加设中间扶手。

6.1.3　楼梯的设计要求

楼梯作为建筑空间竖向联系的主要部件，其位置应明显，起到提示引导人流作用，要充分考虑造型美观、人流通行顺畅、行走舒适、结构坚固、防火安全等条件，同时还应满足施工和经济条件的要求。因此楼梯的设计需要满足以下 5 点要求：

① 满足人和物的正常运行和紧急疏散。

② 必须具有足够的通行能力、强度和刚度。

③ 满足防火、防烟、防滑、采光和通风等要求。

④ 部分楼梯对建筑具有装饰作用，因此应考虑楼梯对建筑整体空间效果的影响。

⑤ 楼梯间的门应朝向人流疏散方向，底层应有直接对外的出口。北方地区当楼梯间兼作建筑物出入口时，要注意防寒，一般可设置门斗或双层门。

6.1.4　楼梯的尺度

6.1.4.1　楼梯的坡度及踏步尺寸

如图 6-4 所示，楼梯坡度范围在 25°～45°，普通楼梯的坡度不宜超过 38°，30°是楼梯的适宜坡度。楼梯的坡度决定了踏步的高宽比，在设计中常使用如下经验公式：

$$2h + b = 600 \sim 620 \text{mm}$$

式中，h 为踏步高度；b 为踏步宽度；600～620mm 为人的平均步距。

踏步尺寸一般根据建筑的使用功能、使用者的特征及楼梯的通行量综合确定，具体可参见表 6-1 之规定。为适应人们上下楼，常将踏面适当加宽而又不增加梯段的实际长度，可将踏面适当挑出，或将踢面前倾。

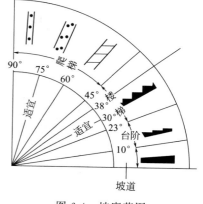

图 6-4　坡度范围

表 6-1　常用踏步尺寸

单位：mm

楼梯类别	住宅公用楼梯	幼儿园、小学楼梯	剧院、体育馆、商场、医院、旅馆和大中学校楼梯	其他建筑楼梯	专用疏散楼梯	服务楼梯、住宅套内楼梯
最小宽度值	260	260	280	260	250	220
最大高度值	175	150	160	170	180	200

6.1.4.2　梯段尺度

楼段宽度（净宽）：应根据使用性质、使用人数（人流股数）和防火规范确定。通常情况下，作为主要通行用的楼梯，按每股人流 0.55m＋（0～0.15）m 考虑，双人通行时为 1100～1400mm，三人通行时为 1650～2100mm，余类推。室外疏散楼梯其最小宽度为 900mm。同时，需满足各类建筑设计规范中对梯段宽度的限定。如防火疏散楼梯、医院病房楼梯、居住建筑及其他建筑楼梯，楼梯的最小净宽应不小于 1.30m、1.10m、1.20m。

楼段长度（L）：$L = b \times (N-1)$。

6.1.4.3 平台宽度

中间平台宽度：对于平行和折行多跑等类型楼梯，其转向后中间平台宽度应不小于梯段宽度，并且不小于1.1m；对于不改变行进方向的平台，其宽度可不受此限。医院建筑中间平台宽度不小于1800mm。

楼层平台宽度：应比中间平台宽度更宽松一些。对于开敞式楼梯间，楼层平台同走廊连在一起，一般可使梯段的起步点自走廊边线后退一段距离（≥500mm）即可。

6.1.4.4 栏杆扶手尺度

设置条件：当梯段的垂直高度大于1.0m时，就应在梯段的临空面设置栏杆。楼梯至少应在梯段临空面一侧设置扶手，梯段净宽达三股人流时应两侧设扶手，四股人流时应加设中间扶手。

扶手高度：应从踏步前缘线垂直量至扶手顶面，其高度根据人体重心高度和楼梯坡度大小等因素确定。一般不宜小于900mm，靠楼梯井一侧水平扶手长度超过0.5m时，其高度不应小于1.05m；室外楼梯栏杆高度不应小于1.05m；中小学和高层建筑室外楼梯栏杆高度不应小于1.1m；供儿童使用的楼梯应在500～600mm高度增设扶手，如图6-5所示。

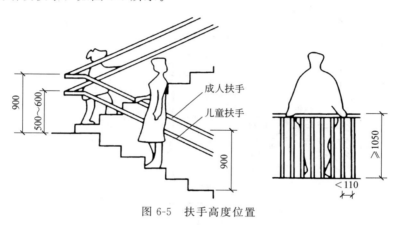

图6-5 扶手高度位置

6.1.4.5 楼梯净空高度

（1）概念

一般指自踏步前缘（包括最低和最高一级踏步前缘线以外0.30m范围内）量至上方突出物下缘间的垂直高度。

（2）净高要求

应充分考虑人行或搬运物品对空间的实际需要。我国规定，民用建筑楼梯平台上部及下部过道处的净高应不小于2m，楼梯段净高不宜小于2.2m，如图6-6所示。

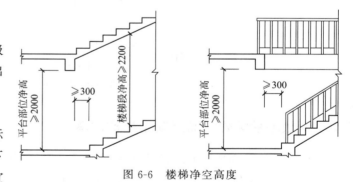

图6-6 楼梯净空高度

6.2 钢筋混凝土楼梯的构造

6.2.1 现浇整体式钢筋混凝土楼梯构造

现浇整体式钢筋混凝土楼梯的梯段和平台整体浇筑在一起，其整体性好、刚度大、抗震性好，不需要大型起重设备，但施工进度慢、耗费模板多、施工程序较复杂。

现浇整体式钢筋混凝土楼梯，按楼梯梯段的传力特点分为板式楼梯及梁板式楼梯两种。

（1）板式楼梯

板式楼梯是将楼梯梯段搁置在平台梁上，楼梯段相当于一块斜放的板，平台梁之间的距离即为板的跨度，如图6-7（a）所示。

板式楼梯结构简单，底面平整，施工方便，但自重较大，耗用材料多，适用于荷载较小、建筑层高较小（建筑层高对梯段长度有直接影响）的情况，如住宅、宿舍建筑。梯段的水平投影长度一般不大于3m。

（2）梁板式楼梯

梁板式楼梯是指楼梯段由板与梁组成，板承受荷载后传给梁，再由梁把荷载传给平台梁。楼梯段梁间的距离即为板的跨度。根据梯段梁的位置不同，有明步和暗步两种。明步是将斜梁设置在踏步板之下，如图 6-7（b）所示；暗步楼梯是将斜梁和踏步板的下表面取平，如图 6-7（c）所示。梁板式楼梯受力合理，比较经济，适用于各种长度的楼梯。

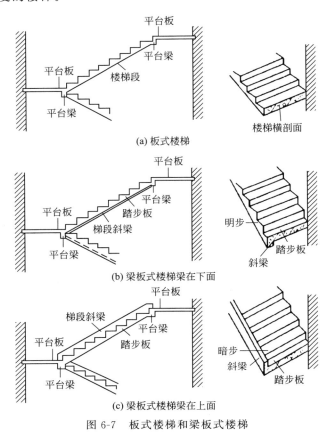

图 6-7　板式楼梯和梁板式楼梯

6.2.2　预制装配式钢筋混凝土楼梯构造

预制装配式钢筋混凝土楼梯是在预制厂或施工现场进行预制，施工时将预制构件进行焊接、装配。与现浇钢筋混凝土楼梯相比，其施工速度快，有利于节约模板、提高施工速度、减少现场湿作业，有利于建筑工业化，但刚度和稳定性较差，在抗震设防地区少用。

预制装配式钢筋混凝土楼梯根据施工现场吊装设备的能力分为小型构件和大中型构件。

6.2.2.1　小型构件预制装配式楼梯

构件尺寸小、重量轻、数量多，一般把踏步板作为基本构件，具有构件生产、运输、安装方便的优点，同时也存在着施工较复杂、施工进度慢、往往需要现场湿作业配合的不足。主要有梁承式、墙承式和悬挑式三种构造形式。

（1）梁承式楼梯

由斜梁和踏步构成楼梯段，由平台梁和平台板构成平台。踏步搁置在斜梁上面，斜梁搁置在平台梁上，平台梁搁置在楼梯间的墙上，平台板搁置在平台梁上和楼梯间的纵墙和横墙上。

（2）墙承式楼梯

墙承式楼梯是把预制踏步板搁置在两道墙上，构成楼梯段。从受力上讲，踏步简支在墙体上，如图 6-8所示。

（3）悬挑式楼梯

悬挑式楼梯是将 L 形或一字形踏步板的一端砌在楼梯间的侧墙内，另一端悬挑并安装栏杆。由于悬挑式楼梯抗震性能较差，在地震区不宜采用。

6.2.2.2 大中型构件预制装配式楼梯

大中型构件预制装配式楼梯是将整个楼梯段做成一个构件，平台梁和平台板合为一个构件，由预制厂生产并在施工现场组装而成。大中型构件预制装配式楼梯的楼梯段按其构造形式有板式和梁板式两种类型。

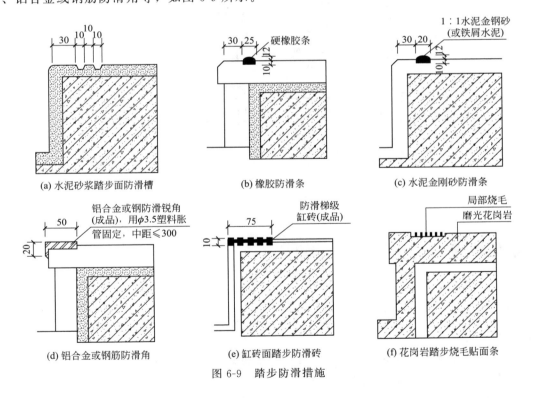

图 6-8 墙承式楼梯

6.2.3 楼梯的细部构造

（1）踏步面层及防滑措施

楼梯踏步面层应耐磨、光滑、美观、便于清洁。踏步面层的材料常与门厅或走廊的楼地面材料一致。常用面层材料有水泥砂浆面层、水磨石面层、缸砖面层、大理石或人造石面层。

踏步表面光滑容易滑倒，故踏步应有防滑措施。一般楼梯常在踏口部位设置防滑条或防滑槽。防滑条要求高出面层 3～6mm，宽 10～20mm；防滑条材料有水泥砂浆踏步面防滑槽、橡胶防滑条、水泥金刚砂防滑条、铝合金或钢筋防滑角等，如图 6-9 所示。

（a）水泥砂浆踏步面防滑槽   （b）橡胶防滑条   （c）水泥金刚砂防滑条

（d）铝合金或钢筋防滑角   （e）缸砖面踏步防滑砖   （f）花岗岩踏步烧毛贴面条

图 6-9 踏步防滑措施

（2）栏杆和栏板

栏杆或栏板是楼梯的安全设施，设置在楼梯或平台临空的一侧。栏杆多用方钢、圆钢、扁钢等型材焊接各种图案，既起防护作用又起装饰效果。栏杆垂直间的净空隙不应大于 110mm，栏杆的构造举例如图 6-10 所示。栏板是不透空构件，常用砖砌筑或用预制或现浇钢筋混凝土板做成。

楼梯与栏杆的连接方式是在所需部位预埋铁件或预留孔洞，将栏杆焊在楼梯段的预埋铁件上或插入楼梯段的预留孔洞内，然后用细石混凝土固定，如图 6-11 所示。

（3）扶手

栏杆或栏板的上部都要设扶手，扶手可用硬木制作或用钢管、塑料制品，在栏板上缘抹水泥砂浆或做成水磨石等，如图 6-12 所示。

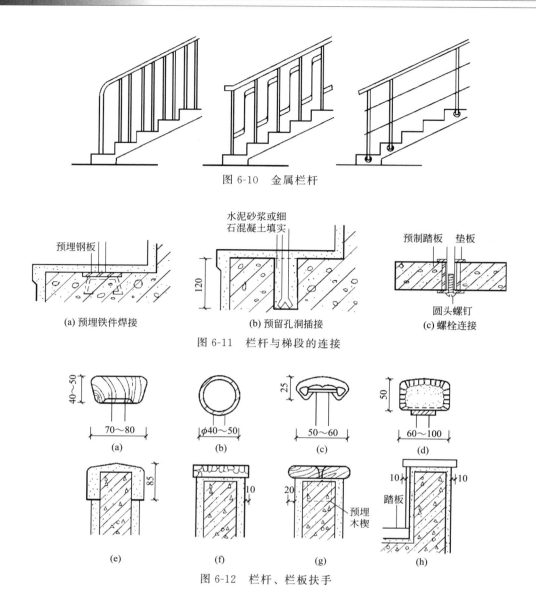

图 6-10　金属栏杆

（a）预埋铁件焊接　　（b）预留孔洞插接　　（c）螺栓连接

图 6-11　栏杆与梯段的连接

图 6-12　栏杆、栏板扶手

6.3　台阶与坡道

6.3.1　台阶

（1）台阶的形式

台阶由踏步和平台组成，有室内台阶和室外台阶之分。室外台阶宽度应比门每边宽出 500mm 左右。台阶踏步宽度不大于 300mm，踏步高度不宜大于 150mm，踏步数不少于 2 级。

台阶的形式有单面踏步式、三面踏步式，单面踏步式带方形石、花池或台阶，或与坡道结合等，如图 6-13 所示。

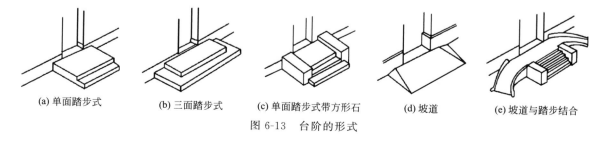

（a）单面踏步式　　（b）三面踏步式　　（c）单面踏步式带方形石　　（d）坡道　　（e）坡道与踏步结合

图 6-13　台阶的形式

台阶的构造有垫层和面层两大部分。面层可采用地面面层的材料，如水泥砂浆、天然石材、缸砖等。垫层可采用混凝土材料，北方季节性冰冻地区可在混凝土垫层下加做砂垫层。

（2）台阶的构造

台阶应等建筑物主体工程完成后再进行施工，并与主体结构之间留出约10mm的沉降缝。台阶由面层、垫层、基层等组成，面层可采用水泥砂浆、混凝土、水磨石、缸砖、天然石材等耐气候作用的材料。台阶类型及构造如图6-14所示。

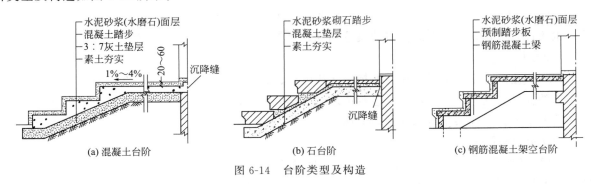

图 6-14 台阶类型及构造

6.3.2 坡道

（1）坡道的形式

坡道有室内坡道和室外坡道之分。室外坡道的坡度不宜大于 1∶10，室内坡道的坡度不大于 1∶8，无障碍坡道的坡度为 1∶12。

坡道分为行车坡道和轮椅坡道，行车坡道又分为普通行车坡道和回车坡道，如图6-15所示。普通行车坡道的宽度应大于所连通的门洞宽度，一般每边至少≥500mm。坡道的坡度与建筑的室内外高差和坡道的面层处理方法有关。回车坡道的宽度与坡道半径及车辆规格有关。轮椅坡道：坡度不宜大于 1∶12，宽度不应小于0.9m；坡道在转弯处应设休息平台，其深度不小于1.5m。无障碍坡道，在坡道的起点和终点，应留有深度不小于1.50m的轮椅缓冲地带。

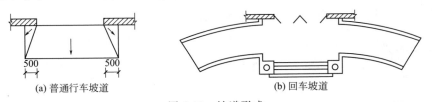

图 6-15 坡道形式

（2）坡道的构造

坡道的构造与台阶基本相同，垫层的强度和厚度应根据坡道上的荷载来确定，季节冰冻地区的坡道需在垫层下设置非冻胀层，各种坡道构造如图6-16所示。

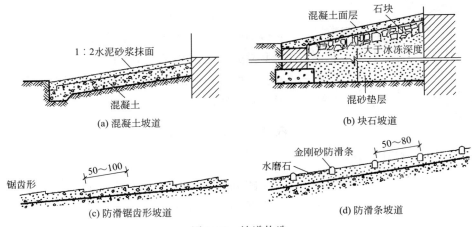

图 6-16 坡道构造

6.4 电梯与自动扶梯

6.4.1 电梯

当住宅的层数较多（7层及7层以上）或建筑从室外设计地面至最高楼面的高度超过16m时，应设置电梯；4层及4层以上的门诊楼或病房楼、高级宾馆（建筑级别较高）、多层仓库及商店（使用有特殊需要）等，也应设置电梯；高层及超高层建筑达到规定要求时，还要设置消防电梯。

6.4.1.1 电梯的类型

按电梯的用途分：乘客电梯、住宅电梯、病床电梯、客货电梯、载货电梯、杂物电梯。

按电梯的拖动方式分：交流拖动（包括单速、双速、调速）电梯、直流拖动电梯、液压电梯。

按消防要求分：普通乘客电梯和消防电梯。

6.4.1.2 电梯的布置要点

① 电梯间应布置在人流集中的地方，而且电梯前应有足够的等候面积，一般不小于电梯轿厢面积。供轮椅使用的候梯厅深度不应小于1.5m。

② 当需设多部电梯时，宜集中布置，有利于提高电梯使用效率，也便于管理维修。

③ 以电梯为主要垂直交通工具的高层公共建筑和12层及12层以上的高层住宅，每栋楼设置电梯的台数不应少于2台。

④ 电梯的布置方式有单面式和对面式。电梯不应在转角处紧邻布置，单侧排列的电梯不应超过4台，双侧排列的电梯不应超过8台。

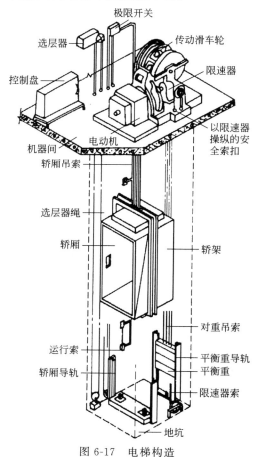

图 6-17 电梯构造

6.4.1.3 电梯的组成

电梯由井道、机房和轿厢三部分组成，如图6-17所示。

（1）井道

电梯井道是电梯轿厢运行的通道。电梯井道可以用砖砌筑，也可以采用现浇钢筋混凝土墙。砖砌井道一般每隔一段应设置钢筋混凝土圈梁，供固定导轨等设备用。

电梯井道应只供电梯使用，不允许布置无关的管线。速度不低于2m/s的载客电梯，应在井道顶部和底部设置不小于600mm×600mm带百叶窗的通风孔。

（2）机房

机房一般设在电梯井道的顶部，面积要大于井道的面积，通往机房的通道、楼梯和门的宽度不应小于1.20m。机房机座下除设置弹性垫层外，还应在机房下部设置隔声层。

（3）轿厢

轿架是轿厢的承载结构，轿厢的负荷（自重和载重）由它传递给曳引钢丝绳。当安全钳动作或蹲底撞击缓冲器时，还要承受由此产生的反作用力，因此轿厢架要有足够的强度。轿厢架一般由上梁、立柱、底梁和拉条（调节轿底水平度，防止底板倾翘）等组成。

6.4.2 自动扶梯

（1）尺寸和参数

自动扶梯的倾斜角不应超过30°，当提升高度不超过6m，额定速度不超过0.50m/s时，倾斜角允许增至35°；倾斜式自动人行道的倾斜角不应超过12°。宽度有 600mm（单人）、800mm（单人携物）、1000mm、1200mm（双人）。自动扶梯与扶梯边缘楼板之间的安全间距应不小于 400mm。交叉自动扶梯的载客能力很高，一般为 4000～10000 人/h。

（2）布置方式

自动扶梯的布置方式分为并联排列式、平行排列式、串联排列式、交叉排列式，如图 6-18 所示。

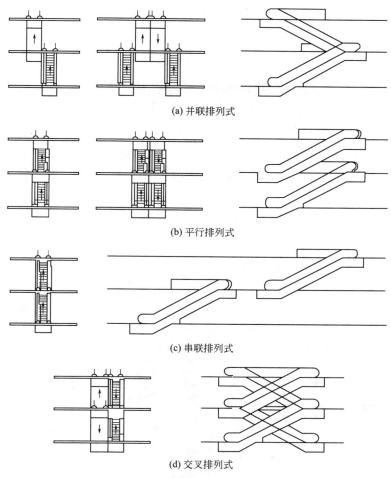

(a) 并联排列式

(b) 平行排列式

(c) 串联排列式

(d) 交叉排列式

图 6-18　自动扶梯的布置方式

6.5　建筑施工图楼梯的三维绘制

① 绘制楼梯。以 3600mm×2400mm 的楼梯进行讲解，如图 6-19 所示，打开 Revit。

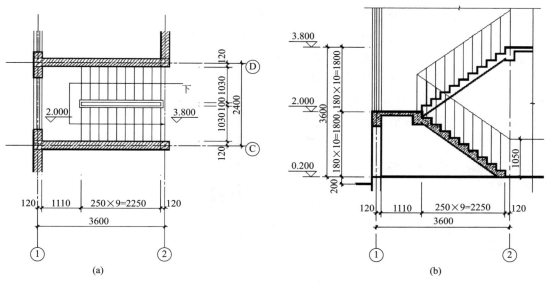

图 6-19　楼梯模型

② 在项目浏览器中双击南立面视图，在"建筑"选项卡"基准"面板中选择"标高"工具，进行"标高"绘制，如图 6-20 所示。

③ 单击"建筑"选项卡"楼梯坡道"面板上的"楼梯"按钮，在下拉列表中选择"楼梯（按草图）"，如图 6-21 所示。在"属性"面板中设置楼梯参数，选择楼梯类型为"整体浇筑楼梯"，"限制条件"和"尺寸标注"参数设置如图 6-22 所示。

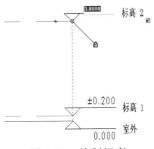

图 6-20 绘制标高

图 6-21 楼梯设置

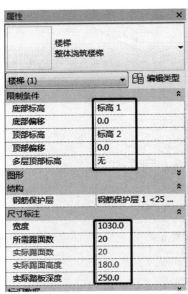

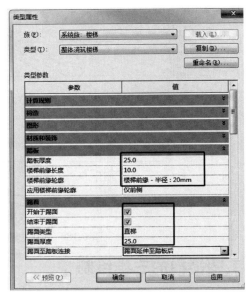

图 6-22 楼梯的属性

二维码 6.1

注意：在 Revit 中，楼梯的绘制方法有两种，一种是"楼梯（按构件）"，另一种是"楼梯（按草图）"，前者绘制的楼梯是软件预设好的，相当于在工厂预制好了在现场直接安装，不便于后期对楼梯的修改编辑；后者绘制的楼梯运用比较灵活，相当于我们自己设计好楼梯样式，然后成型，对于后期楼梯的编辑很方便，所以一般绘制楼梯会选择第二种方式。

④ 单击楼梯命令后，软件进入"创建楼梯草图"的工作界面，在"绘制"面板中有"梯段""边界""踢面"三个选项，如图 6-23 所示。

⑤ 选择"梯段"如图 6-24 所示，单击需要绘制的踢面边界线，以其为起点进行绘制，如图 6-25 所示。

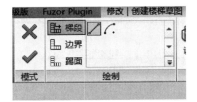

图 6-23 楼梯的形式

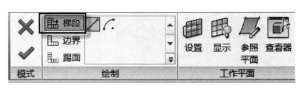

图 6-24 楼梯的绘制组成

注意：选择"梯段"可以直接绘制楼梯，"梯段"绘制出来的楼梯草图包括下面的"边界"和"踢面"，一般用梯段可以绘制直梯、弧形楼梯等；"边界"和"踢面"不能单独绘制成楼梯，只有两者结合才能形成楼梯，一般创建异形楼梯时用"边界"和"踢面"去绘制比较方便。

完成楼梯草图的绘制。单击"模式"面板中"完成编辑模式✔"，最终完成楼梯的绘制。绘制的楼梯完成后，如需修改栏杆扶手类型，可以在楼梯绘制平面或三维视图中选中栏杆扶手在属性栏中进行修改。

⑥ 绘制好 3600mm×2400mm 楼梯三维模型，如图 6-26 所示。

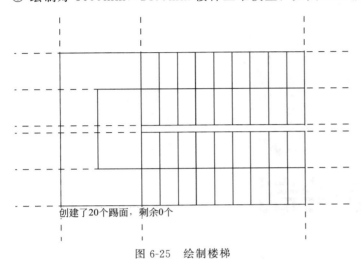

创建了20个踢面，剩余0个

图 6-25 绘制楼梯

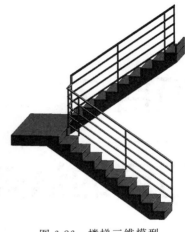

图 6-26 楼梯三维模型

❓ 能力训练题

1. 按楼梯的平面形式，楼梯可分为（　　　）、（　　　）、（　　　）、（　　　）、（　　　）、（　　　）、（　　　）、（　　　）、（　　　）、（　　　）、（　　　）等。

2. 楼梯一般由（　　　）、（　　　）、（　　　）三部分组成。

3. 中小学和高层建筑室外楼梯栏杆高度不应小于（　　　）。

A. 1.30m　　　　　　B. 1.10m　　　　　　C. 1.20m　　　　　　D. 1.00m

4. 坡道有室内坡道和室外坡道之分，室外坡道的坡度不宜大于（　　　）。

A. 1∶10　　　　　　B. 1∶5　　　　　　C. 1∶12　　　　　　D. 1∶8

5. 自动扶梯的倾斜角不应超过（　　　）。

A. 30°　　　　　　B. 60°　　　　　　C. 45°　　　　　　D. 15°

6. 下面（　　　）楼梯不可以作为疏散楼梯。

A. 直跑楼梯　　　　B. 剪刀楼梯　　　　C. 螺旋楼梯　　　　D. 平行双跑楼梯

7. 每个梯段的踏步数以（　　　）为宜。

A. 2～10 级　　　　B. 3～10 级　　　　C. 3～18 级　　　　D. 3～15 级

8. 楼梯段部位的净高不应小于（　　　）。

A. 2200mm　　　　B. 2000 mm　　　　C. 1950mm　　　　D. 2400mm

9. 踏步高不宜超过（　　　）。

A. 175mm　　　　　B. 300 mm　　　　　C. 210mm　　　　　D. 200mm

10. 室内楼梯栏杆扶手的高度通常为（　　　）。

A. 850mm　　　　　B. 900 mm　　　　　C. 1100mm　　　　　D. 1500mm

项目 7

门窗的认知与绘制

学习目标

知识目标：通过门窗相关知识的学习，使学生了解门窗的分类、特点及适用范围，掌握门窗的构造。

能力目标：了解门窗的作用，熟悉门窗的分类、特点，熟悉门窗的构造组成，能够利用 Revit 独立绘制门窗三维模型。

素质目标

通过门窗项目引领与学习任务，引导学生理论联系实际，培养学生树立认真负责、精益求精的工作态度，严格遵守设计标准的职业操守、自主学习新技术的创新能力。

学习任务

（1）门窗的作用有哪些？主要作用是什么？门窗有哪些开启方式和适用范围？门窗的形式和尺度有哪些？

（2）根据图 7-1 门的平面图、立面图及三维图，用 Revit 绘制出其三维模型。

（3）根据图 7-2 窗的平面图、立面图及三维图，用 Revit 绘制出其三维模型。

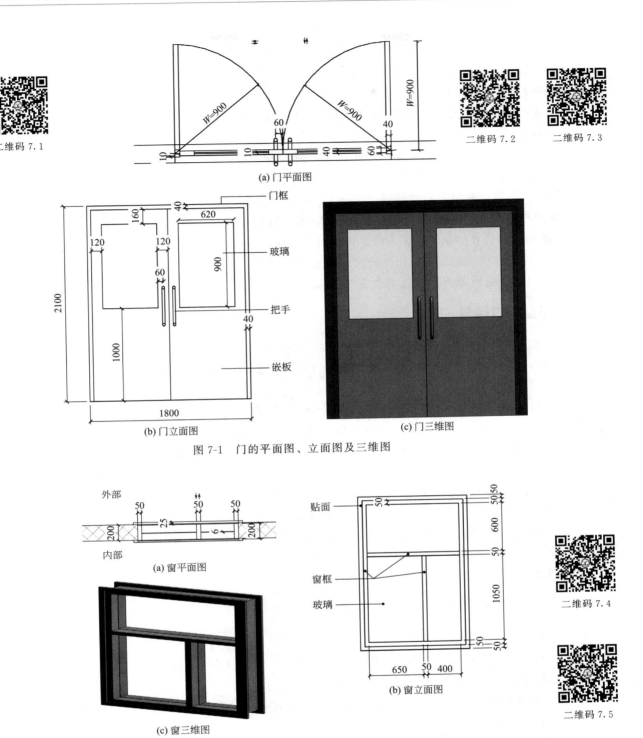

二维码 7.1

二维码 7.2　二维码 7.3

(a) 门平面图

(b) 门立面图

(c) 门三维图

图 7-1　门的平面图、立面图及三维图

二维码 7.4

二维码 7.5

(a) 窗平面图

(c) 窗三维图

(b) 窗立面图

图 7-2　窗的平面图、立面图及三维图

7.1　门窗概述

门与窗是建筑物围护结构的重要组成部分。根据不同的设计要求分别具有保温、隔热、隔声、防水、防火等功能。同时门窗的大小尺寸、数量位置、材料造型、组合排列的方式等，也影响着建筑物造型。因此，对门窗总的要求应是坚固、耐用、开启方便、关闭紧密、功能合理并便于维修。

（1）门的功能

① 通行：门是人们进出室内外和各房间的通行出口，它的大小、数量、位置、开启方向要按照相关规范来设计。

② 疏散：当有火灾、地震等紧急情况发生时，门起到安全疏散的作用。

③ 围护：门是房间保温、隔声及防自然侵害的重要配件。

④ 采光通风：半玻璃门、全玻璃门或门上设小玻璃窗（亮子），可用作房间的辅助采光，也是与窗组成房间自然通风的主要配件。

⑤ 美观：门是建筑入口的重要组成部分，门设计的好坏直接影响建筑物的立面效果。

（2）窗的功能

① 采光与日照：各房间都需要一定的亮度，通过窗的自然采光有益于人的健康，同时也节约能源，所以要合理设置窗（位置和尺寸）来满足不同房间室内的采光要求。

② 通风：设置窗来组织自然通风、调换空气，可以使室内空气清新。

③ 围护与调节温度：窗不仅开启时可通风，关闭时还可以起到控制室内温度的作用，如冬季减少热量散失，避免自然侵袭如风、雨、雪等。窗还可起防盗等围护作用。

④ 装饰：窗占整个建筑立面比例较大，对建筑风格起到至关重要的装饰作用。如窗的大小、形状布局、疏密、色彩、材质等直接体现了建筑的风格。

7.1.1　门窗洞口规范

砖混、短肢剪力墙及框架等结构的一次和二次结构在施工图中表述的"洞口尺寸"默认为"结构预留洞口尺寸"，不含装饰面层。洞口尺寸应符合《建筑门窗洞口尺寸系列》（GB/T 5824—2021）的规定，下面简单介绍下相关规定。

① 门窗洞口标志尺寸：符合门窗洞口宽、高模数数列的规定，用以标注门窗水平、垂直方向定位线的垂直距离，是门窗宽、高构造尺寸与洞口宽、高构造尺寸的协调尺寸，单位均为 mm。

② 门窗洞口宽、高定位线：门窗洞口的定位线是协调门窗与洞口之间相互位置的基准，如图 7-3 所示。

③ 门窗洞口规格型号：以门窗洞口标志宽度和高度的千、百、十位数字，前后顺序组成用四位数字表示，若不足 1000mm，则前面加个 0，如宽 900mm、高 2100mm，型号为 0921。

④ 门窗安装构造缝隙尺寸：为区分门窗洞口定位线与门窗构造尺寸和洞口构造尺寸之间的不同情况的缝隙尺寸，以符号 J_1、J_2、J_3 等表示。

⑤ 建筑门窗洞口尺寸如表 7-1、表 7-2 所示。

7.1.2　门窗材质的选择

（1）木材

加工修理方便，挡光较多，保温性能优，但易变形。不同的材质都有不同的优缺点，利用材质的特点满足设计使用需求，下面简单介绍以下木材。

① 沙比利（筒状非洲棘）：产于非洲热带地区，木材纹路交错，有时伴随着波状纹理，红褐色的纹理具有闪光感和立体感，给人以华贵的感觉。

② 樱桃木：分布于美国东部地区，芯材颜色由艳红色至红棕色，日晒后颜色变深。纹路细致、均匀、平直，纹理平滑，带有棕色树心斑和细小的树胶窝，多用于高档室内装饰。

③ 柚木：分布于东南亚国家，具有油性光亮的金色光泽，材色均一，纹路通直，耐腐、耐磨等特性良好，色调高雅，变形小且稳定性好。

④ 黑胡桃：分布于美国东部地区，中等密度的坚韧硬木，纹路通常为直纹，有时伴随波纹状或曲线形纹路，具有较强的装饰作用、良好的抗弯和抗断性，多用于家具、门、地板等的制造，与浅色木材并用以产生比对效果的一种好木材。

（2）钢

标准钢料坚固耐久、防火、经济，但挡光少，易锈蚀，保温性能差。

（3）不锈钢

装饰效果优异，不生锈，但造价高。

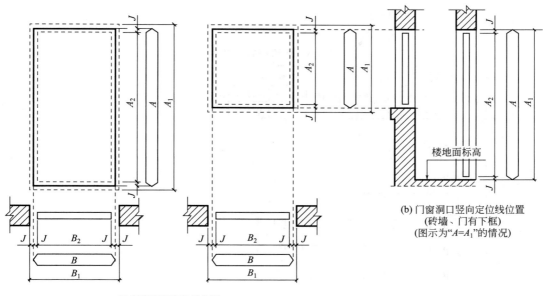

(a) 门窗洞口定位线位置
(图示为"$A<A_1$且$B<B_1$"的情况)

(b) 门窗洞口竖向定位线位置
(砖墙、门有下框)
(图示为"$A=A_1$"的情况)

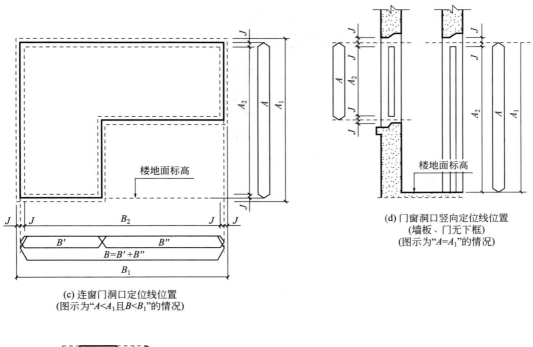

(c) 连窗门洞口定位线位置
(图示为"$A<A_1$且$B<B_1$"的情况)

(d) 门窗洞口竖向定位线位置
(墙板、门无下框)
(图示为"$A=A_1$"的情况)

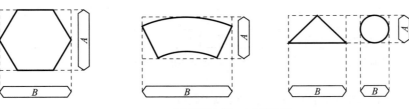

(e) 非矩形门窗洞口定位线位置

注：连窗门洞口标志总宽度符合门洞口标志宽度参数。

图 7-3　门窗洞口定位线位置示意

A—门窗洞口高度标志尺寸；A_1—门窗洞口高度构造尺寸；A_2—门窗高度构造尺寸；B—门窗洞口宽度标志尺寸；
B_1—门窗洞口宽度构造尺寸；B_2—门窗宽度构造尺寸；B'—门宽度构造尺寸；B''—窗宽度构造尺寸；J—安装缝隙尺寸

房屋建筑构造与BIM技术应用

表 7-1 建筑门洞口尺寸

标志尺寸/mm 参数级差			100			200	100				300					300				600		洞口数量/个
参数级差 洞高	洞宽	700*	800*	900	1000	1200	1400*	1500	1600*	1800	2000	2400	2700	3000	3300	3600	3900*	4200	4500*	4800	5400	6000	
	序号	1	2	3	4	5	6	7	8	9	10	11	12	13	14	15	16	17	18	19	20	21	
1500	1																						0+2
1800	2																						0+2
2000	3																						0+9
2100	4																						7+5
2200	5																						0+12
2300	6																						0+12
2400	7																						10+6
2500	8																						0+6
2700	9																						10+3
3000	10																						10+3
3300	11																						3+0
3600	12																						5+1
3900	13																						0+4
4200	14																						4+2
4800	15																						4+1
5100	16																						0+3
5400	17																						4+1
6000	18																						4+1
料口数量/个		0+8	0+9	4+4	0+8	4+4	0+5	4+3	0+7	4+3	4+2	4+2	4+2	5+0	5+1	6+1	0+5	5+3	0+5	4+2	4+0	3+0	60+72

注：1.粗线和细线分别表示门洞口标志宽、高的基本或辅助参数及规格，"□"表示门洞口竖向下方定位线高于楼地面（建筑完成面）。

2.建筑门洞口标志高度小于1800mm的两个基本规格，仅适用于门洞口的竖向下方定位线高于楼地面（建筑完成面）标高的情况。

3.＊表示门洞口标志宽、高的辅助参数。

表 7-2　建筑窗洞口尺寸

注：1. 粗线和细线分别表示窗洞口标志宽、高的基本或辅助参数，高的基本或辅助参数系列及规格。
2. 建筑窗洞口标志高度 1400mm、1600mm 两个辅助参数系列的 38 个窗洞口辅助规格，系供民用建筑和条件相当的其他建筑选用。
3. 建筑窗洞口标志宽度 4500mm 辅助参数系列的 16 个辅助规格，系供工业等建筑纵、横外墙适当部位选用的。
4. * 表示洞口标志宽、高的辅助参数。

（4）铝合金

挤压成型、装饰效果好，具有美观、密封、强度高等优点，广泛应用于建筑装饰工程中，但韧性不好，色调冷，隔声隔热差，保温差，耗能高。断桥铝合金有穿条和注胶两种形式，具有质轻、强度高、良好的水密性和气密性等优点，采光面大，耐大气腐蚀，使用寿命高，节能隔热，兼顾美观。

（5）塑钢

绝热保温、隔声效果好，耐冲击、强封闭性等综合性能好，性价比高，可配成各种颜色供选取。大框格、宽玻璃的框架结构有利于室内采光。但一般塑钢采用 PVC 材料，刚性不好，燃烧时会产生毒素，防火性、安全性、防盗性和通风质量劣于铝合金，易变形老化、水密性能不佳、易积水等。

（6）玻璃

玻璃是影响门窗性能的主要材料之一，经过加工或改变其化学成分可以得到不同性能要求的玻璃如钢化玻璃等，常用于制作室内隔断无框地弹门等。

（7）玻璃钢

即玻璃纤维增强材料，是一种新型复合型材料，具有质轻、高强、防腐、保温、绝缘、隔声等优点。

7.1.3　门窗设计要求

在设计阶段时应充分考虑门窗的性价比，力求整个工程造价与性能及功能相匹配，本节将介绍门窗设计时应注意的问题。

7.1.3.1　门

门是建筑的单元，是立面效果的装饰符号，最终体现出建筑的特点。门的开设数量和大小一般由交通疏散、防火规范和家具、设备大小等的要求确定。不同建筑的门，设计有不同的要求，且种类多样，但还是能找出一些规律。

（1）门立面要符合美学特点

① 比例的协调：门的高度一般以 3m 为模数，常见为 2100mm、2400mm 等，特殊情况以 1m 为模数，不宜小于 2000mm；门的宽度则以 1m 为模数，大于 1200mm 时以 3m 为模数。单扇门常见为 700～1000mm，双扇门为 1200～1800mm，门扇不宜过宽。其他辅助房间如卫浴等为 700～800mm。

② 分格有一定规律，考虑建筑整体效果要求：当添加亮子设计时可适当提高 300～600mm 的高度，还应该考虑光影效果等。

③ 颜色：颜色的配选与材质有关，是影响建筑最终效果的重要环节。

④ 个性化设计：满足用户爱好和审美，设计出定制的独特造型门。

（2）门主要用于采光通风、通行疏散、围护及美观，因此应具有良好的密闭性能、热工性能和安全性能

① 建筑功能使用需求：这是建筑的基本要求，因为建筑设计首要任务是为人们的生产和生活创造良好的环境。

② 采光和通风、防风雨及保温隔热要求：采用合理的基数措施为建筑安全、有效的建造和使用提供基本保证。随着人类社会物质文明的不断发展和生产技术水平的不断提高，可以运用在建筑工程领域的新材料、新技术层出不穷。建筑物门看似只与通风、采光有关，但因为要开启、有缝隙，故而涉及防风雨的密闭性问题，同时门也是热工性能薄弱的环节，因此还涉及保温隔热问题。

（3）不同功能的门设计有不同的要求

① 大门：主要以安全防盗为主，多选择美观、结实、具有厚重感的实木门。

② 书房：为保证安静的工作环境，设计上要求隔声效果好、透光性强、设计感强等，可在夹层添加吸声材质，添加磨砂玻璃等。

③ 厨房：为有效阻隔日常产生的油烟，设计时应注意防水、密封等性能，如带喷砂图案设计或半透光的半玻璃门。

④ 卫生间：注重私密性和防水性，可设计成半玻璃门，干湿区不分开的卫生间则考虑用塑钢或不锈钢材质进行设计。

⑤ 卧室：注重私密性，在造型和材质的选择上可以营造温馨的氛围，可采用透光性弱且坚实的木门，如嵌入磨砂玻璃设计等。

门设计首先要保证强度及刚度要求，只有保证了强度和刚度要求，才能保证使用的安全性，型材和玻璃才不易被损坏。

门扇开启的设计需要充分考虑开启位置周围的结构与家具布局。向墙的一侧开启时要对应门口，保证通风顺畅、开启便利无障碍且开启后对人体活动未造成不便利的影响。平开门和推拉门要充分考虑开启扇左右撇的设计。

7.1.3.2 窗

（1）分格设计

应在保持建筑设计风格不变的前提下考虑目前现有的结构配套是否能满足窗的功能需求。此外还应保证强度，寻求功能成本的最优方案。

（2）五金配件

了解厂家、产品名称及使用标准。

（3）型号选择

① 结合建筑物分格与性能要求及窗结构能实现的功能特点确定窗型。

② 根据功能和强度要求确定型材，如边框选择（根据外饰面宽与五金配件确定）、中梃选择（根据外饰面宽和强度要求确定）、扇框选择（根据分格尺寸确定）以及扣条选择（根据玻璃厚度和内饰效果确定）。

除了上述要求外，还应考虑加工难易程度及装配便利性，从而制定更优更合理的方案。型材下料优化单设计应尽量以原材料长度为 6000mm 设计。

（4）玻璃的选用

① 据地标高低于 900mm 的玻璃或面积超过 1.5m^2 时需要采用安全玻璃（夹胶或钢化）。

② 中空玻璃板幅过大时应考虑增加中空层厚度，单块玻璃面积不超过 2.5m^2。

除了上述介绍的基本要求外，不同功能需求的窗，在设计上也有对应的设计要求。

① 采光：窗的大小应满足窗地比（窗洞面积与房间净面积的比值）要求。窗的透光率（窗玻璃面积与窗洞口面积的比值）是影响采光效果的重要因素，如表 7-3 所示。

表 7-3 采光标准

等级	采光系数	运用范围
I	1/4	博览厅、制图室等
II	1/4～1/6	阅览室、实验室、教室等
III	1/6	办公室、商店等
IV	1/6～1/8	起居室、卧室灯
V	1/8～1/10	盥洗室、厕所等采光要求不高的房间

② 通风：确定窗的位置及大小时，应尽量选择对通风有利的窗型及合理的布置，以获得较好的空气对流。

③ 围护功能：窗的保温、隔热作用很大。窗的热量散失，相当于同面积围护结构的 2～3 倍，占全部热量的 1/4～1/3，应注意防风沙、雨淋。窗洞面积不可任意加大，以避免热量损耗。

④ 隔声：窗是噪声的主要传入途径。一般单层窗的隔声量为 16～20dB，比墙体隔声少了 1/2 左右。双层窗的隔声效果较好，但应慎用。

⑤ 美观：窗的样式在满足功能要求的前提下，力求做到形式与内容的统一和协调，同时还必须符合整体建筑立面处理要求。另外窗的尺寸应符合模数相关规定。

接下来介绍功能区窗型的设计。

① 卧室及客厅：多设计平开窗或内开窗。平开窗具有良好的气密性和隔声效果，同时开启方便，易清洁，满足功能区的通风使用功能。

② 卫生间：洞口较小且细长，通常设计为内开下悬窗，满足通风换气要求，不占使用空间。但开启时防雨性能差，当设计为外开悬窗时，关闭需要将手臂伸出窗外，安全性差且开启角度有局限。

③ 餐厅及厨房：根据工程实际洞口大小及房间布局、外饰面装饰要求等方面设计，没有固定模式，可设计为平开窗、悬窗、推拉窗等。

④ 楼梯间及过道：公用场合保温性能要求低，保养性差，多设计为推拉窗，开启不占室内空间，且避免刮碰，便于维护清洁且经济实惠。

在满足房间通风要求及玻璃清洁性的前提下，开启扇要尽量少设置，以降低成本，提高气密性、水密性以及保温性，同时保证视野通透性。分格设计也需要与整体建筑立面相协调，同一层的门窗高度分格需要相对应，以提高建筑立面效果。

门窗气密性能及水密性能设计：

① 水密性能与门窗杆件强度、胶条断面、材质、排水系统、结构设计有关。胶条多采用三元乙丙橡胶（EPDM），保证较好的弹性及抗老化性能，但胶条密封的玻璃槽依然会有渗漏情况，因此需要铣排水孔、槽。

② 门窗框与墙体的连接点直接影响门窗水密性能，应用单组分发泡胶填塞间隙，同时墙体胶选用单组分中性硅酮密封条。

③ 气密性能与门窗杆件强度、胶条密封效果、五金配件加工等有关。在北方地区冬季寒冷，因此气密性尤为重要。塑窗因型材自身强度及刚性差、易变形，导致漏风严重，在设计时可增加锁点数量。平开窗的合页一侧可增加隐藏式合页达到密封作用。

7.2 门

门总是引人注目的，是建筑物的脸面，占尽了出入口的区位优势。门是分隔有限空间的一种实体，它的作用是可以连接和关闭两个或多个空间的出入口。门的种类繁多，让人眼花缭乱，因此系统地了解门的构造有利于提高对门的全面认识。

7.2.1 门的分类

目前市面上的门款式花样百出，材质种类有木材、玻璃、合金等组合，令门有了更为亮丽的外观，也让消费者在应对不同需求时有了更多的选择和搭配。

（1）按材料分

① 实木门：指制作木门的材料是取自森林的天然原木或者实木集成材，多选用名贵木材，如胡桃木、柚木、红橡、水曲柳等。

② 铁门：由钢管或者铁管或铁板及合页组成，分为防盗铁门、工艺铁门、不锈钢铁门、电镀金属门等。

③ 塑料门：采用 U-PVC 塑料型材制作而成，具有抗风压、水密性、气密性、保温等性能。

④ 玻璃门：一种特殊形式的门扇，厚度不足以归类为实心门，同时不属于异形门。分钢化玻璃门、磨砂玻璃门和普通浮法玻璃门。

⑤ 不锈钢门：用不锈钢色彩的钢板材料剪压加工而成的门，多用于入户门，和普通门外观一样，主要材料是经真空镀色处理的不锈钢板材，里面的填充物一般是木板、胶水、泡沫或者蜂窝纸，分纯不锈钢彩板门和不锈钢彩板骨架门。

⑥ 铝木门：从"生态家居"中衍生的概念，门框和门扇包边采用高科技航天铝材料精制而成，富有金属质感，强度高且永不褪色、永不变形。门芯采用接方原木和具有极强吸声效果的铝蜂窝门板，具有防霉、隔声、防潮、耐磨等性能。

不同材料的门如图 7-4 所示。

（2）按位置分

① 内门：相对于防盗门等外部门而言的居室门，主要起到划分空间、保护私密等作用。

② 外门：指外墙上的门，入户门、防盗门等。

图 7-4　不同材料的门

（3）按开户方式分

① 平开门：指合页装于门侧面、向内或向外开启的门，由门套、合页、门扇、锁等组成，根据门扇的数量可分为单开门和双开门。

② 推拉门：可以推动拉动的门，根据使用方式分为电动推拉门、手动推拉门以及自动推拉门等。

③ 弹簧门：装有弹簧合页，开启后会自动关闭的门，由弹簧门轨道、控制器、电机、感应器、皮带张紧轮部件、吊轮以及皮带组成。最常见的是地弹门，多用于公共场所和紧急出口通道。

④ 折叠门：由门框、门扇、传感部件、转臂部件、传动杆以及定向装置组成，适用于多种场所，起隔断作用，根据样式分为挂式折叠门和推拉式折叠门。

⑤ 卷帘门：由多关节活动的门片串联在一起，在固定的滑道内，以门上方卷轴为中心转动上下的门，通常被广泛运用于店铺，起水平分隔作用，根据开启方式分手动卷帘门和电动卷帘门。

⑥ 旋转门：集聚各种门体优点于一身，其宽敞和高格调的设计营造出奢华的气氛，堪称建筑物的点睛之笔。旋转门增强了抗风性，减少了空调能源消耗，是隔离气流和节能的最佳选择，常用于酒店、商场、机场等出入口系统。

不同开户门见图 7-5。

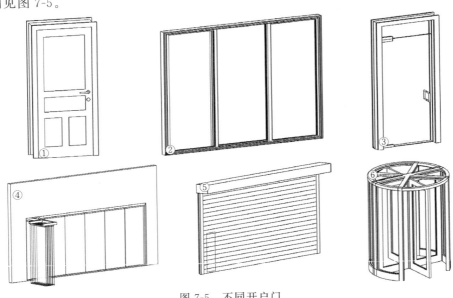

图 7-5　不同开户门

（4）按作用分

① 进户门：有纯钢制进户门、不锈钢门以及装甲门。

② 室内门：指卧室房间或者书房入口的门。

③ 防火门：由消防部经济部认可，防火门耐火试验法测试合格，并取得经济部标准检验局核发的验证登录证书及授权标识的门，设置在防火区间、疏散楼梯间及垂直竖井等区域。

7.2.2 门的构造

如图 7-6 所示，门由门框上槛、玻璃、亮子、中横档、门樘边框、门扇、中竖梃等组成。门框是门与建筑墙体、柱、梁等构件连接的部分，起固定作用，还能控制门扇开启的角度，又叫作门樘，一般由两边垂直边梃和自上而下的上槛、中槛和下槛的水平构件组成。门扇则是可供开启的部分。门轴是开启或关闭时的旋转轴，多为金属合页或铰链。把手是手动开启或关闭门的装置。而门锁则起锁门防盗作用，有时与把手成为一体。

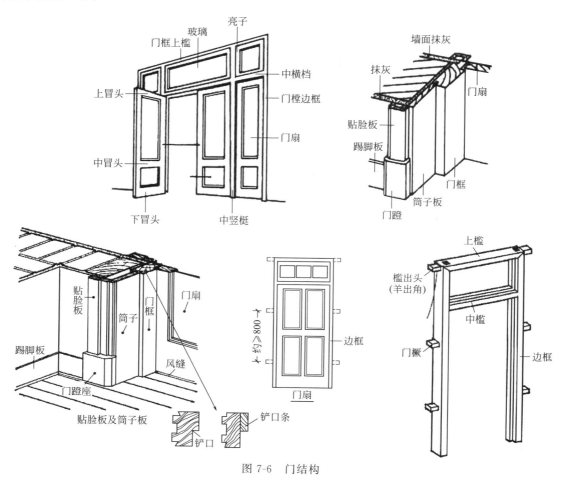

图 7-6　门结构

在确定门窗洞口高度时，还应尽可能使门窗顶部高度一致，以便取得统一的效果。

门的宽度指标如表 7-4 所示。

表 7-4　门宽度指标

层数	耐火等级		
	一、二级	三级	四级
	宽度指标/（m/百人）		
一、二层	0.66	0.80	1.00
三层	0.80	1.00	—
三层以上	1.00	1.26	—

各类型门扇样式、构造做法不尽相同，但门框基本相同，分有亮子和无亮子两种。接下来简单介绍一下常见的门构造。

（1）木门

如图 7-7 所示，木门门框由门樘冒头、中横档、门樘边梃和门贴脸等组成。门框的冒头与边梃的结合通常在冒头上打眼，在边梃端头开榫。

有门上亮子的门框应在门扇上方设置中横档。门框边框与中横档的连接是在边梃上打眼，中横档两边开榫。

门扇按骨架和面板拼接方式，一般分为镶板式门扇和贴板式门扇。镶板式面板一般用实木板、纤维板、木屑板等，贴板门面板多用胶合板和纤维板，如图 7-8 所示。

（2）铝合金门

铝合金门框是利用转角件、插接件、紧固件组装成的门扇和框，多采用直插形式，很少采用 46°斜接，直插较为牢固简便，加工简单。附件有导向轮、门轴、密封条、密封垫、橡胶密封条、开闭锁、拉手、把手等。

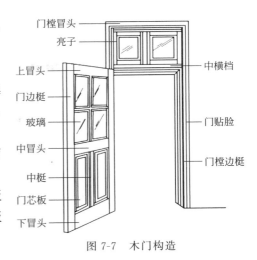

图 7-7　木门构造

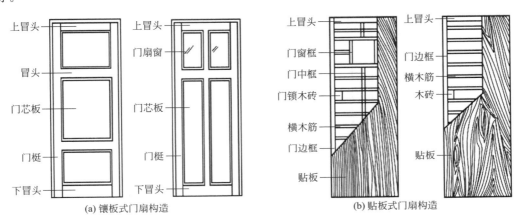

(a) 镶板式门扇构造　(b) 贴板式门扇构造

图 7-8　门扇构造

铝合金推拉门多用于内门，构造特点为它是由不同断面型材组合而成。上框为槽形断面，下框为带导轨的凸形断面，两侧竖梃为另一种槽形断面，共四种型材组合成窗框与洞口固定，如图 7-9 所示。

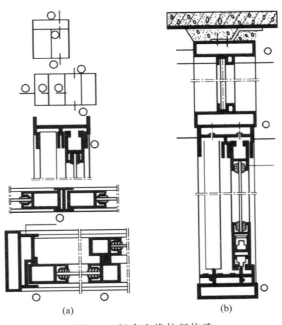

(a)　(b)

图 7-9　铝合金推拉门构造

铝合金平开门的开启均采用地弹簧装置，如图7-10所示。

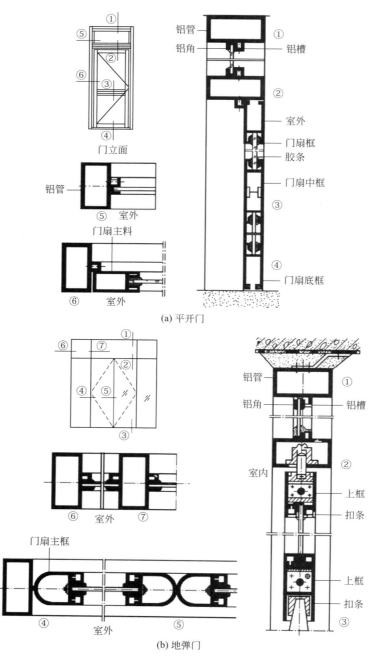

图7-10　铝合金平开门构造

铝合金门框与洞口的连接采用柔性连接，门框外侧用螺钉固定不锈钢锚板，当外框与洞口安装时，经校正定位后，锚板与墙体埋件焊接牢固，或使用射钉将锚板钉入墙体，框外侧与墙体之间的缝隙内填充沥青麻丝，外抹水泥砂浆填缝，表面用密封膏嵌缝，玻璃安装采用嵌缝条或橡胶密封条。

（3）钢制门构造

钢制门与木门相比较牢固、耐久、耐火，且密闭性能优越，节省木材，透光面积大，多用作建筑外围护构件。

平开实腹钢制门的门扇由型钢构成，分一般门和防风沙门；空腹门骨料由普通碳素钢经轧制后高频焊接而成，分有框钢质门和无框钢质门。

大面积的钢质门可用基本单元进行组合：T形钢、钢管、角钢或槽钢等。标准的钢制门尺寸以洞口尺寸为标志尺寸，与洞口之间留有10～20mm灰缝宽度，填充砂浆。

（4）塑料门

塑料门门框由空异型材 46°斜面焊接拼接而成。镶板式门扇则由一些大小不相等的中空异型门芯板通过企口缝拼接而成，在门扇两侧衬以增强异型材，紧固螺栓穿透的两层中空层壁。

门扇与门框之间一侧通过铰链相连接，另一侧则通过门边框与门框搭接。门盖板一侧嵌固在门框断面凹槽处，如图 7-11 所示。

塑料门外侧由锚铁固定，锚铁的两翼安装时用射钉与墙体固定或与墙体预埋件焊接，也可以用木螺钉直接穿过门框异型材与木砖连接，从而与墙体固定。框与墙之间预留一定间隙，作为适应 PVC 伸缩变形的余量，在间隙外侧采用弹性封缝材料密封，再进行墙面抹灰。

安装玻璃时应注意不可直接放置在 PVC 异型材玻璃槽上，应在玻璃四边垫上不同厚度的玻璃垫块，接着用玻璃压条将其固定。

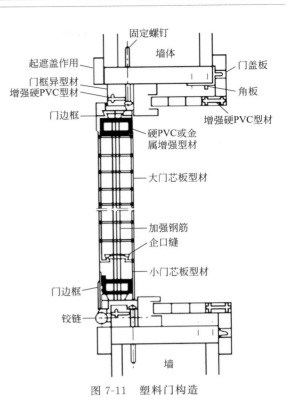

图 7-11　塑料门构造

7.3　窗

窗在建筑学上是指墙或屋顶上建造的洞口，用以使光线或空气进入室内。

现代的窗由窗框、窗扇和活动构件（铰链、执手、滑轮等）三部分组成。窗框负责支撑窗体的主结构，起固定及防止周围坍塌的作用，可以是木材、金属、陶瓷或塑料材料；窗扇是封闭窗洞的开关窗、吊窗连同其他配件或其他框架，可以是纸、布、丝绸或玻璃材料；活动构件主要以金属材料为主，在人手触及的地方也可能包裹以塑料等绝热材料。

7.3.1　窗的分类

（1）按材质分

① 塑钢窗：由塑钢型材装配而成的窗，其成本较高，但密闭性好，保温、隔热、隔声，表面光洁，便于开启。该窗与铝合金窗是目前应用较多的窗。

② 铝合金窗：由铝合金型材用拼接件装配而成的窗，其成本较高，但具有轻质高强、美观耐久、耐腐蚀、刚度大、变形小、开启方便等优点，目前应用较多。

③ 木窗：用松木、杉木制作而成的窗，具有制作简单，经济，密封性能、保温性能好等优点，但相对透光面积小，防火性能差，耗材，耐久性低，易变形、损坏等。过去经常采用此种窗，目前随着窗材料的增多，已基本上不再采用。

④ 塑料窗：采用塑料制成的窗，安装在外墙的塑料窗，由于受室内外温度不同的影响，同时还要经受风吹雨打日晒，必须考虑塑料对温差变化的承受能力和抗老化能力，此外还应考虑防火、防盗等性能。

窗类型按材质分见图 7-12。

（2）按开启方式分

① 平开窗：平开窗有内开和外开两种。其构造简单，制作、安装、维修、开启都比较方便，通风面积比较大，但因此种窗在外墙上外开时容易被风刮坏，内开时又占用空间，所以目前应用越来越少。

② 推拉窗：窗扇沿着导轨槽可以左右、上下推拉，具有不占据室内空间、外观优美、密封性能好等优点。但通风面积小，目前铝合金窗和塑钢窗均采用这种开启方式。

③ 固定窗：固定窗不需要窗扇，玻璃直接镶嵌于窗框上，不能开启，不能通风，通常用于外门的亮子和楼梯间等处，供采光观察和维护所用。

④ 悬窗：它根据水平旋转轴的位置不同分为上悬窗、中悬窗和下悬窗 3 种。为了避免雨水进入室内，

上悬窗必须向外开启；中悬窗上半部向内开、下半部向外开，此种窗有利于通风，开启方便，多用于高窗和门亮子；下悬窗一般内开，不防雨，不能用于外窗。

窗类型按开启方式分见图 7-13。

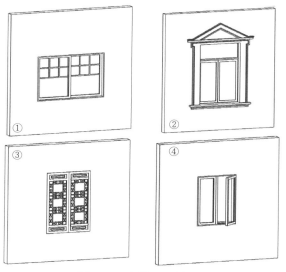

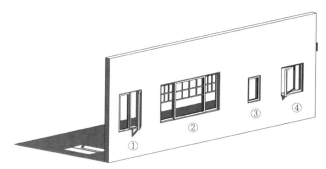

图 7-12　窗类型（材质）　　　　　　　　　　　　　图 7-13　窗类型（开启方式）

（3）按功能分

① 防火窗：由钢窗框、钢窗扇、防火玻璃组成，是能起隔离和阻止火势蔓延的窗。

② 隔声窗：由双层或三层玻璃与窗框组成，玻璃厚度不同，有效地控制了"吻合效应"和形成隔声低谷，另外在窗架内填充吸声材料，有效地吸收了透明玻璃的声波，使各频段噪声有效地得到隔离。

③ 保温窗：具有一定保温性能的可启闭的窗扇。在建筑节能设计中一般是指具有一定阻热能力的建筑透明外围护结构。

（4）按位置分

① 侧窗：在房间的一侧或两侧墙上开的采光口，构造简单，布置方便，造价低廉，光线具有明确的方向性，有利于形成阴影，视野广阔，因此应用广泛。一般安装在 1m 左右的高度。

② 天窗：设置在屋顶的窗。进深或跨度大的建筑物，室内光线差、空气不流通时，设置天窗可以增强采光和通风，改善室内环境。

除此之外还有百叶窗、古典造型窗、凸窗（飘窗）等，如图 7-14 所示。

7.3.2　窗的构造

窗的尺寸主要取决于房间的采光、通风、构造做法和建筑造型等要求，并符合现行《建筑模数协调标准》（GB/T 50002—2013）的规定，一般平开木窗的高度为 800～1200mm，宽度≤500mm；上下悬窗的窗扇高度一般为 300～600mm，中悬窗窗扇高度一般≤1200mm，宽度≤1000mm；推拉窗高度≤1500mm。各类窗的高度与宽度尺寸同时采用大规模的 3m 阵列作为洞口的标志尺寸，需要时只要按照所需类型及尺度大小直接选用。

（1）木窗

普通木窗由窗框和窗扇组成。窗扇分玻璃窗扇、纱窗扇、板窗扇和百叶窗扇等，还有铰链、窗钩、插销、拉手以及导轨、转轴、滑轮等五金零件，有时需要加设窗台板、贴脸、窗帘盒等，如图 7-15 所示。

窗框的连接方式与门框相似，也是在窗冒头两端做榫沿，边梃上端开榫头。窗扇的链接构造与木门略同，也是采用榫接合的方式，榫眼开在窗梃上，上、下冒头两端上做榫头，如图 7-16 所示。

窗框在墙中的位置，一般是与墙内表面平齐，安装时窗框突出砖面 20mm，保证与墙面抹灰面平齐，窗框与抹灰的交界处应用贴脸板搭盖，贴脸板是指装置在门窗洞口内侧四周墙壁上，并与门窗筒子板连接配套的装饰线条板，由贴脸墩和贴脸板组成，用于阻止由于抹灰干缩形成裂缝，雨水渗入室内。

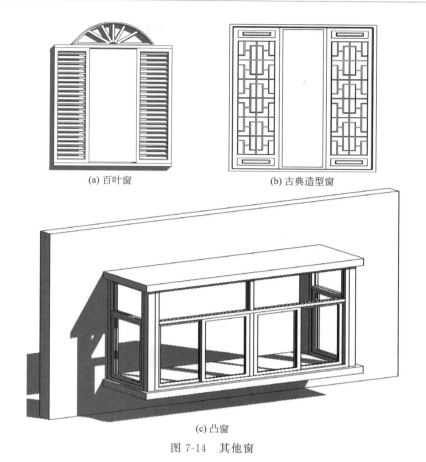

(a) 百叶窗　　　　　　　　(b) 古典造型窗

(c) 凸窗

图 7-14 其他窗

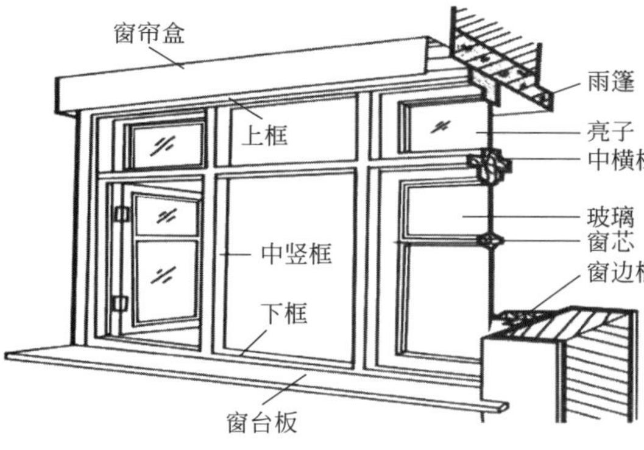

图 7-15 平开窗构造组成

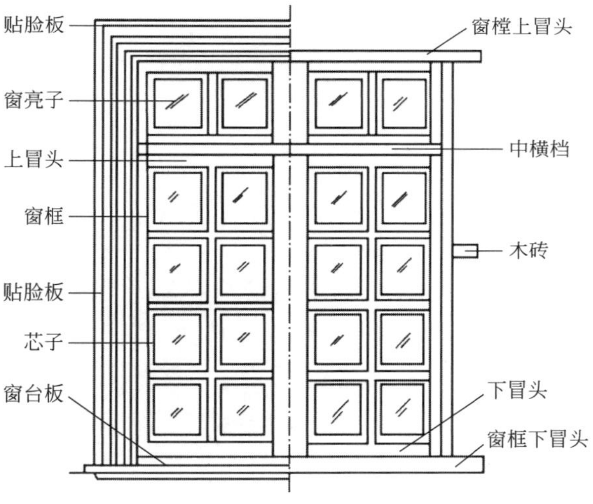

图 7-16 木窗构造

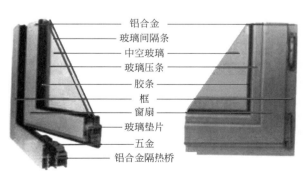

图 7-17 铝合金窗构造

（2）铝合金窗

铝合金窗多采用水平推拉式的开启方式，窗扇在窗框的轨道上滑动开启。窗扇与窗框之间用尼龙条进行密封，用于避免金属材料间的相互摩擦。玻璃卡在铝合金窗框凹槽内，并用橡胶压条固定，如图 7-17 所示。

铝合金平开窗的构造与一般窗接近，四角连接为直插或 46°斜接，合页选择铝合金、不锈钢，也可以用上下转轴开启，如图 7-18 所示。

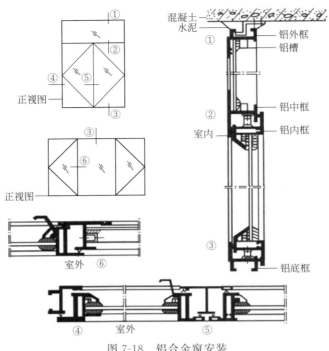

图 7-18 铝合金窗安装

（3）塑钢窗

塑钢窗是以 PVC 为主要原料制成的空腹多腔异型材料，中间设置薄壁加强型钢，经过加热焊接连接围成的窗框料，开启方式与铝合金窗基本相同，具有热导率低，耐弱碱，无须油漆并具有良好的气密性、水密性、隔声性等优点，如图 7-19 所示。

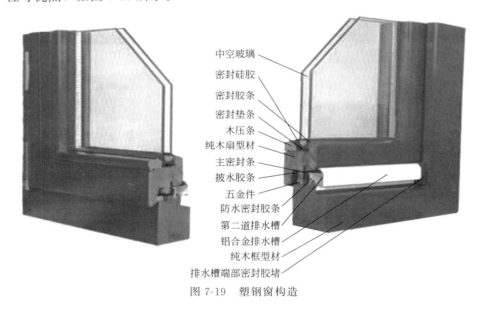

图 7-19 塑钢窗构造

（4）特殊窗

除了上述窗外，还有一些特殊窗如固定式通风高侧窗、防火窗、保温窗、隔声窗等。在南方地区因为气候特点而创造的多种形式的通风高侧窗具有能采光、能防雨，并且能常年进行通风的特点。

7.4 门窗三维模型绘制

在施工平面图中，不同开户方式的门窗也有不同的表达形式，本节将从门窗的平面表达方式到模型的创建进行讲解，进一步掌握门窗。

7.4.1　门模型的创建

如图 7-20 所示，单扇平开门在平面图中的有效信息包括门扇开启方向（左右和内外方向），箭头方向为门扇开启方向为左开，根据墙体位置判断为外开。而在立面图中门扇开启方向除了通过把手判别外，门扇上的虚线也能帮助判别，门锁边两个顶点向合页门边中点的两条虚线，图示表达的门为左开，此外在立面图中通常注重表达造型设计。

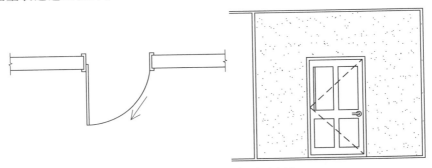

二维码 7.6

图 7-20　单扇平开门平面表达

① 以单扇平开木门 1200mm×2000mm 族的制作进行讲解。打开 Revit，单击族"新建"，选择样板文件"公制门"，如图 7-21 所示。

图 7-21　新建门族

② 进入编辑，在项目浏览器中，双击打开"楼层平面"视图，删除"公制门"样板中带的贴面，如图 7-22 所示。

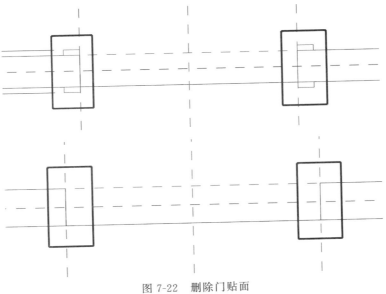

图 7-22　删除门贴面

③ 打开右侧项目浏览器，双击打开"楼层平面"视图，单击宽度尺寸标注，将宽度修改为"1200"，同理双击"立面"进入外立面视图，将高度修改为"2000"，如图 7-23 所示。

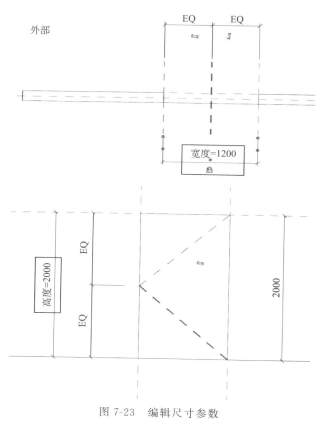

图 7-23　编辑尺寸参数

④ 将尺寸参数设置完成后，在"外部"立面视图中，单击"创建"选项卡，选择"放样"命令，选择直线绘制工具绘制路径，完成路径绘制，如图 7-24 所示。

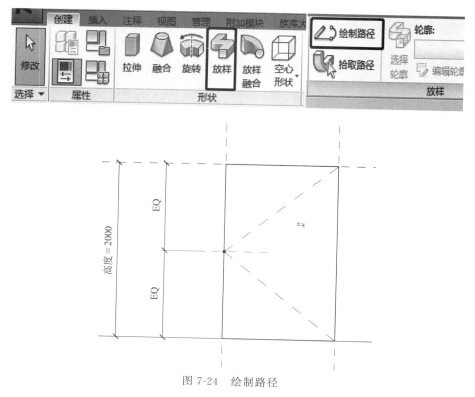

图 7-24　绘制路径

⑤ 绘制路径完成后，选择"编辑轮廓"转到视图"楼层平面：参照标高"视图，"绘制轮廓"绘制完

成轮廓，将对勾单击两次完成编辑轮廓，完成轮廓绘制，将墙边与门框内侧边锁定，如图 7-25 所示。

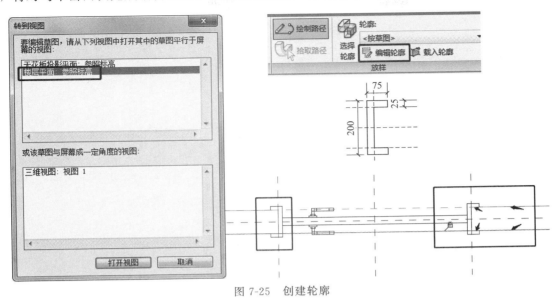

图 7-25　创建轮廓

⑥ 将门框绘制完成后，打开"项目浏览器"双击"楼层平面"进入到"参照标高"，单击"创建"选项卡，选择"拉伸"命令，选择"设置"拾取一个平面中心线，转到视图"外部立面"，选择"矩形"绘制轮廓，单击"确定"完成门板绘制，如图 7-26 所示。

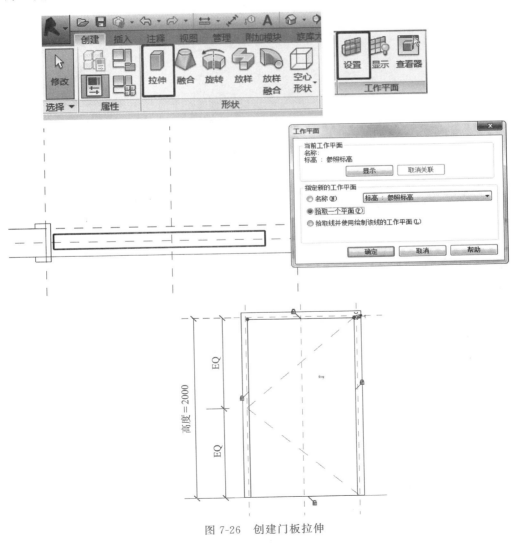

图 7-26　创建门板拉伸

⑦ 切换至"参照标高"楼层平面视图，选择"门板"，并对门板宽度进行拉伸调整，在左侧属性栏中将"拉伸终点"设置为 25.0mm，"拉伸起点"设置为 −25.0mm，完成后可切换至三维视图进行查看，如图 7-27 所示。

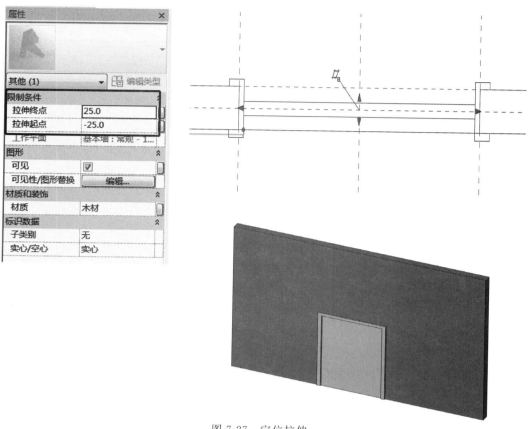

图 7-27　定位拉伸

⑧ 添加门锁。在"插入"选项卡中"载入族"，打开"建筑文件"中"门"选择"门构件文件"中"拉手"载入族"门锁 1"，如图 7-28 所示。

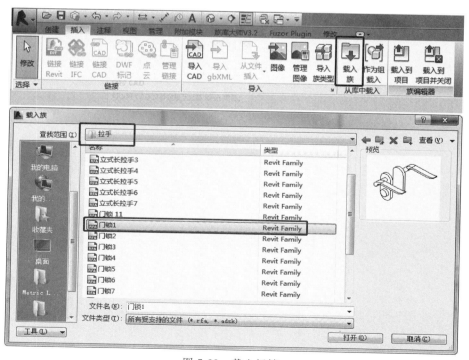

图 7-28　载入门锁

⑨ 放置门锁。单击"创建"选项卡"模型"面板下"构件"，选择"门锁"，放置构件，选择"修改"选项卡"修改"面板下的"对齐"命令，将门锁与门板内边锁定，在左侧属性栏中"偏移量"改为900.0mm，如图 7-29 所示。

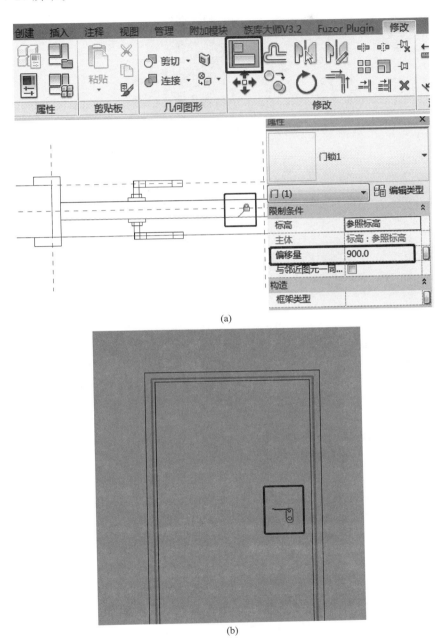

图 7-29　放置门锁

⑩ 选择添加材质的图元"门板"，在左侧属性栏中"材质和装饰"面板单击"按类别"设置材质，弹出会话窗"材质浏览器"，搜索"木材"，双击"Autodesk 材质"，单击"木材"，右侧"图形"将"使用渲染外观"前对钩勾上，单击"确定"材质添加完成，如图 7-30 所示。

⑪ 同理添加门框材质，与添加门板材质相同，完成后如图 7-31 所示。

⑫ 添加门把手材质。打开楼层平面或立面，选中门把手，在"属性"栏中"编辑类型"，添加把手材质，如图 7-32 所示。

⑬ 另存为族文件"单扇平开木门 1200×2000"，门的三维模型如图 7-33 所示。

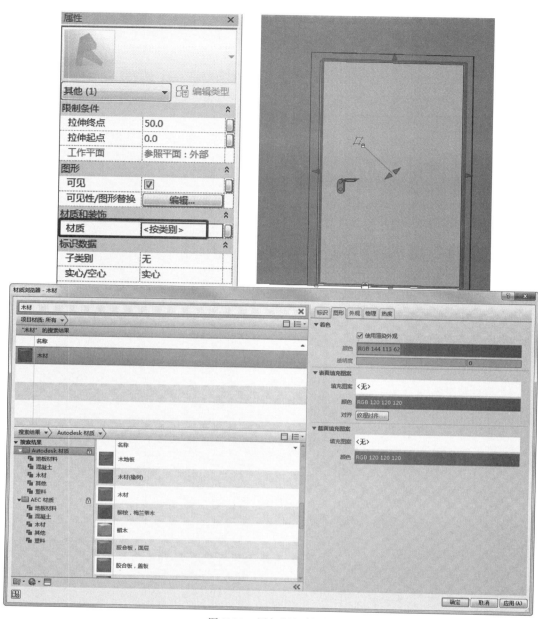

图 7-30　添加门板材质

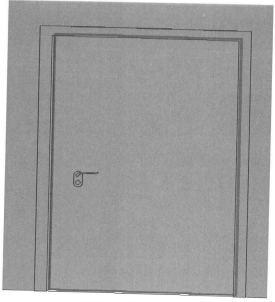

图 7-31　添加门框材质

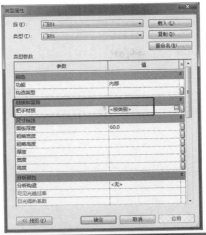

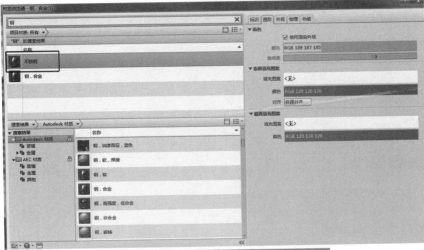

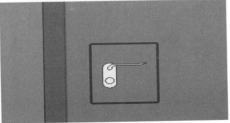

图 7-32 添加门把手材质

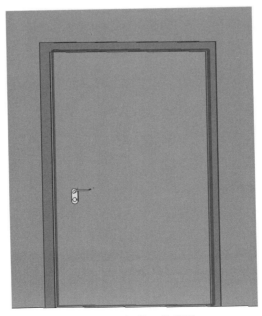

图 7-33 门的三维模型

7.4.2 窗模型的创建

窗在平面图中的表达并没有太大的区别，如图7-34所示。主要在立面图设计中有了区分，在施工图中窗的详细信息可查阅门窗表，本节简单介绍几种常见窗的模型创建。

图7-34 窗平面图表示

① 以固定窗1000mm×1500mm族制作进行讲解，首先打开Revit，选择族"新建"，打开"公制窗"样板文件，如图7-35所示。

二维码7.7

图7-35 新建样板

② 单击"创建"选项卡"属性"面板下，选择"族类型"，将尺寸标注"宽度""高度"改为1000.0mm、1500.0mm，单击"确定"，如图7-36所示。

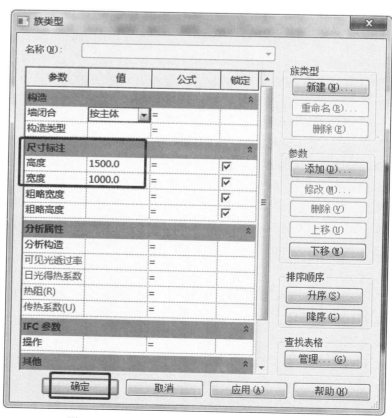

图7-36 编辑尺寸参数

③ 选择右侧"项目浏览器"，双击"楼层平面"进入"参照标高"平面，单击"创建"选项卡，"形

状"面板中选择"拉伸"命令，选择"设置"拾取一个平面中心线，转到视图"立面：外部"，如图 7-37 所示。

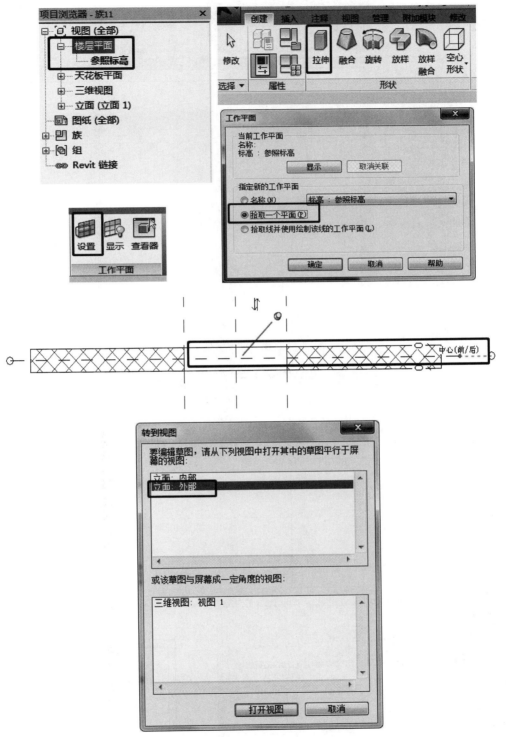

图 7-37 拾取立面

④ 进入到"外部立面"开始绘制窗框，打开"创建"选项卡，单击"拉伸"命令，选择矩形绘制轮廓，绘制内侧矩形轮廓，将选项栏中"偏移量"设置为 50.0mm，轮廓绘制完成将"属性"栏中限制条件"拉伸终点"设置为 30.0mm，"拉伸起点"设置为−30.0mm，如图 7-38 所示。

⑤ 添加"窗框厚度"参数，将绘制好的轮廓标注尺寸，选择"尺寸标注"，在上部选项栏中，单击"标签"→"添加参数"，如图 7-39 所示。

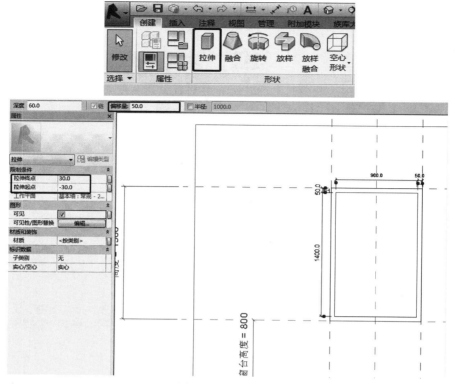

图 7-38　创建窗框

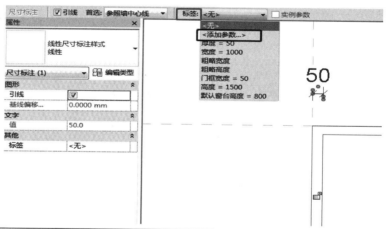

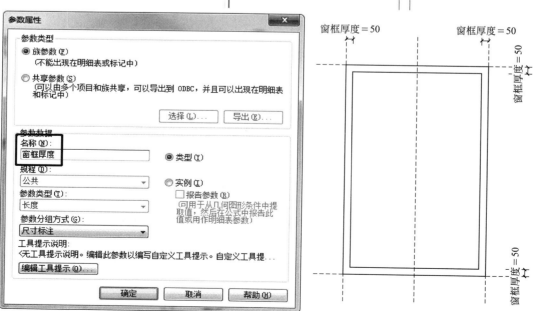

图 7-39　材质添加参数

⑥ 绘制玻璃，打开"创建"选项卡，单击"拉伸"命令，选择矩形绘制轮廓，将出现的小锁锁定，在左侧属性栏中设置"拉伸终点"3.0mm，"拉伸起点"为－3.0mm，如图7-40所示。

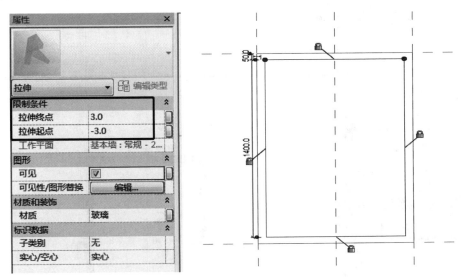

图7-40　绘制玻璃

⑦ 选择右侧"项目浏览器"，双击"楼层平面"进入"参照标高"平面，打开"注释"选项卡选择"尺寸标注"面板下"对齐"命令，标注窗框尺寸，选择"尺寸标注"，在选项栏中选择"标签"，添加参数"窗框宽度"，如图7-41所示。

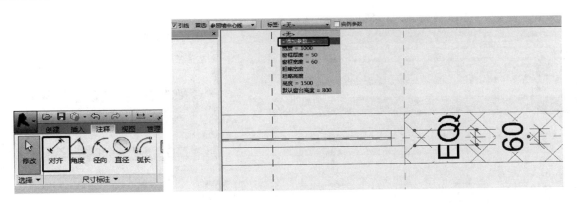

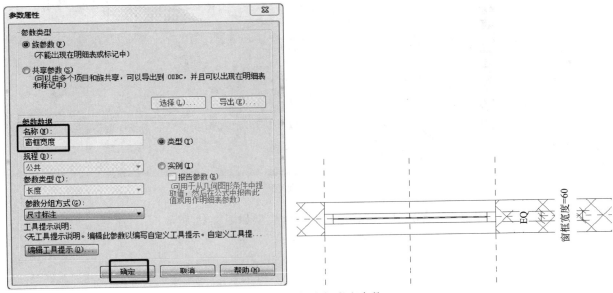

图7-41　添加窗框宽度参数

⑧ 窗框、玻璃添加材质，打开项目浏览器中"三维视图"，选中添加材质的图元"窗框"，在左侧"属性"栏中"材质和装饰"，添加窗框材质，玻璃添加材质同窗框，如图 7-42 所示。

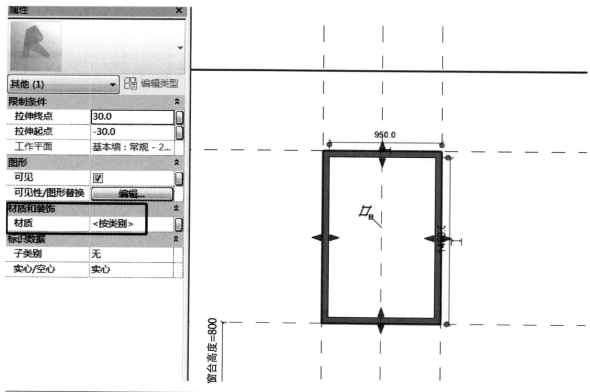

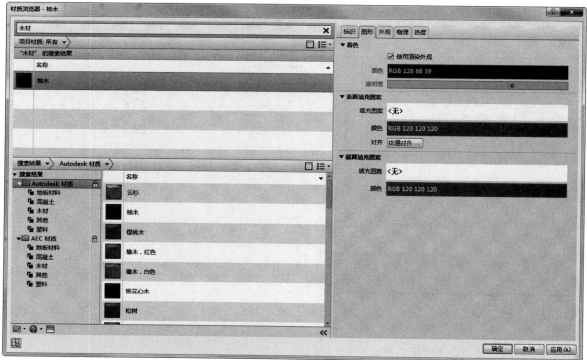

图 7-42　添加材质

⑨ 另存为族文件"平开窗 1000×1500"，单扇窗三维模型如图 7-43 所示。

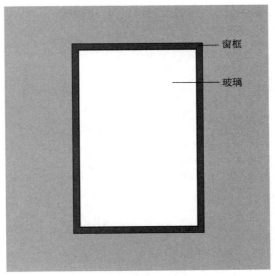

图 7-43　单扇窗三维模型

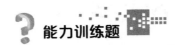

能力训练题

1.窗按开启方式可分为几种，下列说法正确的是（　　）。

A.平开窗、推拉窗、固定窗、悬窗　　　　　B.平开窗、推拉窗、固定窗、斜窗

C.平开窗、推拉窗、固定窗　　　　　　　　D.平开窗、推拉窗

2.门按开启方式可分为（　　）。

A.平开门、推拉门、弹簧门、折叠门

B.平开门、推拉门、弹簧门、折叠门、旋转门

C.平开门、推拉门、弹簧门、折叠门、卷帘门、旋转门

D.平开门、双开门、推拉门、弹簧门、折叠门、卷帘门、旋转门

3.门按作用分类可分为（　　）。

A.进户门、室内门、防火门　　　　　　　　B.室外门、室内门、防火门

C.进户门、室内门　　　　　　　　　　　　D.进户门、防火门

4.窗按功能分类可分为（　　）。

A.防火窗、保温窗、侧窗　　　　　　　　　B.防火窗、隔声窗

C.防火窗、保温窗　　　　　　　　　　　　D.防火窗、隔声窗、保温窗

5.多用于公共建筑的出入口门窗是（　　）。

A.钢门　　　　　B.玻璃钢门、无框玻璃门　　　C.木门　　　　　D.铝合金门

6.体育馆内运动员经常出入的门，门扇净高不低于（　　）。

A.2000mm　　　B.2200mm　　　　　　　　C.2500mm　　　D.2400mm

7.多用于宾馆、饭店、公寓等大型公共建筑正门的是（　　）。

A.推拉门　　　　B.平开门　　　　　　　　　C.旋转门　　　　D.弹簧门

8.按窗的组成材料分类，窗可以分为哪几种？

9.平开木门、窗的构造组成是哪些？

10.按门的组成材料分类，门可以分为哪几种？

项目 8

变形缝的认知与绘制

学习目标

知识目标：了解变形缝的概念；掌握变形缝的分类、作用以及设置原则；掌握各种变形缝的构造处理方法。

能力目标：能根据图纸中的设计，利用 BIM 技术绘制变形缝的三维模型。

素质目标

通过变形缝项目引领与学习任务，引导学生理论联系实际，培养学生树立认真负责、精益求精的工作态度，严格遵守设计标准的职业操守、自主学习新技术的创新能力。

学习任务

考察学校的教学楼共几处变形缝；分析具体为哪种变形缝并测量其尺寸；在 Revit 软件中绘制这些变形缝，并保存文件为"××变形缝.rvt"。

8.1　变形缝的基本知识

8.1.1　变形缝的概念

建筑由于受到天气、地基不均匀沉降以及地震等因素影响，造成建筑构件变形及出现裂缝甚至破坏的现象，从而影响到建筑使用。此外，建筑长度过长、平面组成复杂曲折、地基不均匀沉降等也会使建筑出现上述情况。为了预防和避免这种情况发生，可以在这些容易发生变形的地方预先留设缝隙，将建筑物分为若干个独立的部分，使其适应变形的需要，从而避免出现裂缝及受到破坏，这些缝隙统称为变形缝。

8.1.2　变形缝的分类及设置原则

变形缝根据产生的原因，可分为伸缩缝（温度缝）、沉降缝、防震缝，如图 8-1 所示。

(a) 伸缩缝　　　　　　　　(b) 沉降缝　　　　　　　　(c) 防震缝

图 8-1　变形缝类型

（1）伸缩缝

建筑物因受温度变化的影响而产生热胀冷缩，在结构内部产生温度应力，从而使得建筑构件出现变形甚至裂缝。为了防止和避免这种情况出现，往往通过在建筑中设置缝隙，使建筑分成若干个部分，这种缝隙即伸缩缝（又称温度缝）。

一般出现以下状况时可以考虑设置伸缩缝，其位置如图 8-2 所示：

① 建筑物长度超过一定的限值；

② 建筑平面变化较大，转折较多；

③ 建筑结构类型变化较大。

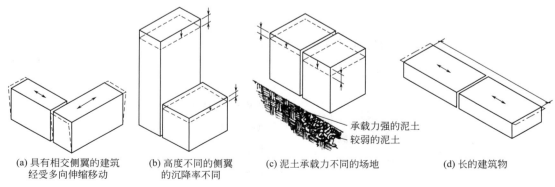

(a) 具有相交侧翼的建筑　　(b) 高度不同的侧翼　　(c) 泥土承载力不同的场地　　(d) 长的建筑物
　　经受多向伸缩移动　　　　的沉降率不同

承载力强的泥土
较弱的泥土

图 8-2　伸缩缝设置部位示意图

伸缩缝要求建筑物自地面以上的全部构件在垂直方向上断开，包括墙体、楼板层、屋顶等。伸缩把建筑分为若干部分，以此适应水平方向上的伸缩变形。因基础部分位于地下，受到的温度影响较小，一般无须断开。伸缩缝之间的最大间距，根据建筑材料与结构形式而定。

伸缩缝的设置考虑：建筑物长度主要关系到温度应力积累的大小；结构类型和房屋的屋顶刚度关系到温度应力是否容易传递并对结构的其他部分造成影响；保温或隔热层的设置关系到结构直接受温度应力影响的程度。

砌体房屋伸缩缝的最大间距如表 8-1 所示。

表 8-1　砌体房屋伸缩缝的最大间距

砌体类别	屋顶或楼板类别		间距
各砌体	整体式或装配式钢筋混凝土结构	有保温或隔热层的屋顶、楼板层	50m
		无保温或隔热层的屋顶、楼板层	40m
	装配式无檩体系钢筋混凝土结构	有保温或隔热层的屋顶	60m
		无保温或隔热层的屋顶	50m
	装配式有檩式钢筋混凝土结构	有保温或隔热层的屋顶	75m
		无保温或隔热层的屋顶	60m
黏土砖、空心砖	黏土瓦或石棉水泥瓦屋顶		90m
石砌体	土屋顶或楼板层		80m
硅酸盐、混凝土砌块砌体	砖石屋顶或楼板层		75m

注：1. 层高大于 5m 的混合结构单层房屋，其伸缩缝间距可以按照表中的数值乘以 1.3 采用，但当墙体采用硅酸盐砖、硅酸盐砌块和混凝土砌块砌筑时，不得大于 75m。

2. 温差较大且变化频繁地区和严寒地区不采暖的房屋及构筑物墙体的伸缩缝最大间距，应按表中数值予以适当减少后使用。

钢筋混凝土结构伸缩缝的最大间距如表 8-2 所示。

表 8-2　钢筋混凝土结构伸缩缝最大间距

项次	结构类型		室内或土中	露天
1	排架结构	装配式	100m	70m
2	框架结构	装配式	75m	50m
		现浇式	55m	35m
3	剪力墙结构	装配式	65m	40m
		现浇式	45m	30m
4	挡土墙及地下室墙壁等类结构	装配式	40m	30m
		现浇式	30m	20m

注：1. 如有充分依据或可靠措施，表中数值可以增减。

2. 当屋面板上部无保温或隔热措施时，框架、剪力墙结构的伸缩缝间距可按表中"露天"栏数值选用，排架结构可适当按低于"室内或土中"栏的数值选用。

3. 当排架结构的柱顶面（从基础顶面算起）低于 8m 时，宜适当减少伸缩缝间隙。

4. 外墙装配、内墙现浇的剪力墙结构，其伸缩缝最大间距按"现浇式"一栏数值选用。滑模施工的剪力墙结构宜适当减小伸缩缝间距。现浇墙体在施工过程中应采取措施减少混凝土收缩应力。

（2）沉降缝

为了预防建筑物各部分由于不均匀沉降引起的破坏而设置的变形缝称为沉降缝。

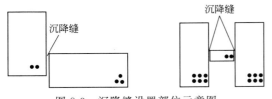

图 8-3　沉降缝设置部位示意图

一般出现以下状况时可以考虑设置沉降缝，其位置如图 8-3 所示：

① 建筑物地基条件不同；

② 建筑物不同组成部分基础或结构类型不同；

③ 建筑平面变化复杂，转折较多；

④ 建筑不同组成部分高差较大、长高比过大时；

⑤ 不同时期建造的相邻建筑交界处。

沉降缝一般自建筑基础（包括基础在内）以上构件全部断开，将建筑分为若干个组成部分，以此满足建筑各部分在垂直方向上的自由沉降变化。此外，沉降缝可以兼作伸缩缝，当两者合二为一，在构造设计时需考虑双重要求。

沉降缝的处理方案如下：

① 采用留后浇带（后浇沉降带、后浇收缩带和后浇温度带）的措施，在基础梁、上部结构的梁板都要预留施工后浇带。

② 加强整体性。

一般沉降缝的宽度要求如表 8-3 所示。

表 8-3 沉降缝宽度要求

地基情况	建筑高度	缝宽/mm
一般地基	$H<5m$	30
	$H=5\sim10m$	50
	$H=10\sim15m$	70
软弱地基	2～3 层	50～80
	4～5 层	80～120
	5 层以上	＞120
湿陷性黄土地基		≥30～70

（3）防震缝

目前，我国已经颁发了相关抗震设计规范，对防震缝的设置做出了明确规定。

① 在地震设防烈度为 7～9 度地区，有下列情况之一时需设防震缝：

a. 相邻建筑高差超过 6m；

b. 建筑错层楼板高差较大；

c. 建筑毗邻部分结构刚度、质量截然不同。

此时，防震缝宽度可采用 50～100mm。

② 当建筑为多层或者高层钢筋混凝土结构时，防震缝最小宽度应符合表 8-4 的规定。

表 8-4 多层或高层钢筋混凝土结构防震缝最小宽度

抗震设防烈度	建筑高度	
	＞15m	≤15m
6 度	建筑每增高 5m，缝宽增加 20mm	可采用 70mm
7 度	建筑每增高 4m，缝宽增加 20mm	
8 度	建筑每增高 3m，缝宽增加 20mm	
9 度	建筑每增高 2m，缝宽增加 20mm	

防震缝沿建筑全高布置，基础可断可不断。此外，防震缝应与伸缩缝、沉降缝的设置综合考虑。当其合设时，变形缝应满足防震缝的设计要求。

8.2 变形缝的构造

在建筑物因昼夜温差、不均匀沉降以及地震可能引起的结构破坏变形的部位，预先设置缝将整个建筑物沿全高断开，令断开后的建筑物各部分成为独立单元，或者是划分成为简单、规则、均一的段，使各段之间的缝达到一定的宽度，能够适应变形。

8.2.1 墙体变形缝

8.2.1.1 墙体伸缩缝

墙体伸缩缝根据截面形式可分为三种：平缝、错口缝及企口缝。其中平缝形式最常见，当墙体厚度超过 240mm 时，也可采用后两者形式，如图 8-4 所示。

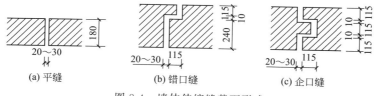

图 8-4　墙体伸缩缝截面形式

为了保证伸缩缝两侧墙体能在水平方向上自由伸缩不受影响，外墙变形缝中常用沥青麻丝、油膏等富有弹性的防水材料填缝，缝口可用镀锌铁皮、热塑橡胶等材料进行盖缝处理；内墙变形缝一般结合室内装修工程进行盖缝处理，常见盖缝材料有木板、金属板等。

8.2.1.2　楼地面伸缩缝构造

楼板层伸缩缝的位置和大小应与墙体和屋顶伸缩缝一致，在上下表面做满足缝两侧构件能自由变形且满足防水要求的压缝条，在缝隙内塞有松软材料，以使楼面具有平整、光洁、防滑、防水及防尘等功能，用金属调整片封缝；地面伸缩缝位置应根据建筑物的使用情况而定，如图 8-5 所示。

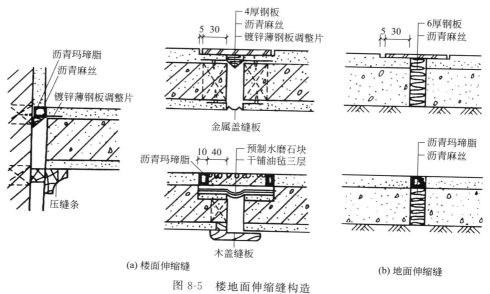

(a) 楼面伸缩缝　　　　　　　　　　　　　　　(b) 地面伸缩缝

图 8-5　楼地面伸缩缝构造

8.2.1.3　屋顶伸缩缝构造

屋顶伸缩缝的位置和大小应与墙体和楼板层伸缩缝一致，屋顶伸缩缝处理原则是既不能影响屋面的变形，又要防止雨水从伸缩缝渗入室内，如图 8-6 所示。有如下两种情况。

（1）等高伸缩缝

在缝隙两边的屋面板上砌筑矮墙（半砖厚），挡住屋面雨水。屋面卷材防水层与矮墙面的连接处理与泛水构造相似，缝内嵌沥青麻丝。矮墙顶部可用镀锌铁皮或混凝土盖板压顶。

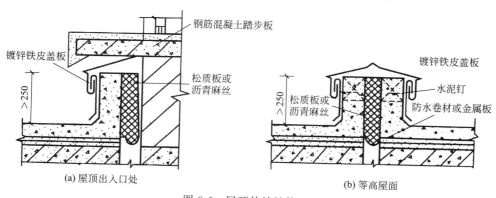

(a) 屋顶出入口处　　　　　　　　　　　　　　(b) 等高屋面

图 8-6　屋顶伸缩缝构造

（2）高低屋面伸缩缝

在低侧屋面板上砌筑矮墙，当变形缝宽度较小时，可用镀锌铁皮盖缝并固定在高侧墙上或从高侧墙上悬挑钢筋混凝土楼盖缝。

不上人型屋面一般在伸缩缝两侧加砌矮墙；上人型屋面则用嵌缝油膏嵌缝，此外还需要注意防水处理。

伸缩缝要求把建筑物的墙体、楼板层、屋顶等地面以上部分全部断开，并在两个部分之间留出适当缝隙，以保证伸缩缝两侧的建筑构件能在水平方向自由伸缩。（基础部分因受温度变化影响较小因此不必断开。）

砖混结构的伸缩缝最好设置在平面图形有变化的地方，有利于隐蔽处理；框架结构伸缩缝多采用悬臂梁方案，或者双梁双柱方式，如图8-7所示。

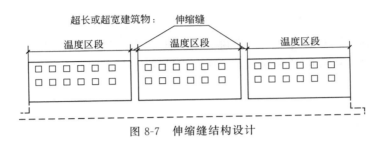

图8-7 伸缩缝结构设计

伸缩缝的设置方案一般有：

① 单墙：如图8-8所示，这种方案的墙体未闭合，抗震强度不佳，在非震区可以应用。

② 双墙：如图8-9所示，这种方案抗震性能较好，各温度区段组合成完美的闭合墙体。

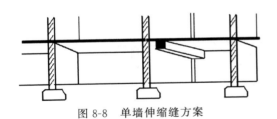

图8-8 单墙伸缩缝方案　　　　　　　　图8-9 双墙伸缩缝方案

8.2.2 沉降缝的构造

沉降缝要求从基础底部断开，并贯穿建筑全高。沉降缝的宽度与地基的情况和建筑物的高度有关，一般为 $30\sim70\text{mm}$，一般地基建筑物高度 $H<5\text{m}$、$H=5\sim9\text{m}$、$H=9\sim15\text{m}$ 时，沉降缝宽度分别是 30mm、50mm、70mm。

沉降缝的设置条件包括：平面形状复杂、高度变化大、连接部位薄弱；同一建筑相邻部分层数相差两层以上或高层相差超过 10m；建筑物相邻部位荷载差异较大或结构类型不同；地基土压有明显差异或房屋与基础类型不同；房屋分期建造交接处等。其设置原则如下：

① 沉降缝的宽度与地基情况和建筑物高度有关；

② 屋面沉降应考虑不均匀沉降和防水；

③ 墙体沉降盖缝应满足水平伸缩和垂直沉降的要求；

④ 楼板沉降应考虑对地面装修带来的影响；

⑤ 顶棚盖缝应注意变形方向。

地下室沉降必须做好地下室墙身及地板的防水。

（1）墙体沉降缝构造

墙体沉降缝构造与伸缩缝基本一样，但由于沉降缝要保证两侧缝与墙体能自由沉降，所以盖板的金属调整片必须保证在水平方向和垂直方向均能自由变形，如图8-10所示。

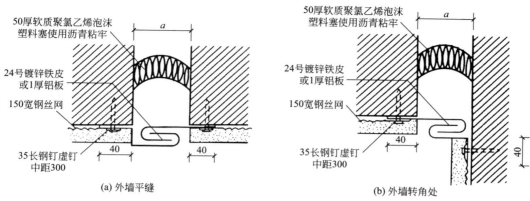

图 8-10　墙体沉降缝构造

（2）基础沉降缝构造

基础通过设置沉降缝来应对建筑不均匀沉降，其处理方式因建筑所采用的结构类型而异。当建筑采用砖混结构或框架结构时，通常可以通过以下三种方式设置沉降缝，如图 8-11～图 8-13 所示：

① 采用双墙偏心基础；

② 采用悬臂梁形式基础；

③ 采用双墙交叉基础。

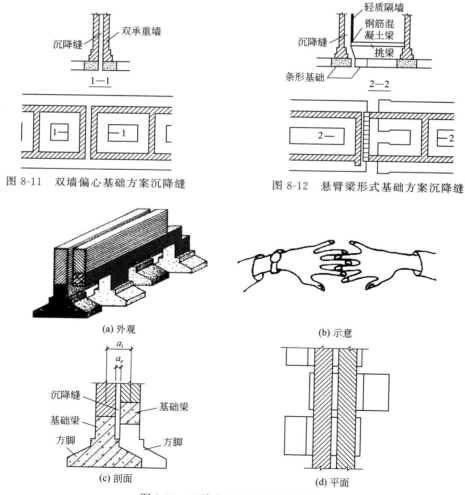

图 8-11　双墙偏心基础方案沉降缝　　　　图 8-12　悬臂梁形式基础方案沉降缝

图 8-13　双墙交叉基础方案沉降缝

（3）施工后浇带

在建筑施工中为避免现浇钢筋混凝土结构由于温度或收缩不均可能引发的有害裂缝，按照设计或施工规范要求，在基础底板、墙、梁相应位置留设临时施工缝，将结构暂时划分为若干部分，经过构件内部收缩，在若干时间后再浇捣该施工缝混凝土，将结构连成整体，这些施工缝叫作施工后浇带，如图 8-14 所示。

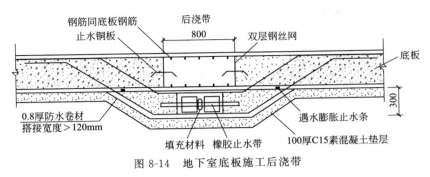

图 8-14　地下室底板施工后浇带

施工后浇带可分为：后浇沉降带、后浇收缩带、后浇温度带，分别用于解决高层主楼与低层裙房间差异沉降、钢筋混凝土收缩变形及减小温度应力等问题。

后浇带通常具有多种变形缝的功能，设计时应考虑以一种功能为主，其他功能为辅。

施工后浇带是整个建筑物，包括基础及上部结构施工中的预留缝（因预留缝较宽，我们统称为带），待主体结构完成，将后浇带混凝土补齐，这种做法既解决了高层主体与低层裙房的差异沉降，又可以不设永久变形缝。

施工后浇带的位置宜选在结构受力较小的部位：

① 梁、板的变形缝反弯点附近——弯矩不大，剪力也不大；

② 梁、板的中部——弯矩虽大，但剪力很小。

此外，后浇带施工浇筑会受外部气温影响，宜选择在气温较低时，用浇筑水泥或水泥中掺微量铝粉的混凝土，其强度等级应比构件强度高一级，防止新老混凝土之间出现裂缝，造成薄弱部位。

8.2.3　防震缝的构造

对于设计烈度在 7～9 度的地震区，房屋出现 L 形、T 形等结构时，必须将房屋划分成几个规则的结构，这样有利于提高抗震性能，防止建筑物在地震时互相碰撞引起二次破坏。

防震缝设置条件：建筑平面复杂，有较大突出部分时；建筑立面高差在 6m 以上时；建筑物有错层且楼板高差较大时；建筑相邻部分结构刚度差异较大时。如图 8-15 所示。

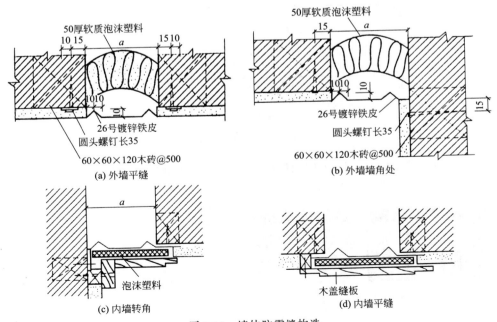

图 8-15　墙体防震缝构造

（1）墙体防震缝

多设置在内外墙平缝处或转角处。

（2）楼地面防震缝

位置与墙体防震缝一致。设计时应注意方便行走、防火和防止尘灰下落的处理，在卫生间部分还应考虑防水。

楼地面防震缝内常填塞具有弹性的油膏、沥青麻丝、金属或橡胶塑料等调节片。盖板材质应与地面材料相同。

（3）屋面防震缝

一般设置在建筑物高低错落的地方，主要考虑防水、保温等问题。

不上人型屋顶通常在缝两侧加砌矮墙，高度≥250mm，按屋面泛水将防水层做到矮墙上。缝口盖板应满足两侧结构自由变形，可用镀锌铁皮或混凝土板。在气候变化较明显的地区，为加强防震缝的保温性，可在防震缝中填充沥青麻丝、岩棉、泡沫等保温材料。

上人型屋面不另设矮墙，注意防水问题即可。

8.3 变形缝的绘制

8.3.1 墙体变形缝绘制

墙体在施工缝位置需做一定处理，应满足建筑物防风、防水、保温、隔热的要求，同时考虑对建筑物立面形式的影响；常用的措施是将缝的开口位置进行覆盖或封堵。

常见的墙体伸缩缝形式有平缝、错口缝、企口缝三种，如图8-16所示。在伸缩缝外墙一侧，缝口处应做好防水措施，如采用橡胶条、沥青麻丝等；当缝宽较大时，一般需用金属钢板做盖板处理。在内墙断开处，可用木条、金属板做单边固定，保证连接位置能够自由延伸。

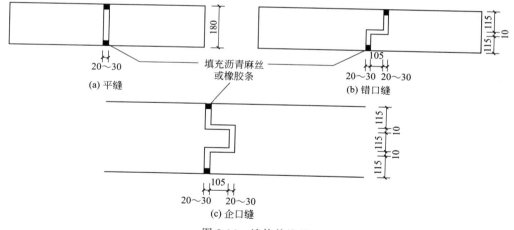

图 8-16　墙体伸缩缝

① 墙体伸缩缝以平缝为例，在 Revit 中绘制模型，打开基于墙的公制常规模型，在"创建"选项卡"形状"面板中选择"拉伸"，进行绘制空心拉伸 20～30mm，如图 8-17 所示。

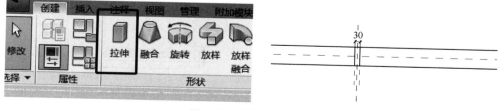

图 8-17　绘制空心拉伸

② 打开楼层平面创建 30mm×30mm 实心拉伸沥青麻丝，添加材质沥青麻丝，如图 8-18 所示。

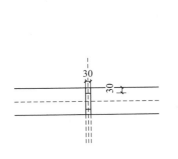

二维码 8.1

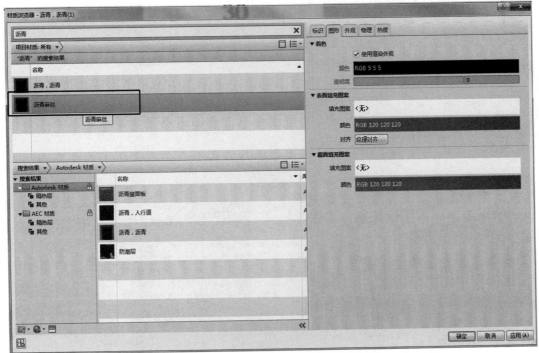

图 8-18　添加材质沥青麻丝

③ 将绘制好的变形缝载入到项目中，打开项目，在"插入"选项卡中"载入族"（选择保存的族名称）载入到项目当中，在"建筑"选项卡"构件"下拉菜单下选择"放置构件"，如图 8-19 所示。

8.3.2　楼地面变形缝绘制

楼地面的伸缩缝位置、宽度应与墙体和屋顶伸缩缝一致，在楼地面的伸缩缝中常填充弹性材料做封闭处理；伸缩缝上部铺设活动盖板或弹性地板，保证两端的楼地面能自由伸缩，楼地面常见伸缩缝构造如图 8-20 所示。

① 楼地面伸缩缝以地面伸缩缝为例，在 Revit 中绘制模型，新建公制常规模型，在"创建"选项卡"形状"面板中选择"拉伸"，设置"拾取一个平面"，选择"前立面"，进行后浇带、水磨石板、镀锌铁皮绘制，如图 8-21 所示。

② 打开楼层平面，选中后浇带添加材质，水磨石板、镀锌铁皮添加材质和后浇带一样，如图 8-22 所示。

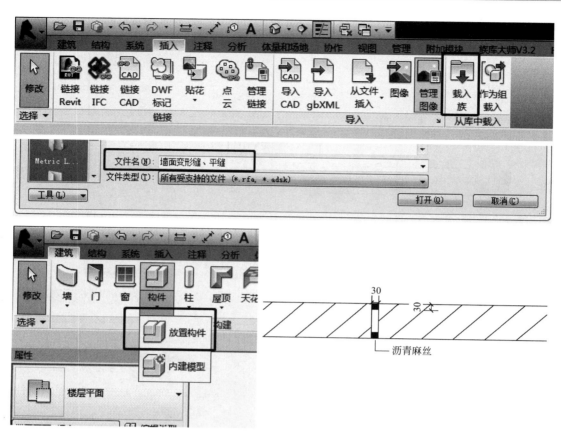

图 8-19　绘制好的沥青麻丝

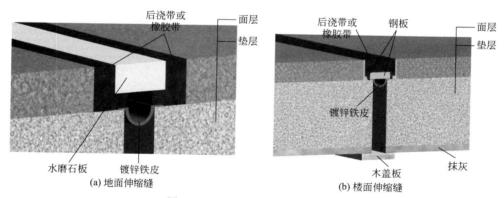

(a) 地面伸缩缝　　　　　　　　　　　　(b) 楼面伸缩缝

图 8-20　楼地面常见伸缩缝构造

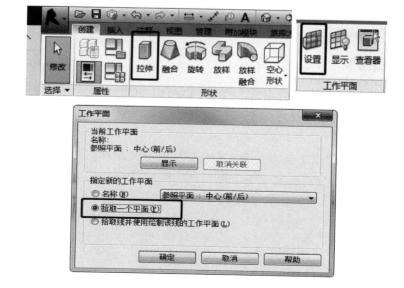

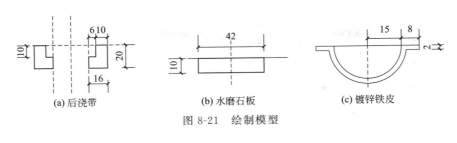

(a) 后浇带　　　　　　(b) 水磨石板　　　　　　(c) 镀锌铁皮

图 8-21　绘制模型

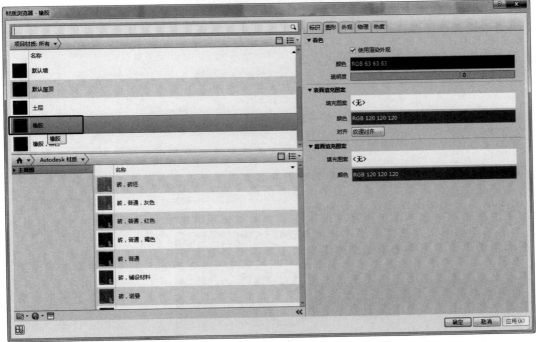

图 8-22　添加材质

③ 将绘制好的楼地面伸缩缝载入到项目中，打开项目，在"插入"选项卡中"载入族"（选择保存的族名称）载入到项目当中，在"建筑"选项卡"构件"下拉菜单下选择"放置构件"，如图 8-23 所示。

注：完成楼地面变形缝载入到项目当中，提前把楼地面开缝做好，再把做好的变形缝载入到项目当中即可。

8.3.3　屋面变形缝的绘制

屋面的伸缩缝也应与墙体、楼地面保持一致，一般设置在有错层的位置。屋顶直接与外界环境接触，受风、雨、雪等自然条件影响大，因此屋面的伸缩缝应做好防水、防漏措施，常见屋面伸缩缝构造如图 8-24 所示。

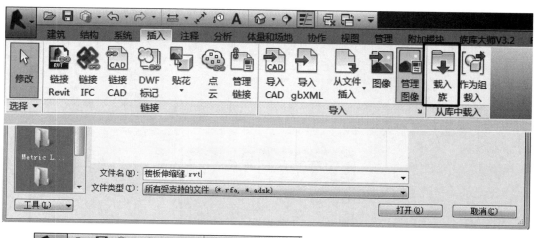

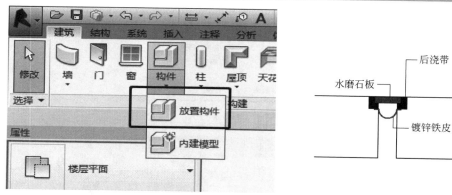

图 8-23　完成楼地面变形缝

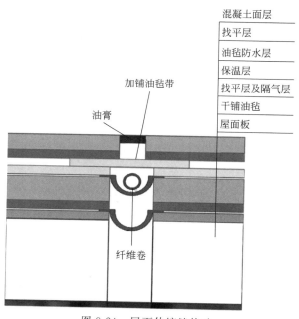

图 8-24　屋面伸缩缝构造

① 打开 Revit，新建公制常规模型，在"创建"选项卡"形状"面板中选择"拉伸"，进行"镀锌铁皮"和"纤维卷"绘制，设置"拾取一个平面"，选择"前立面"，如图 8-25 所示。

注：绘制好的镀锌铁皮保存为族".rfa"格式，再将绘制好的纤维卷同样保存为族".rfa"格式。

② 将绘制好的屋面变形缝"镀锌铁皮""纤维卷"载入到项目中，打开项目，在"插入"选项卡中"载入族"（选择保存的族名称）载入到项目当中，在"建筑"选项卡"构件"下拉菜单下选择"放置构件"，如图 8-26 所示。

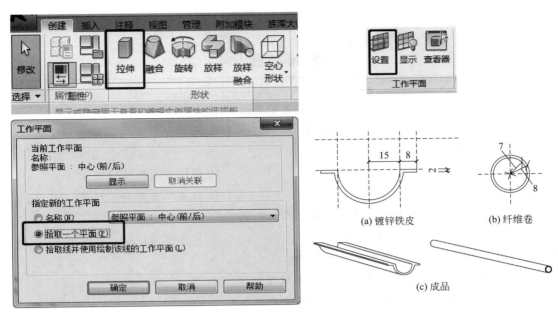

图 8-25　绘制镀锌铁皮、纤维卷

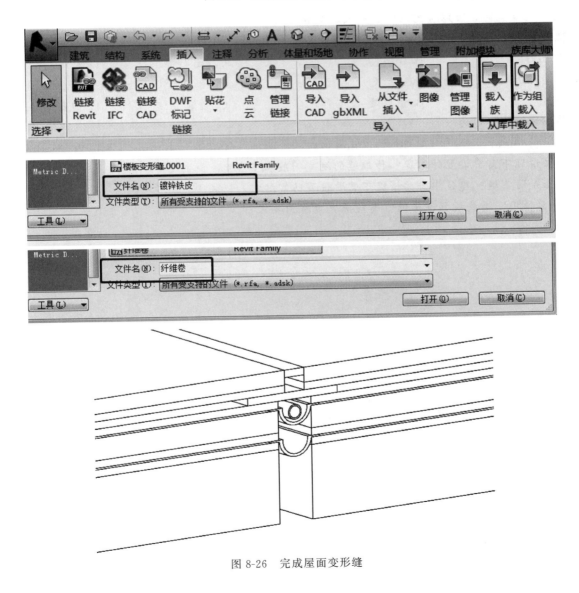

图 8-26　完成屋面变形缝

能力训练题

1.伸缩缝是为了预防（　　）对建筑物的不利影响而设置的。

A.荷载过大　　　　　　B.地基不均匀沉降　　　　　　C.地震　　　　　　D.温度变化

2.下列说法正确的是（　　）。

A.变形缝基础设置无规定　　　　　　　　　　　B.伸缩缝基础必须断开

C.沉降缝基础必须断开　　　　　　　　　　　　D.防震缝基础必须断开

3.墙体沉降缝处进行盖缝处理后应确保其缝两边部分能够在（　　）自由变形。

A.水平和竖直方向　　　　B.水平方向　　　　　　C.竖直方向　　　　D.45°度方向

4.关于变形缝的构造做法，下列哪个是不正确的（　　）。

A.当建筑物的长度或宽度超过一定限度时，要设伸缩缝

B.在沉降缝处应将基础以上的墙体、楼板全部分开，基础可不分开

C.当建筑物竖向高度相差悬殊时，应设伸缩缝

D.变形缝设置时，可以考虑两缝合一或三缝合一

5.现浇挑檐、雨罩等外露结构的伸缩缝间距不宜大于（　　）。

A.10m　　　　　　　　　B.15m　　　　　　　　C.8m　　　　　　　D.12m

6.砖墙伸缩缝的截面形式不包括（　　）。

A.平缝　　　　　　　　　B.错口缝　　　　　　　C.斜缝　　　　　　D.凹凸缝

7.伸缩缝缝宽一般为（　　）。

A.10～30mm　　　　　　B.20～30mm　　　　　C.20～40mm　　　D.20～50mm

8.什么情况下需要设置伸缩缝？伸缩缝的缝宽一般取多少？

9.什么是防震缝？建筑中哪些情况下需要设置防震缝？

10.什么情况下需要设置沉降缝？其缝隙宽度有何要求？

项目 9

工业建筑的认知与绘制

学习目标

知识目标：了解工业建筑的分类与特点，掌握工业建筑中单层工业厂房主要构造原理。

能力目标：能根据设计图纸，绘制工业建筑的三维模型。

素质目标

通过工业建筑项目引领与学习任务，引导学生理论联系实际，培养学生树立认真负责、精益求精的工作态度，严格遵守设计标准的职业操守与安全生产的职业素养，弘扬工匠精神。

学习任务

图 9-1 为钢结构厂房中某节点板（是一种将钢梁或钢柱等型材钢结合在一起的零件）的平面、立面与三维视图，根据图中给出的数据利用 BIM 软件绘制出三维模型，并保存文件为"某节点板.ret"。

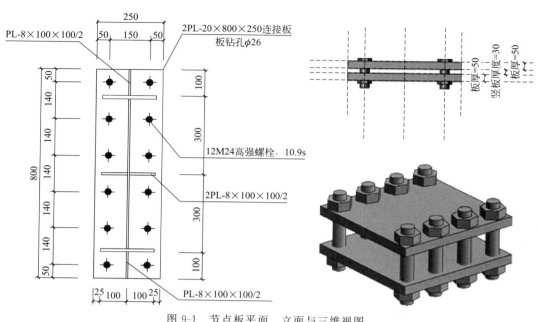

图 9-1　节点板平面、立面与三维视图

9.1　工业建筑的基本知识

9.1.1　工业建筑概述

工业建筑起源于工业革命最早的英国，随后在美国、德国以及欧洲的其他几个工业发展国家，在 20 世纪 20～30 年代的苏联，开始了大规模的工业建设。我国在新中国成立后新建和扩建了大量工厂和工业基地，在全国已形成了比较完整的工业体系。

工业建筑是为各类工业生产使用而建造的建筑物和构筑物。

工业建筑设计要按照技术先进、安全适用、经济合理的原则，根据生产工艺的要求，确定工业建筑的平面、立面、剖面和建筑体型，并进行细部设计。

工业建筑的特点：

① 以生产工艺为主；

② 厂房内部有较大的面积和空间；

③ 屋顶面积大，结构、构造复杂；

④ 技术管网多；

⑤ 建筑设计中应考虑生产工艺更新发展的要求和生产工艺的通用性。

9.1.2　工业建筑的分类

（1）按厂房用途

① 生产厂房：指进行产品的备料、加工、装配等主要工艺流程的厂房。如机械制造厂中有铸工车间、电镀车间、热处理车间、机械加工车间和装配车间等。

② 辅助生产厂房：指为生产厂房服务的厂房，如机械制造厂房的修理车间、工具车间等。

③ 动力用厂房：指为生产提供动力源的厂房，如发电站、变电所、锅炉房等。

④ 储存用房屋：储存原材料、半成品、成品的房屋（一般称仓库）。

⑤ 运输用房屋：管理、储存及检修交通运输工具的房屋，如汽车库、机车库、起重车库、消防车库等。

⑥ 其他建筑：如水泵房、污水处理建筑等。

（2）按厂房层数

① 单层厂房：仅一层，多用于冶金、重型及中型机械工业，单层工业厂房结构多采用排架结构。

② 多层厂房：二层以上，多用于食品、电子、精密仪器工业等。

③ 层次混合厂房：多层和单层混合在一幢建筑中，多用于化学工业、热电站的主厂房，如图 9-2、图 9-3 所示。

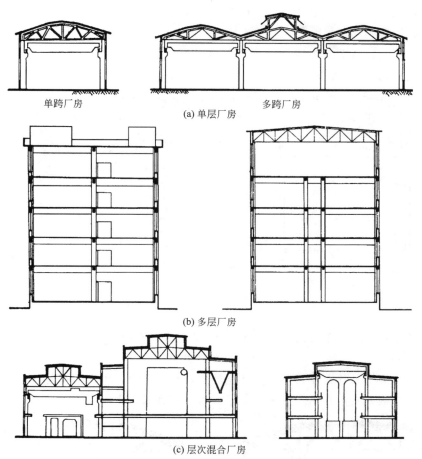

单跨厂房　　　　　　　　　　　　多跨厂房

(a) 单层厂房

(b) 多层厂房

(c) 层次混合厂房

图 9-2　不同层数的厂房类型

（3）按生产状况分

① 冷加工车间：常温状态下加工非燃烧物质和材料的生产车间，如机械、修理等。

② 热加工车间：如铸造、锻压、热处理车间。

③ 恒温恒湿车间：如精密仪器、纺织车间。

④ 洁净车间：如药品、集成电路车间。

⑤ 其他特种状况车间：如放射性车间、防电磁波干扰车间。

（4）按跨度尺寸分

① 小跨度：小于等于 12m 的单层厂房，此类以砌体结构为主。

图 9-3　排架厂房

② 大跨度：15～36m 的单层工业厂房；15～30m 以钢筋混凝土为主，36m 及其以上的以钢结构为主。

（5）按跨度的数量和方向分

① 单跨厂房：只有一个跨度。

② 多跨厂房：由几个跨度组合而成，车间内彼此相通。

③ 纵横相交厂房：由两个方向的跨度组合而成，车间内彼此相通。

9.1.3　厂房中的起重运输设备

根据工艺布置的要求，工业厂房内应设置必要的起重运输设备。厂房内的起重运输设备主要有三类：

① 板车、电瓶车、汽车、火车等地面运输设备。

② 安装在厂房上部空间的各类型起重吊车。

③ 各种输送管道、传送带等。

在这些起重运输设备中，以吊车对厂房的布置、结构选型影响最大。

吊车主要有悬挂式单轨吊车、梁式吊车、桥式吊车等类型。

（1）悬挂式单轨吊车

由电动葫芦和工字钢轨两部分组成。工字钢轨可以悬挂在屋架（或屋面梁）下弦。轨上设有可水平移动的滑轮组（即电动葫芦），起重量为 1～5t，如图 9-4 所示。

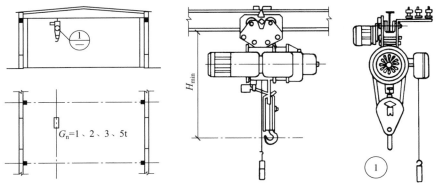

图 9-4　悬挂式单轨吊车

（2）梁式吊车

梁式吊车分为悬挂式梁式吊车与支承式梁式吊车两类，主要由电动葫芦和梁架组成，起重量一般为 0.5～5t，如图 9-5 所示。

悬挂式梁式吊车：梁架悬挂在屋架下，工字钢轨固定在梁架上，电动葫芦悬挂在工字钢轨上。

支承式梁式吊车：梁架支承在吊车梁上，工字钢轨固定在梁架上，电动葫芦悬挂在工字钢轨上。

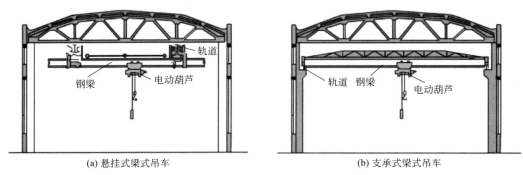

(a) 悬挂式梁式吊车　　　　　　　　　　(b) 支承式梁式吊车

图 9-5　梁式吊车

（3）桥式吊车

桥式吊车由桥架和起重小车组成，桥架支承在吊车梁上，并可沿厂房纵向移动，桥架上设支承小车，小车能沿桥架横向移动，起重量为 5～350t，如图 9-6 所示。

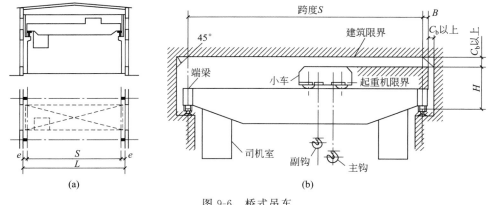

(a)　　　　　　　　　　(b)

图 9-6　桥式吊车

9.2　单层工业厂房的构造

9.2.1　单层厂房结构组成

在厂房建筑中，支承各种荷载作用的构件所组成的骨架，通常称为结构。目前，我国单层工业厂房采用的结构一般是装配式钢筋混凝土横向排架结构，如图9-7所示。

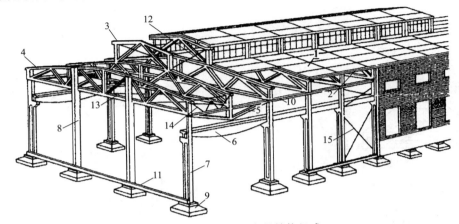

图9-7　单层工业厂房的结构组成

1—屋面板；2—天沟板；3—天窗架；4—屋架；5—托架；6—吊车梁；7—排架柱；8—抗风柱；9—基础；

10—连系梁；11—基础梁；12—天窗架垂直支撑；13—屋架下弦横向水平支撑；14—屋架端部垂直支撑；15—柱间支撑

9.2.2　单层厂房的定位轴线

单层厂房的定位轴线分为：

① 横向定位轴线：与横向排架平面平行的轴线；

② 纵向定位轴线：与横向排架平面垂直的轴线；

③ 柱网：纵、横向定位轴线在平面上形成的有规律的网格称为柱网。

柱子纵向定位轴线间的距离为跨度，决定了屋架的尺寸；横向定位轴线间的距离为柱距，决定了吊车梁、屋面板的跨度尺寸；两横向定位轴线的距离称为柱距。

单层厂房的柱距应采用60M数列，如6m、12m，一般情况下均采用6m。抗风柱柱距宜采用15M数列，如4.5m、6m、7.5m。

跨度须满足《厂房建筑模数协调标准》（GB/T 50006—2010）的相关规定。当跨度小于18m时，按3m的倍数增加，即9m、12m、15m、18m；当跨度大于18m时，按6m的倍数增加，即24m、30m、36m；如图9-8所示。

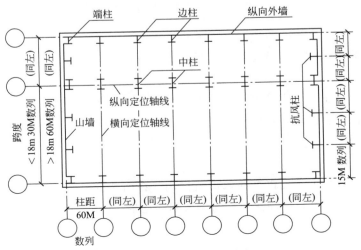

图9-8　单层厂房定位轴线

9.2.3 基础、基础梁与柱

（1）基础

基础承受柱和基础梁传来的全部荷载，并将荷载传给地基。单层厂房一般情况下采用独立的杯形基础。在基础的底部铺设混凝土垫层，厚度为100mm。图9-9为现浇柱下基础的构造，图9-10为预制柱下杯形基础的构造。

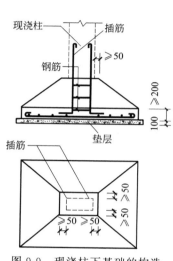

图9-9 现浇柱下基础的构造

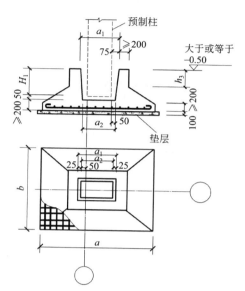

图9-10 预制柱下杯形基础的构造

（2）基础梁

当厂房采用钢筋混凝土排架结构时，由于墙与柱所承担荷载的差异大，为防止基础产生不均匀沉降，一般厂房将外墙或内墙砌筑在基础梁上，基础梁两端搁置在柱基础的杯口上，如图9-11所示。

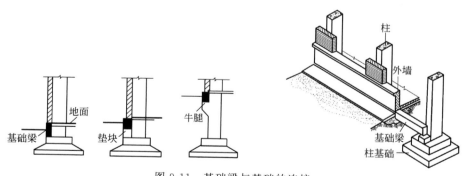

图9-11 基础梁与基础的连接

（3）柱

柱是厂房结构的主要承重构件，承受屋架、吊车梁、支撑、连系梁和外墙传来的荷载，并把它传给基础。

柱按材料分为钢筋混凝土柱和钢柱两种。钢筋混凝土柱又可分为单肢柱和双肢柱两大类。单肢柱截面形式有矩形、工字形及单管圆形，双肢柱截面形式有双肢矩形或双肢圆形，用腹杆（平腹杆或斜腹杆）连接而成，如图9-12所示。

（4）抗风柱

由于单层厂房山墙的面积大，受较大的风荷载作用，在山墙处设置抗风柱能增加墙体的刚度和稳定性。抗风柱应达到屋架上位高度，以便抗风柱与屋架间的连接。

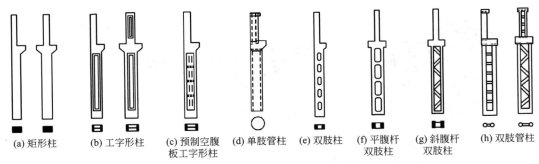

(a) 矩形柱　(b) 工字形柱　(c) 预制空腹　(d) 单肢管柱　(e) 双肢柱　(f) 平腹杆　(g) 斜腹杆　(h) 双肢管柱
　　　　　　　　　　　　板工字形柱　　　　　　　　　　　　　　　　　双肢柱　　双肢柱

图 9-12　钢筋混凝土柱类型

9.2.4 吊车梁、连系梁及圈梁

（1）吊车梁

吊车梁一般有钢筋混凝土吊车梁和钢结构吊车梁，吊车梁一般搁置在排架柱的牛腿上，承受吊车和起重的重量及运行中所有的荷载（包括吊车启动或刹车产生的横向、纵向刹车力），并将其传给框架柱。

吊车梁按截面形式分，有等截面 T 形、工字形吊车梁及变截面的鱼腹式吊车梁等，如图 9-13 所示。

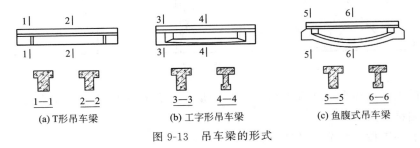

(a) T形吊车梁　　　(b) 工字形吊车梁　　　(c) 鱼腹式吊车梁

图 9-13　吊车梁的形式

（2）连系梁

连系梁作为水平构件可以起水平联系和支承作用，对高度较大的墙体，连系梁可以支承墙重，减小基础梁的荷载。

小型厂房一般在吊车梁附近设置一道连系梁，当厂房高度较大时，每隔 4～6m 高设置一道连系梁。

（3）圈梁

圈梁有预制和现浇两种，圈梁与柱的连接构造如图 9-14 所示。圈梁能保证墙体的稳定性，提高厂房结构的整体刚度。圈梁一般布置在厂房的吊车梁附近和柱顶；对振动较大或有抗震要求的结构，沿墙高每隔 4m 左右设置圈梁一道。

当厂房高度较大时，应按要求增加圈梁数量。连系梁若能水平交圈，可视同为圈梁。

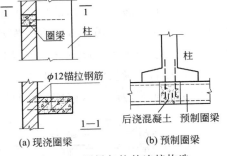

(a) 现浇圈梁　　　(b) 预制圈梁

图 9-14　圈梁与柱的连接构造

（4）支撑

在装配式单层厂房结构中，支撑的主要作用是保证厂房结构和构件的承载力、稳定性和刚度，并传递部分水平荷载。厂房的支撑必须按结构要求合理布置。支撑有屋盖支撑和柱间支撑两种。

屋盖支撑包括横向水平支撑（上弦或下弦横向水平支撑）、纵向水平支撑（上弦或下弦纵向水平支撑）、垂直支撑和纵向水平系杆（加劲杆）等，如图 9-15 所示。

柱间支撑按吊车梁位置分为上部和下部两种。柱间支撑布置在伸缩缝区段的中央柱间，一般用型钢制作，如图 9-16 所示。

9.2.5 外墙的构造

单层工业厂房的外墙按承重方式可分为承重墙、承自重墙和框架墙等，如图 9-17 所示。

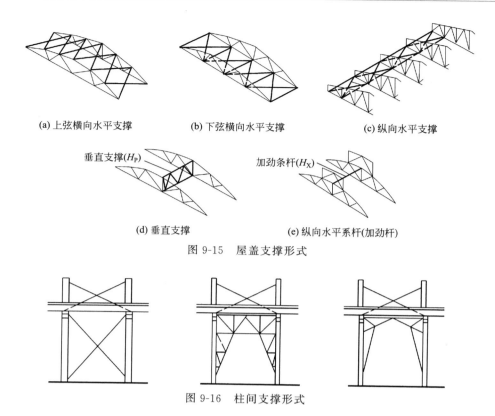

(a) 上弦横向水平支撑　　(b) 下弦横向水平支撑　　(c) 纵向水平支撑

垂直支撑(H_P)　　　　加劲条杆(H_X)

(d) 垂直支撑　　　　(e) 纵向水平系杆(加劲杆)

图 9-15　屋盖支撑形式

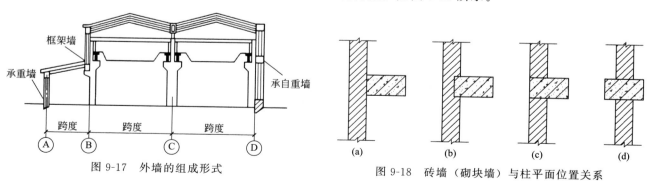

图 9-16　柱间支撑形式

某些高大厂房的上部墙体及厂房高低跨交接处的墙体,往往采用架空支承在排架柱上的墙梁(连系梁)来承担,这种墙称框架墙。

单层工业厂房的外墙按材料分有砖墙(砌块墙)、板材墙、开敞式外墙等。

9.2.5.1　砖墙(砌块墙)

(1) 作用与类型

单层工业厂房的砖砌外墙一般只起围护作用,厚度可取 240mm 或 370mm。当厂房跨度小于 15m、吊车吨位不超过 5t、柱距不大于 6m 时,可用砖砌外墙作为承重墙,并做墙体壁柱。单层工业厂房砖砌外墙的砌筑要求与民用建筑类似。

当吊车吨位较大、厂房跨度较大时,若采用带壁柱的承重墙,则结构断面会变大,工程量也会随之增加,而且砖结构对吊车等引起的振动抵抗能力较差,故这时一般均采用钢筋混凝土骨架承重或钢骨架承重,使承重与围护功能分开,外墙只起到围护、承受自重和风荷载的作用。

(2) 砖墙(砌块墙)的相对位置

单层工业厂房砖墙(砌块墙)与厂房柱的位置有四种方案,如图 9-18 所示。

框架墙

承重墙

承自重墙

跨度　跨度　跨度

Ⓐ　Ⓑ　Ⓒ　Ⓓ

图 9-17　外墙的组成形式

(a)　(b)　(c)　(d)

图 9-18　砖墙(砌块墙)与柱平面位置关系

① 墙身砌筑在柱外侧。这种方案方便、构造简单、热工性能好(避免了热桥),基础梁和连系梁便于标准化和定型化。

② 墙身砌筑在柱之间。这种方案可增加柱列间的刚度,减小墙体的结构厚度,能省去柱间支撑。当有吊车时,墙内边不应超出上柱的内边。

（3）墙体的细部构造

① 墙体与基础梁的连接构造如图 9-11 所示。

② 墙体与柱的连接构造。为保证墙体的稳定性，外墙应与厂房柱及屋架端部有良好的连接。沿柱高度方向每隔 $500\sim600mm$ 预埋 $2\phi6$ 钢筋，砌墙时把伸出的钢筋砌在墙缝里，以起到锚拉作用，如图 9-19 所示。山墙端部须局部厚度增大，使山墙与柱挤紧。嵌砖砌筑是将砖墙砌筑在柱之间，将柱两侧伸出的拉结筋嵌入砖缝内进行锚固，嵌砖砌筑能有效提高厂房的纵向刚度。

③ 墙与屋架（或屋面梁）的连接构造。墙与屋架（或屋面梁）的连接构造如图 9-20 所示。一般在屋架上、下弦预埋拉结钢筋，若在屋架的腹杆上不便预埋钢筋，可在腹杆上预埋钢板，再焊接钢板与墙体连接。

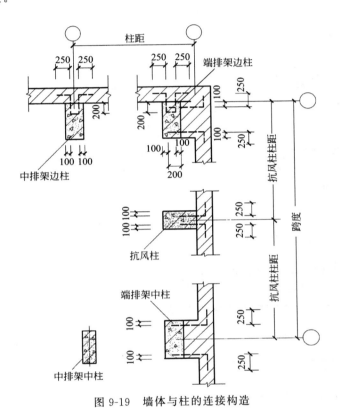

图 9-19　墙体与柱的连接构造

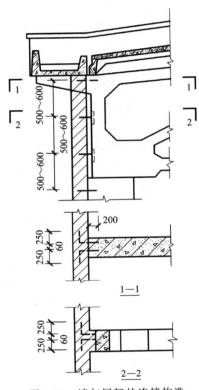

图 9-20　墙与屋架的连接构造

④ 墙与屋面板的连接构造。当外墙伸出屋面形成女儿墙时，为了保证女儿墙的稳定性，墙和屋面板之间应采取拉结措施。纵向女儿墙与屋面板之间的连接采用钢筋拉结措施，即在屋面板横向缝内放置一根 $\phi12$ 钢筋与屋面板纵缝内及纵向外墙中各放置的一根 $\phi12$、长度 $1000mm$ 的钢筋连接，形成工字形的钢筋，然后在缝内用 C20 细石混凝土捣实，如图 9-21 所示。山墙与屋面板的连接构造如图 9-22 所示。

9.2.5.2　板材墙

（1）钢筋混凝土板材墙

钢筋混凝土板材墙的长度和高度采用扩大模数 3M，厚度采用分模数 M/5。长度有 4500mm、6000mm、7500mm、12000mm 四种，高度有 900mm、1200mm、1500mm、1800mm 四种，常用的厚度为 $160\sim240mm$。

钢筋混凝土板材墙按材料和构造方式分为单一材料板材墙和复合板材墙。

单一材料板材墙有钢筋混凝土槽形板、空心板和配筋轻混凝土板材墙，如图 9-23 所示。

复合板材墙是指采用承重骨架、外壳及各种轻质夹芯材料所组成的板材墙，如图 9-24 所示。

（2）轻质板材墙

轻质板材作为厂房外墙，是建筑工业化发展的方向。其优点是自重轻，施工速度快，但保温、隔热、防渗漏节点构造等方面还待改进。

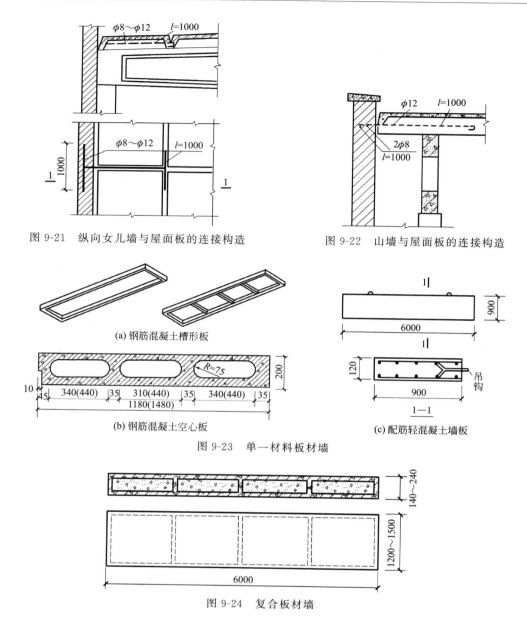

图 9-21　纵向女儿墙与屋面板的连接构造　　　图 9-22　山墙与屋面板的连接构造

(a) 钢筋混凝土槽形板

(b) 钢筋混凝土空心板

(c) 配筋轻混凝土墙板

图 9-23　单一材料板材墙

图 9-24　复合板材墙

　　轻质板材墙有石棉水泥波瓦墙、镀锌铁皮波瓦墙、压型钢（铝）板墙、塑料或玻璃钢瓦墙等。其中压型钢板是目前常用的一种外墙材料，压型钢板具有轻质高强、施工方便、防火抗震等优点。压型钢板分单层钢板和夹芯（带保温层）钢板两种，单层钢板适用于热工车间及无保温、隔热要求的车间及仓库等，夹芯（带保温层）钢板适用于有保温要求的厂房等。

　　压型钢板墙是通过金属梁固定在柱子上的，板间要搭接合理，减少板缝，如图 9-25 所示。

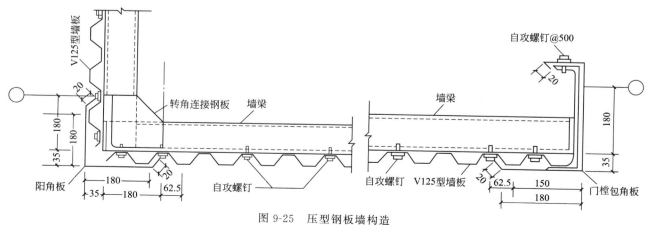

图 9-25　压型钢板墙构造

9.2.5.3 开敞式外墙

炎热地区、高温车间及生产过程产生有害气体的车间，为了获得良好的自然通风，以利于迅速排出烟尘、热量和有害气体，通常采用挡雨板或遮阳板局部或全部代替房屋的围护墙，即为开敞式外墙。

挡雨板的挑出长度与垂直距离，应根据飘雨角度以及日照、通风等因素确定。飘雨角度即雨点滴落方向与水平线的夹角，一般情况下可按45°设计，如图9-26所示。

挡雨板有石棉水泥瓦挡雨板和钢筋混凝土挡雨板两种。挡雨板与厂房骨架的连接构造如图9-27和图9-28所示。

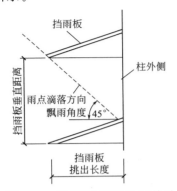

图 9-26 挡雨板与飘雨角的关系

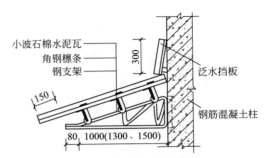

图 9-27 石棉水泥瓦挡雨板与骨架的连接构造

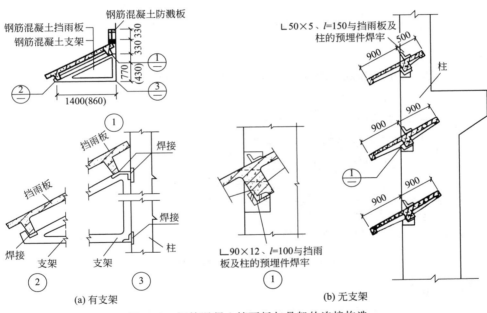

图 9-28 钢筋混凝土挡雨板与骨架的连接构造

9.2.6 屋盖的构造

屋盖起围护和承重作用。它包括两部分：①覆盖构件，如屋面板或檩条、瓦等；②承重构件，如屋架或屋面梁。

屋盖结构形式大致可分为有檩体系和无檩体系两种，如图9-29所示。

图 9-29 屋盖结构形式

9.2.6.1 屋架

屋架是屋盖结构的主要承重构件，承重屋盖及天窗上的全部荷载，并将荷载传给柱子。有钢筋混凝土屋架、屋面梁和钢结构屋架、屋面梁等。

屋架按其形式可分为三角形、拱形、梯形、折线形等，如图 9-30 所示。按制作材料分，有普通钢筋混凝土屋架和预应力钢筋混凝土屋架。

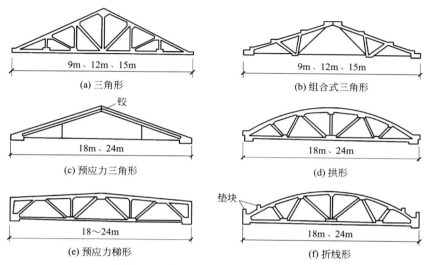

图 9-30　常见的钢筋混凝土屋架形式

9.2.6.2 屋面梁

屋面梁也叫薄腹梁，有单坡和双坡两种，其截面形式有 T 形和工字形两种，如图 9-31 所示。

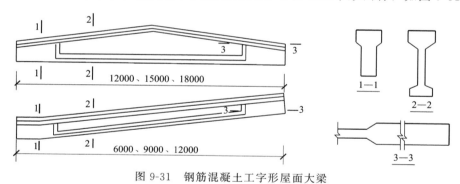

图 9-31　钢筋混凝土工字形屋面大梁

9.2.6.3 屋架与柱的连接

屋架与柱的连接有焊接和螺栓连接两种。焊接是在屋架或屋面梁端部支承部位的预埋件底部焊上一块垫板，待屋架就位校正后，与柱顶预埋钢板焊接牢固，如图 9-32（a）所示。螺栓连接是在柱顶伸出预埋螺栓，在屋架（或屋面梁）端部支承部位焊上带有缺口的支承钢板，就位校正后，用螺栓拧紧，如图 9-32（b）所示。

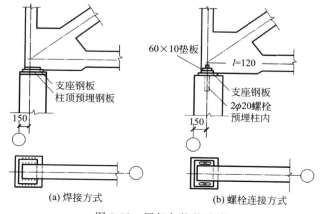

图 9-32　屋架与柱的连接

9.2.6.4　屋架托架

当厂房全部或局部柱距为 12m 时，屋架间距仍保持 6m 时，需在 12m 柱距间设置托架来支承中间屋架，通过托架将屋架上的荷载传递给柱子，如图 9-33 所示。

9.2.6.5　屋面

（1）屋面的排水

屋面排水方式可分为有组织排水和无组织排水。

无组织排水适用于年降雨量小于 900mm，檐口高度小于 10m 的单跨厂房、多跨厂房的边跨、工艺上有特殊要求的厂房（如冶炼车间）、积灰较多的车间和有腐蚀性介质作用的铜冶炼车间，一般需设不小于 500mm 的出檐，还应设置宽度大于出檐的散水，如图 9-34 所示。

有组织排水一般适用于降雨量大的地区，或厂房较高或多跨厂房的中间跨。有檐沟外排水、内落外排水、内排水和长天沟外排水等形式，如图 9-35、图 9-36 所示。

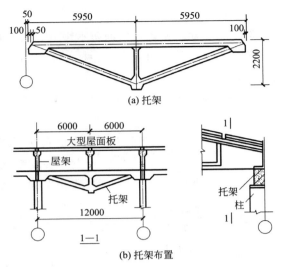

图 9-33　预应力钢筋混凝土托架

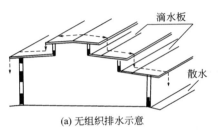

图 9-34　无组织排水

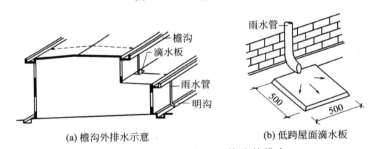

图 9-35　有组织排水——檐沟外排水

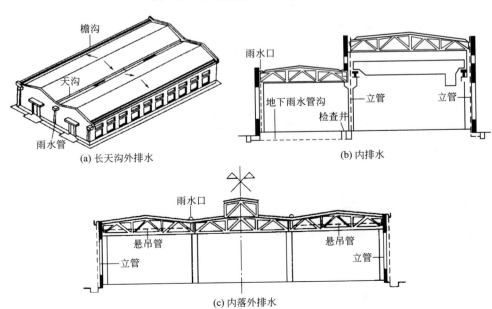

图 9-36　有组织排水其他方式

（2）屋面的防水

对于工业建筑来说，屋面防水构造有效地起到防渗漏的作用，高质量的防水又有助于屋面排水。

单层工业厂房屋面防水有卷材防水与构件自防水、刚性屋面防水、波形瓦屋面防水、压型钢板屋面防水等。

① 卷材防水屋面。卷材防水屋面在构造层次上与民用建筑的平屋顶类似，但值得注意的是，由于厂房屋面面积大，受生产热源、吊车刹车和其他振动荷载影响较大，易使屋面卷材开裂破坏，此外由于大型屋面板构件尺寸大，短边（即横向缝）变形较大，为防止开裂，一般在大型屋面板或保温层上做找平层时做出横向分格缝。卷材防水屋面的坡度要求较缓，一般以 1/3～1/5 为宜，如图 9-37 所示。

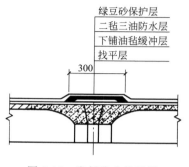

图 9-37　卷材防水构造图

② 构件自防水屋面。构件自防水屋面的屋面板有钢筋混凝土屋面板、钢筋混凝土 F 板、槽瓦板以及波形瓦。它是利用屋面板本身的密实性和抗渗性来承担屋面防水作用，而板缝的防水靠嵌缝或搭盖等措施来解决，其板缝的构造可分为贴缝式、嵌缝式和搭盖式等类型。这种屋面适用于无保温要求的屋面。

a. 贴缝式。在用油膏等灌实的板缝上粘贴若干层卷材即成为贴缝式，如图 9-38（a）所示。

b. 嵌缝式。嵌缝式是在大型屋面板缝中嵌灌防水油膏，在板面上刷防水涂料，同时依靠板的自身平整密实性而达到防水的目的，如图 9-38（b）所示。

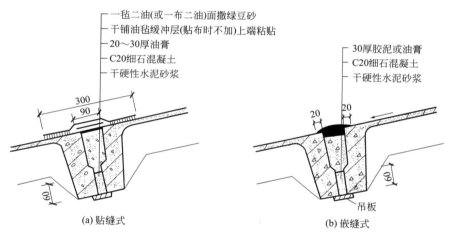

(a) 贴缝式　　　　　　　　　　(b) 嵌缝式

图 9-38　贴缝式、嵌缝式板缝构造

c. 搭盖式。搭盖式构件自防水屋面利用屋面板上下搭盖住纵缝，用盖瓦搭盖横缝，脊瓦搭盖脊缝的方式来达到屋面防水的目的，常用的有 F 板、槽瓦和波形瓦。一般 F 板为无檩体系，如图 9-39 所示；槽瓦屋面组成如图 9-40 所示，它和波形瓦为有檩体系。

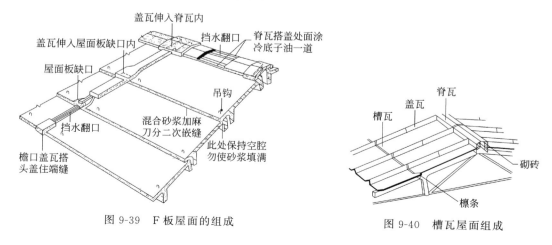

图 9-39　F 板屋面的组成　　　　　　　　　　图 9-40　槽瓦屋面组成

（3）屋面的保温与隔热

① 屋面的保温。屋面板上铺设保温板的构造做法与民用建筑平屋顶相同，在厂房中也广为采用。

按保温层与屋面板的相对位置，保温层可设在屋面板的上部、下部或中部。保温层设在屋面板上部的常用于卷材防水屋面，其构造做法与民用建筑的基本相同。保温层设在屋面板下部的主要用于构件自防水屋面，按施工方法分为直接喷涂和吊挂两种，前者是将由水泥拌和的散状保温材料直接涂覆在屋面板下面，后者是将预制的块状保温材料固定在屋面板下方，如图 9-41 所示。

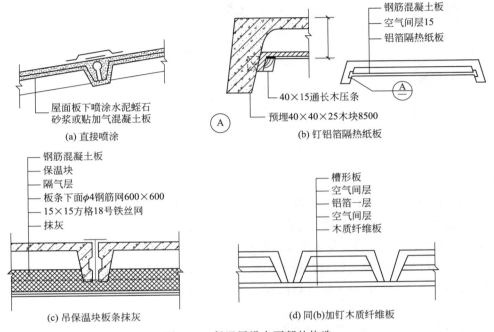

图 9-41　保温层设在下部的构造

保温层设在屋面板中部，一般采用夹芯保温屋面板，具有保温、承重、防火的综合性功能，如图 9-42 所示。夹芯屋面板施工方便、现场湿作业少，但易产生裂缝，并存在"热桥现象"。

② 屋面的隔热。厂房的隔热措施同民用建筑一样。在炎热地区的低矮厂房中，屋面一般应做隔热处理。当厂房高度在 9m 以上时，可不考虑隔热处理，主要通过加强通风来达到降温的目的。当厂房高度在 6～9m 时，还应根据跨度的大小来选择：若高度大于跨度的 1/2，则不需做隔热处理；若高度小于或等于跨度的 1/2，则应做隔热处理。另外，有些地区采用种植屋面、蓄水屋面、反射屋面等来达到隔热的目的，这里不再阐述。

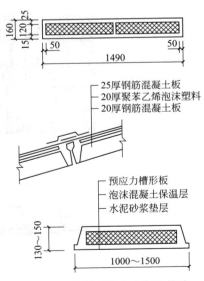

图 9-42　保温层设在中部的构造

9.2.7　大门、侧窗及天窗的构造

9.2.7.1　大门

（1）大门的尺寸

单层工业厂房的大门主要用于生产运输和人流通行。因此，大门的尺寸应根据运输工具的类型、运输货物的外形尺寸及通行高度等因素确定，一般大门的尺寸比装满货物时的车辆宽出 600～1000mm，高出 400～600mm，大门的尺寸以 300mm 为扩大模数进级，如图 9-43 所示。

单层工业厂房的大门类型及其构造方式与民用建筑基本相同。厂房大门的门框有钢筋混凝土和砖砌两种。

洞口宽/mm 运输工具	2100	2100	3000	3300	3600	3900	4200 4500	洞口高/mm
3t矿车	🚃							2100
电瓶车		🚜						2400
轻型卡车			🚗					2700
中型卡车				🚗				3000
重型卡车					🚚			3900
汽车起重机						🚛		4200
火车							🚆	5100 5400

图 9-43　厂房大门常见尺寸

（2）大门的类型与构造

按厂房大门所用材料有钢木大门、木大门、钢板门、空腹薄壁钢门等；按用途有运输工具通行的大门、防火门、保温门、防风门等；按大门开启方式有平开门、上翻门、推拉门、升降门、折叠门、卷帘门。

① 平开门。平开门由门扇、门框及五金零件组成。

当门洞宽度大于 3m 时，应采用钢筋混凝土门框。边框与墙体之间采用拉筋连接，并在铰链位置上预埋铁件。当门洞宽度小于 3m 时，可采用砖砌门框，并在安装铰链的位置砌入有预埋铁件的预制块，且用拉筋与墙体连接。

钢木大门门扇骨架由型钢构成，门芯板采用 15~25mm 厚木板，门芯板与骨架用螺栓连接固定，寒冷地区可采用双层门芯板，中间填充保温材料，并在门扇边缘加钉橡皮条等密封材料封闭缝隙，如图 9-44 所示。

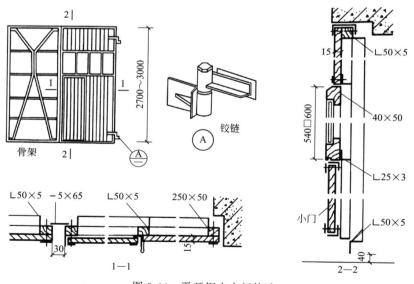

图 9-44　平开钢木大门构造

② 推拉门。推拉门由门扇、导轨、地槽及门框组成。门扇可采用钢木门、钢板门等，每个门扇宽度一般不超过 1.8m。推拉门按支承方式有上悬式和下滑式，当门扇高度小于 4m 时，采用上悬式，如图 9-45 所示；当门扇高度大于 4m 时，采用下滑式，即在门洞上下均设导轨，门扇重量由下面的导轨承担。

③ 卷帘门。卷帘门由卷帘板、导轨、卷筒和开关装置等组成。工业建筑中的帘板常采用页板式，页板可用镀锌钢板或合金铝板轧制而成，页板之间用铆钉连接。页板的下部采用钢板和角钢，用以增强卷

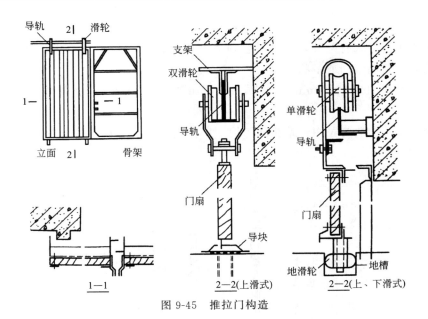

图 9-45　推拉门构造

帘门的刚度，并便于安设门钮。页板的上部与卷筒连接，开启时，页板沿着门洞两侧的导轨上升，卷在卷筒上。门洞的上部设传动装置，传动装置分为手动和电动，如图 9-46 所示。

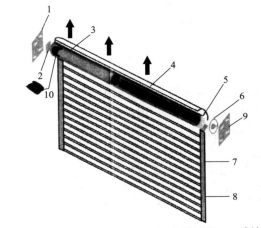

1—左侧板；2—支撑座；3—电机；4—内置平衡系统；5—卷轴；
6—轴承；7—门片；8—导轨；9—右侧板；10—遥控接收器；

(a) 手动传动装置卷帘门构造

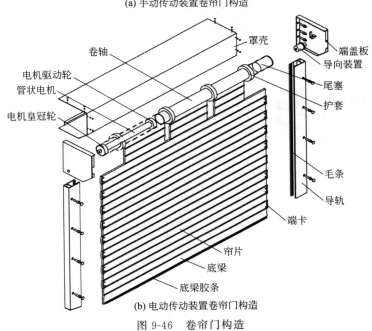

(b) 电动传动装置卷帘门构造

图 9-46　卷帘门构造

9.2.7.2 侧窗

单层厂房侧窗的布置形式有两种，一种是被窗间墙隔开的单独的窗口形式，另一种是厂房整个墙面或墙面大部分做成大片玻璃墙面或带状玻璃窗。

侧窗洞口尺寸宽度在900～6000mm。其中，2400mm以内，以3M为整倍数；2400mm以上，以6M为整倍数。

单层厂房的分类及其构造与民用建筑相同，但厂房侧窗一般将悬窗、平开窗或固定窗等组合在一起。侧窗开关器见图9-47。

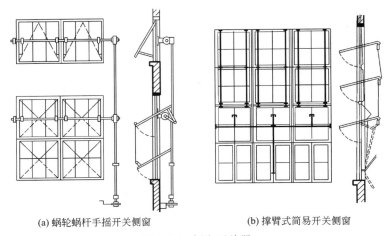

(a) 蜗轮蜗杆手摇开关侧窗　　　　　　(b) 撑臂式简易开关侧窗

图 9-47　侧窗开关器

9.2.7.3 天窗

工业厂房的跨度一般都比较大，为满足天然采光与自然通风，在屋面上常设置各种形式的天窗，常见天窗有上凸式天窗、下沉式天窗、平天窗等，如图9-48所示。其中平天窗的结构和构造简单，布置灵活，造价较低，是目前常用的一种天窗形式。

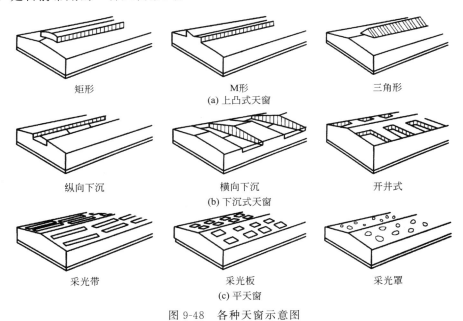

矩形　　　　　　　　　M形　　　　　　　　　三角形

(a) 上凸式天窗

纵向下沉　　　　　　　横向下沉　　　　　　　开井式

(b) 下沉式天窗

采光带　　　　　　　　采光板　　　　　　　　采光罩

(c) 平天窗

图 9-48　各种天窗示意图

（1）平天窗形式

平天窗是在厂房屋面上直接开设采光孔洞，在上面安装平板玻璃或玻璃钢罩等透光材料形成的天窗。平天窗主要有采光板、采光罩和采光带等类型，如图9-49～图9-51所示。采光板与采光罩有固定式和开启式两种。

平天窗的一般构造是在采光口周围做150～250mm高的井壁，并做泛水，井壁上安放采光材料。

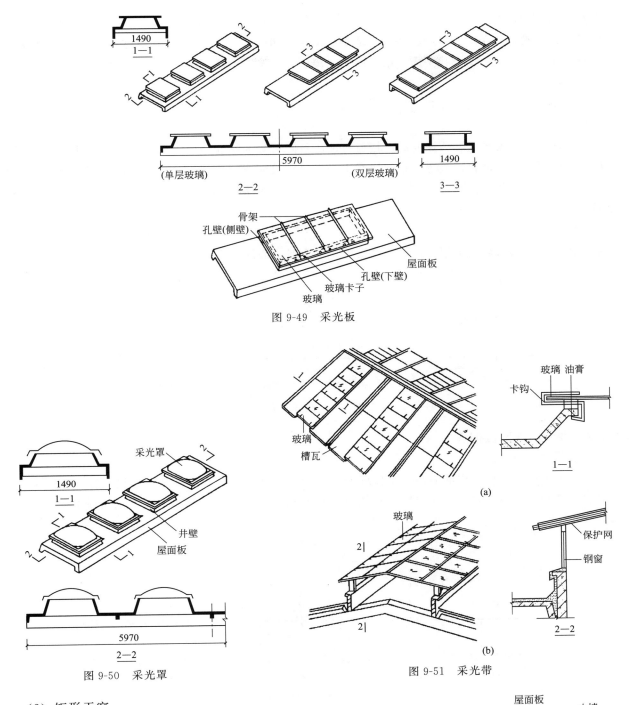

图 9-49　采光板

图 9-50　采光罩

图 9-51　采光带

（2）矩形天窗

矩形天窗沿厂房纵向布置，为简化构造并留出屋面检修和消防通道，在厂房两端和横向变形缝的第一柱间通常不设天窗。在每段天窗的端壁应设置天窗屋面的消防检修梯。

矩形天窗主要由天窗架、天窗屋面板、天窗端壁、天窗侧板及天窗扇等组成，如图 9-52 所示。

9.2.8　地面的构造

厂房地面为了满足生产及使用要求，往往需要具备特殊功能，如防尘、防爆、防腐蚀等，同一厂房内不同地段要求往往不同，这些都增加了地面构造的复杂性。另外，单层厂房地面面积大，所承受的荷载大，如汽车载重后的荷载，因此，地面厚度也大，材料用量也多。

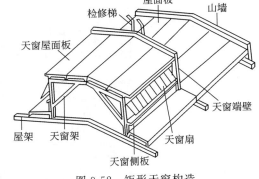

图 9-52　矩形天窗构造

9.2.8.1 地面的组成

厂房地面一般是由面层、垫层、基层（地基）组成，如图9-53所示。当只设这些构造层还不能满足生产与使用要求时，还要增设找平层、结合层、隔离层、保温层、隔声层、防潮层等其他构造层次。

（1）面层

厂房地面的面层可分为整体式面层及块材面层两大类。

（2）垫层

厂房地面的垫层要承受并传递荷载，按材料性质不同可分为刚性垫层、半刚性垫层及柔性垫层三种。刚性垫层是以混凝土、沥青混凝土、钢筋混凝土等材料构筑而成的垫层。半刚性垫层是以灰土、三合土、四合土等材料构筑的垫层。柔性垫层是以砂、碎石、卵石、矿渣、碎煤渣等构筑的垫层，受力后产生塑性变形。

（3）基层

基层是承受上部荷载的土壤层，是经过处理的基土层，最常见的是素土夯实。

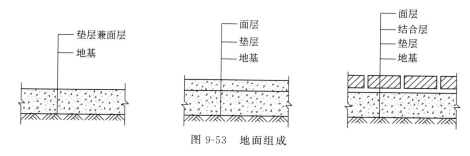

图9-53 地面组成

9.2.8.2 地面特殊部位构造

（1）地面接缝

对于厂房大面积刚性垫层的地面应做接缝处理。接缝按其作用可分为伸缝、缩缝两种。图9-54为混凝土垫层接缝构造。不同种类地面接缝应在接缝处采取相应的加固措施，不同地面的接缝处理如图9-55所示。

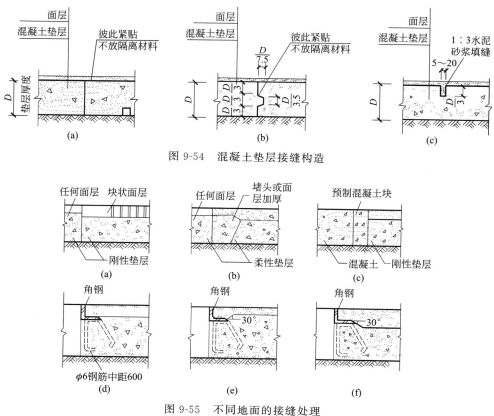

图9-54 混凝土垫层接缝构造

图9-55 不同地面的接缝处理

（2）地沟

地沟供敷设生产管线用。地沟由底板、沟壁、盖板三部分组成。盖板常用钢筋混凝土预制板或用铸铁制作。砖砌地沟的底板一般用 C10 混凝土浇筑，厚度 80～100mm。沟壁常用砖砌，厚度一般为 120～490mm，上部设混凝土垫块，以支承预制钢筋混凝土盖板。为了防潮，沟壁外侧应刷冷底子油一道、热沥青两道，沟壁内侧抹 20mm 厚 1：2 防水砂浆，如图 9-56 所示。

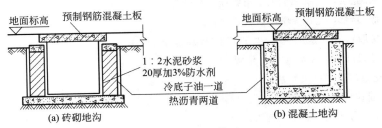

图 9-56 地沟构造

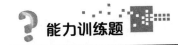

能力训练题

1. 当砖砌外墙跨度小于 15m，吊车吨位不超过（　　）t，柱距不大于 6m 时，可作为承重墙。

A. 3 　　　　　　　B. 5 　　　　　　　C. 8 　　　　　　　D. 10

2. 不属于工业建筑特点的是（　　）。

A. 以生产工艺为主 　　　　B. 技术管网多

C. 建筑内墙多 　　　　　　D. 屋顶面积大，结构、构造复杂

3. 确定牛腿柱截面尺寸的主要控制条件是（　　）。

A. 正截面抗弯承载力 　　B. 构造要求 　　　　C. 斜截面抗裂度 　　　D. 斜截面抗剪承载力

4. 单层厂房抗风柱与屋架的连接传力应保证（　　）。

A. 垂直方向传力，水平方向不传力

B. 垂直方向不传力，水平方向传力

C. 垂直方向和水平方向均不传力

D. 垂直方向和水平方向均传力

5. 吊车梁承受的主要荷载是（　　）。

A. 恒荷载 　　　　　　B. 风荷载 　　　　　　C. 吊车荷载 　　　　　D. 屋面活荷载

6. 厂房大门主要是供生产运输车辆及人通行、疏散之用。下列选项不是按"［］"的开启方式分类的是（　　）。

A. 升降门 　　　　　　B. 空腹薄壁钢门 　　　C. 推拉门 　　　　　　D. 折叠门

7. 矩形天窗是单层工业厂房常用的天窗形式，下列说法不正确的是（　　）。

A. 它主要由天窗架、天窗扇、天窗屋面板、天窗侧板及天窗端壁等构件组成

B. 天窗架的宽度根据采风和通风要求一般为厂房跨度的 1/3 ～ 1/2

C. 防雨要求较高的厂房可在上述固定扇的后侧加 500mm 宽的固定挡雨板，以防止雨水从窗扇两端开口处飘入车间

D. 天窗檐口常采用无组织排水，由带挑檐的屋面板构成，挑出长度一般为 300～500mm

8. 工业厂房是如何分类的？

9. 单层工业厂房的结构组成有哪几部分？

10. 屋面排水的方式有哪几种，使用的范围分别是什么？

参 考 文 献

［1］ 魏松，刘涛.房屋建筑构造.2 版.北京：清华大学出版社，2018.

［2］ 彭国.房屋建筑构造.北京：北京邮电大学出版社，2016.

［3］ 黄云峰，刘惠芳，王强.房屋建筑学.武汉：武汉大学出版社，2013.

［4］ 向欣.建筑构造与识图.北京：北京邮电大学出版社，2013.

［5］ 李少红.房屋建筑构造.北京：北京大学出版社，2012.

［6］ 尚久明.建筑识图与房屋构造.2 版.北京：电子工业出版社，2009.

［7］ GB 50016—2014.建筑设计防火规范（2018 年版）.

［8］ GB/T 5824—2021.建筑门窗洞口尺寸系列.

［9］ GB/T 50002—2013.建筑模数协调标准.

［10］ GB/T 50006—2010.厂房建筑模数协调标准.

［11］ GB 50007—2011.建筑地基基础设计规范.

［12］ 16G101—1.混凝土结构施工图平面整体表示方法制图规则和构造详图（现浇混凝土框架、剪力墙、梁、板）.

附图 1

社区办公楼工程建筑施工图纸

建筑施工图纸目录

×××建筑设计院有限公司		图纸目录	工程号		图别
					建施
			共 1 张		第 1 张
工程名称	社区办公楼		填写人		
			设计日期		

序号	设计图号	图名	图幅	备注
1	建施-01-01	建筑施工图设计说明,门窗表	A2	
2	建施-01-02	工程做法表	A2	
3	建施-02	一层平面图	A3	
4	建施-03	二层平面图	A3	
5	建施-04	三层平面图	A3	
6	建施-05	屋顶层平面图	A3	
7	建施-06	①～⑥轴立面图	A3	
8	建施-07	⑥～①轴立面图	A3	
9	建施-08	Ⓓ～Ⓐ轴立面图,Ⓐ～Ⓓ轴立面图	A3	
10	建施-09	1—1 剖面图,门窗详图	A3	
11	建施-10	楼梯详图	A3	
12	建施-11	节点详图一	A3	
13	建施-12	节点详图二	A3	
14	建施-13	建筑节能设计专篇	A2	

建筑施工图设计说明

1. 主要设计依据

1.1 上级主管部门的批文；当地规划部门的批复，建筑红线及规划要求。

1.2 现行国家主要有关标准及规范；建设单位提供的设计任务书。

1.3 《公共建筑节能设计标准》（GB 50189—2005）。

1.4 国家和地方政府其他相关节能设计、节能产品、节能材料的规定。

2. 设计范围

本工程施工图内容不包括特殊装修构造、景观设计、高级二次精装修及智能化设计内容，当有其他具有资质的设计单位参与设计涉及本工程消防及建筑安全等问题时，其设计图纸须取得我院认可。

3. 工程概况

3.1 工程名称：社区办公楼。

3.2 建筑单位：××区××镇；建设地点：××区××镇。

3.3 占地面积：265.7m²；建筑总面积：797.1m²。

3.4 建筑层数：三层；建筑高度（消防）：12.55m。

3.5 建筑合理使用年限：50年；抗震设防烈度：6度。

3.6 建筑耐火等级：二级；屋面防水等级：Ⅰ级；地下室防水等级：Ⅰ级。

3.7 结构类型：框架结构；建筑类别为：二类。

4. 总图建筑定位及竖向设计

4.1 建筑定位坐标采用城市坐标体系。

4.2 建筑室内±0.000相当绝对标高6.70m，室内外高差0.450m。

5. 尺寸标注

5.1 所有尺寸均以图示标注为准，不应在图上度量。

5.2 总平面图示尺寸，标高均以m为单位，其余尺寸以mm为单位。

5.3 门窗所注尺寸为洞口尺寸。

6. 墙体

6.1 墙体的基础部分详见结构施工图。

6.2 自然地坪层及上部结构所有内外承重及非承重墙体材料及砂浆标号均详见结构说明。

6.3 自然地坪层外墙防水高度均做至散水或台阶下，所有转角及收头做法均详见国际02J301。

6.4 若采用半砖墙砌体时，半砖墙每隔500mm配置2φ6钢筋，与相邻砖墙伸入墙体内长度不应小于1000mm拉结。

6.5 不同墙体材料的连接处均应按结构构造配置拉墙筋，详见结构图，砌筑时应相互搭接，不能留通缝，在框架结构外墙填充墙不同墙体材料的相接处，做粉刷时应加设不小于300mm宽的钢丝网。

6.6 当墙长大于5m，或大型门窗洞口两边应同梁或楼板拉结或加构造柱，当墙高大于4m时，应在墙高的中部加设圈梁或钢筋混凝土配筋带。

6.7 墙身防潮层：底层砌体墙体室内地坪下60mm处设20厚1：2水泥砂浆（内掺3％防水剂）防潮层（此处为钢筋混凝土构造的除外），地面落差处墙体上下各做一道，并在覆土侧连通。

6.8 卫生间淋浴墙面及地面均采用1.2厚水泥基防水涂料一道。

6.9 内墙阳角及内门两侧做1800高、50宽、20厚1：3水泥砂浆底，1：2水泥砂浆面护角。

7. 门窗

7.1 本工程的铝合金窗立樘均位于墙的中心线（图纸另有注明者除外）。

7.2 弹簧门立樘居墙中心，门窗的用料及油漆五金件详见门窗表。

7.3 本图标注的门窗限于所有明确固定空间的门及外门。主体工程阶段不制作的属精装修区域的门窗暂不标注规格门号，所有门窗应按供样本及有关技术指标经本院确认后订货。

7.4 在本设计图上所列尺寸为门窗洞口尺寸，门窗的实际尺寸根据外墙饰面材料的厚度及安装构造所需缝隙由供应厂家提供。

7.5 外门窗的气密性等级要求应满足《建筑外窗空气渗透性能分级及其检测方法》（GB 7107）的规定，建筑物 1～3 层的外窗及阳台门的气密性等级不应低于 6 级，以满足建筑节能的要求。

7.6 门垛做法除图中注明外，砌体边均为 120mm，凡居开间中设的门窗或洞口，在平面中不再标注位置定位尺寸。

7.7 窗台高度低于 900mm，均加设至 900mm 高护栏，但高精装修范围由设计另提相应安全措施。

8. 留孔、预埋、砖砌风管及管道井的处理

8.1 本工程凡预留孔位于钢筋混凝土构件上者，其位置尺寸及标高均详见结构施工图，凡在墙体上的预留洞孔均见建施图。

8.2 凡预埋在混凝土或砌体中的木砖均应采用沥青浸透的防腐处理，设备安装及管道敷设及吊顶等所需的预埋铁件应与土建施工同步进行。

8.3 本工程的预留孔及预埋件请在施工时与各专业图纸密切配合进行，且应在施工时加强固定措施，避免走动，一般不允许事后开凿，必须时应与设计单位事先商讨，经同意后方可实施。

8.4 为保证所有设备管道穿墙、楼板留洞正确，大于 300mm 的预留孔均在结构图标注，小于 300mm 预留孔或预埋件，请与土建密切配合安装，核对各专业工种图纸预留或埋设。所有墙体待设备管线安装好以后应封砌至梁板底（除注明外）。

9. 防水、防潮

9.1 本工程屋面详细构造做法另见建筑说明。

9.2 在采用柔性防水材料卷材部位，其节点构造详见建筑大样图，在转角部位均应设置卷材附加层，当卷材上面设计不需要保护层时，施工期间应保证其不遭受人为损坏。

9.3 除图纸特别注明外，本工程凡卫生间等遇水的房间，楼地面完成面均比同层地面降低 30mm。

9.4 凡上述各房间或平台设有地漏者，地面均应向地漏方向做出不小于 0.5％的排水坡。

9.5 凡上述各房间的墙采用砖墙、砌块墙者，均应在墙体位置（门口除外）用 C20 混凝土做出厚度 120mm，高度为 150mm 的墙槛，并在其楼板面上增设防水涂料层，以防止渗水。当有工程管线穿过楼板或在楼层的管井四周时，用素混凝土翻起 60mm 高翻边。

9.6 屋面与女儿墙交接处，防水层翻起高度不小于 250mm，一次成型。

9.7 卷材防水屋面基层与突出屋面结构（如女儿墙、立墙等）的连接处，以及基层的转角处（水落口、檐沟、天沟等）均应做成圆弧。

9.8 屋面原则上沿建筑轴线设分仓缝。

9.9 屋面排水组织见屋面平面图。外排雨水斗、PVC 雨水管均详见水施图。

9.10 出屋面的管井、洞口均应在现浇板四周上翻起 300mm，并加刷防水涂料两道。

10. 粉刷、油漆、涂料

10.1 本工程内墙粉刷除另有材料做法明细表或由甲方另行委托进行精装修的部位外，均采用 1：1：6 水泥、石灰、砂制成的混合砂浆拉毛，涂料由甲方会同本院共同确定其品种和色调。

10.2 凡内墙阳角或内门大头角，柱面阳角均应用 1：2 水泥砂浆做保护角，其高度应大于 1800mm 或同门洞高度。

10.3 窗台处均采用 1：2 水泥砂浆粉刷。

10.4 外墙出挑部位均应做出鹰嘴滴水线或成品滴水槽线。

10.5 凡混凝土表面抹灰，必须对基层面先凿毛或洒 1：0.5 水泥砂浆内掺黏结剂处理后再进行抹面。

10.6 本工程选用的油漆、涂料及其他饰面材料均应同本院有关设计人员共同看样选色后再订货施工。工程选用的油漆、涂料及饰面材料应为环保绿色产品。

10.7 内外墙和重点部位的涂料色调（或质感）应由厂家先做出不同深浅度或不同质感的样板，由各方会同研究确定。

10.8 凡露明铁件均应采用防锈漆二度以上防锈，其罩面漆品种及色调按图纸注明的要求施工。

10.9 凡露明的雨水管应选用与外墙色调相同或最接近的色调的产品或按图纸注明的要求施工。

10.10 配电箱、消火栓、水表箱等的墙上留洞一般洞深与墙厚相等，背面均做钢板网粉刷，钢板网四周应大于孔洞 100mm。特殊情况另见详图。

10.11 凡卫生间等处内外露之管道，均待安装调试后由用户用 FC 板封包，其表面粉刷同周围墙面或见精装修图。

11. 消防设计

11.1 防火墙部位有设备管线穿过时，应待设备管线安装好后，再进行封砌，必须砌至梁板底，严密封死。

11.2 变形缝处有设备管线穿过预埋不燃套管时，同时又遇跨两个防火分区，当完成管线安装后其套管内的空隙及套管与墙体的缝隙，必须用不燃材料堵严。建筑的地面、墙面、顶部处的变形缝应用不燃材料堵严处理，防止烟火蔓延。

11.3 吊顶、轻质墙体等装修材料应采用不燃材料，当必须采用其他材料时，必须采取其他有效措施，使之达到消防要求。

11.4 安全疏散：本工程为一个防火分区，设有一部疏散楼梯，房内最远工作地点至疏散口的距离均符合规范中的要求。

11.5 防火间距：本工程与相邻建筑间距满足防火间距要求。

11.6 防火材料：本工程内±0.000 以上的墙体均采用烧结页岩多孔砖，梁、板、柱、楼梯均为钢筋混凝土现浇。

12. 室外工程

12.1 散水、排水明沟、踏步、坡道做法，如遇景观环艺设计需要变动，须经建设方同意。

12.2 散水宽600mm，60厚C20混凝土撒1∶1水泥砂浆压实赶光（与勒脚交接处及纵向每6m内设20mm宽伸缩缝，用胶泥嵌缝）；150厚碎石垫层；素土夯实（向外坡5%）。

12.3 道路、庭院道路等的设计，建筑注明仅表示位置，详细实施均见环艺设计。

13. 其他

13.1 本工程外墙装修的幕墙、铝合金窗（门），必须有相应资质的单位设计，必须按照设计要求订货，所绘制的安装详图必须经消防及设计院审核方可施工。

13.2 本说明未详部分见建施图，本工程图纸未尽之处均按国家现行施工及验收规范规定处理。

14. 深化设计标段延伸结合要求

深化设计标段内容包括以本施工为基础的另行委托阶段，包括精装修、钢雨篷设计、钢结构构架及雨篷工程、环艺工程、建筑外部亮灯工程等。

14.1 本工程需进行二次的精装修设计。

所有装修和设备安装，本图仅供参考，正式实施以后以精装图为准。

14.2 建筑外饰幕墙，包括玻璃幕墙和其他幕墙。本图提供范围尺寸等控制要求，按专业部门（具备相应资质）深化设计实施，幕墙设计及安排应配合主体工程预埋要求。

14.3 环艺工程和建筑亮灯工程由专业部门（具备相应资质）进行设计，有关的水电设计均应由环艺提出要求后实施，环艺的种植区必须满足相应的填土土质要求。

14.4 上述各项工程施工，均须在统筹协调的前提下进行，不可忽视深化标段的出图确认、预埋、修改配合等必要环节，以免造成返工损失。

15. 节能说明

具体内容详见节能设计计算书、建筑节能设计专篇。

门窗表

种类	门窗编号	洞口尺寸(包括混凝土窗框)/mm	数量				采用图集	附注
			一层	二层	三层	合计		
门	M0821	800×2100		2	2	4		成品木门样式甲方定制
	M1221			3	3	6		成品木门样式甲方定制
	M1521	1500×2100	2			2		成品木门样式甲方定制
	M1524	1500×2400	1			1		成品木门样式甲方定制
	M3624	3600×2400	1			1	分割详大样	12厚钢化玻璃无框地弹簧门(分割详大样)
窗	C0921	900×2100	2	2	2	6	分割详大样	普通铝合金玻璃窗
	C1221	1200×2100	1	1	1	3	分割详大样	
	C2121	2100×2100	2	3	3	8	分割详大样	
	C2421	2400×2100		3	3	6	分割详大样	
	C2424	2400×2400		2	2	4	分割详大样	
	C2428	2400×2800	2			2	分割详大样	
	C3618	3680×1800	2			2	分割详大样	
	C-1	1500×11500		1		1	分割详大样	
	C6021	6000×2100	1			1	分割详大样	

说明:1.铝合金门窗须由专业生产厂家按国家标准进行二次设计,经本院认可后方可施工。

2.未注明门窗扇开启方式的均为固定门窗。

3.窗台高度低于900mm的窗需加设防护栏杆至900高,做法详见墙身大样。

4.所有门窗尺寸及数量均应与实际核对后方可订货。

工程做法表

分类	编号	名称	工程做法	使用部位
屋面	屋1	不上人保温屋面（自上而下）	20厚1:2水泥砂浆保护层	用于不上人屋面12.100m标高处
			干铺无纺聚酯纤维布一层	
			70厚泡沫玻璃(燃烧性能A1)	
			3mm厚APP防水卷材防水层,四周翻起300高	
			1.5厚合成高分子防水涂膜一道	
			20厚(最薄处)1:2水泥砂浆找平兼找纵坡	
			1:8水泥加气混凝土碎料找坡(最薄处30厚)	
			现浇钢筋混凝土结构自防水屋面,表面扫干净	
	屋2	檐沟	1.5厚合成高分子防水涂膜一道,1.3厚APP防水卷材防水层(自带铝箔保护层)	用于檐沟
			30厚泡沫玻璃(燃烧性能A1)	
			20厚(最薄处)1:2水泥砂浆找平兼找纵坡	
			现浇钢筋混凝土结构自防水屋面,表面扫干净	
	屋3	雨篷	3厚APP防水卷材防水层(自带保护层)	用于雨篷
			最薄处20厚1:3水泥砂浆找坡	
			现浇钢筋混凝土屋面板,表面扫干净	
楼面	楼1	水泥砂浆抹面搓毛楼面	现浇钢筋混凝土楼板(纯水泥浆一道)	用于除卫生间楼梯间外所有房间
			素水泥浆结合层一道(内掺建筑胶)	
			20厚1:2.5水泥砂浆抹面(面层材料另定)	
	楼2	防滑地砖楼面	钢筋混凝土梁板底刷混凝土界面剂JCTA-400	用于卫生间等用水房间楼面
			1.2厚水泥基防水涂料一道	
			素水泥浆结合层	
			15厚1:3水泥砂浆找平层	
			15厚1:2水泥砂浆结合层	
			防滑地砖面层(离缝法素水泥浆勾缝)	
	楼3	花岗岩楼面	钢筋混凝土梁板底刷混凝土界面剂JCTA-400	用于楼梯及楼梯间入口
			素水泥浆结合层一道	
			20厚1:3干硬性水泥砂浆	
			1.3厚水泥胶结合层	
			20厚花岗岩贴面,中国黑花岗岩走边(立边及侧面磨双边);素水泥浆擦缝	
地面	地1	水泥砂浆地面	素土夯实	用于其他房间
			150厚碎石垫层	
			100厚C20混凝土垫层	
			刷水泥浆一道(内掺建筑胶)	
			20厚1:2.5水泥砂浆抹面	
	地2	花岗岩地面	素土夯实	用于楼梯及楼梯间入口
			150厚碎石垫层	
			100厚C20混凝土垫层	
			1.3厚水泥胶结合层	
			20厚花岗岩贴面,中国黑花岗岩走边(立边及侧面磨双边);素水泥浆擦缝	

分类	编号	名称	工程做法	使用部位
外墙	外墙外1（外保温）	涂料墙面	外砖墙或钢筋混凝土墙柱（界面砂浆）清理基层	使用部位及颜色详见立面图、墙体大样图和效果图
			界面剂一道	
			30厚无机轻集料保温砂浆B型（燃烧等级A）	
			4~5厚抗裂砂浆（压入耐碱玻纤网，首层为双层耐碱玻纤网）	
			1.2厚丙乳防水浆料	
			外墙涂料一底二面（喷涂）	
	外墙内1（内保温）	涂料墙面	内墙面（界面剂）	
			20厚无机轻集料保温砂浆C型（燃烧等级A）	
			4~5厚抗裂砂浆（压入耐碱玻纤网，首层为双层耐碱玻纤网）	
			1.2厚丙乳防水浆料	
			白色乳胶漆一底二面	
	外墙外2（外保温）	面砖墙面	外砖墙或钢筋混凝土墙柱（界面砂浆）清理基层	
			界面剂一道	
			30厚无机轻集料保温砂浆B型（燃烧等级A）	
			4~5厚抗裂砂浆（压入耐碱玻纤网，首层为双层耐碱玻纤网）	
			12厚1:2水泥砂浆打底扫毛	
			15厚1:2水泥砂浆结合层	
			1.2厚丙乳防水涂料	
			面砖贴面	
	外墙内2（内保温）	瓷砖墙面	内墙面（界面剂）	
			20厚无机轻集料保温砂浆C型（燃烧等级A）	
			4~5厚抗裂砂浆（压入耐碱玻纤网，首层为双层耐碱玻纤网）	
			12厚1:2水泥砂浆打底扫毛	
			15厚1:2水泥砂浆结合层	
			1.2厚丙乳防水浆料	
			瓷砖贴面	
室外工程	坡道1	薄板石材面层坡道	40厚花岗岩石板铺面，背面及四周边涂满防污剂，灌水泥浆擦缝	用于室外台阶、残疾人坡道
			素水泥面（洒适量清水）	
			30厚1:3干硬性水泥砂浆黏结层	
			素水泥浆一道（内掺建筑胶）	
			60厚C15混凝土	
			300厚3:7灰土分两步夯实，宽出面层300mm（薄板石材面层如为光面时，应有防滑措施，可水平做打毛防滑带，宽带60mm，间距不大于150mm）	
顶棚	棚1	PVC扣板天棚	U38型轻钢龙骨，大龙骨中居1200mm	用于卫生间
			中龙骨中居600mm，小龙骨中居600mm	
			覆面板为高分子PVC扣板（3厚），距楼面3m高	
	棚2	乳胶漆顶棚	钢筋混凝土顶板	用于除卫生间外其他房间及楼梯间
			成品腻子批平	
			白色乳胶漆二度	
内墙	内墙1	乳胶漆墙面	内墙面（界面剂）	用于除卫生间外所有房间
			12厚1:1.6水泥石灰砂浆分层抹平	
			8厚1:0.3:3水泥石灰砂浆罩面抹光	
			满刮腻子两道	
			白色乳胶漆一底二面	

分类	编号	名称	工程做法	使用部位
内墙	内墙2	瓷砖墙面	内墙面(界面剂)	用于卫生间隔墙墙面贴到吊顶上5cm
			1.2厚水泥基防水涂料一道	
			12厚1:2水泥砂浆打底(掺防水剂)	
			8厚1:2水泥砂浆粉面刮糙(掺防水剂)	
			瓷砖贴面,150高黑缸砖踢脚	
踢脚	踢1	缸砖踢脚	内墙面	所有踢脚
			12厚1:3水泥砂浆打底扫毛	
			6厚1:2水泥砂浆罩面,压实赶光	
			150高黑缸砖贴面,干水泥擦缝	

注:所有砂浆均采用预搅拌砂浆。

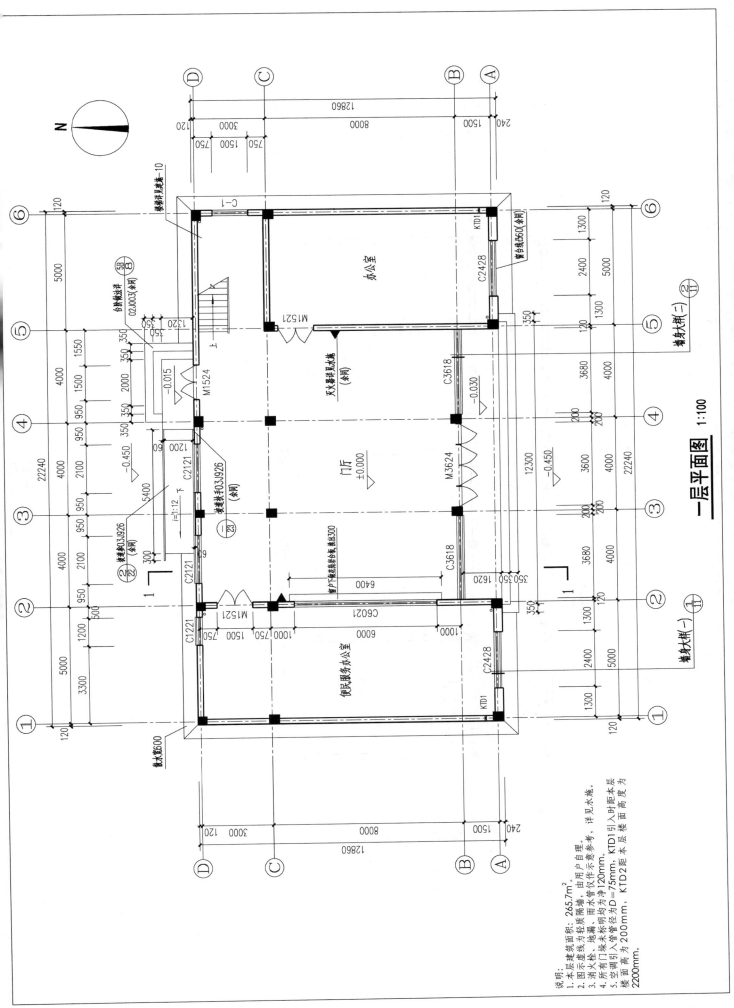

一层平面图 1:100

办公室

门厅 ±0.000

便民服务办公室

说明：
1. 本层建筑面积：265.7m²。
2. 图示虚线为轻质隔墙，由用户自理。
3. 消火栓、所有地漏、雨水管均为净120mm。
4. 所有门梁未标明均为净120mm。
5. 空调引入管径为D=75mm，KTD1引入时距本层楼面商为200mm，KTD2距本层楼面商度为2200mm。

N

197

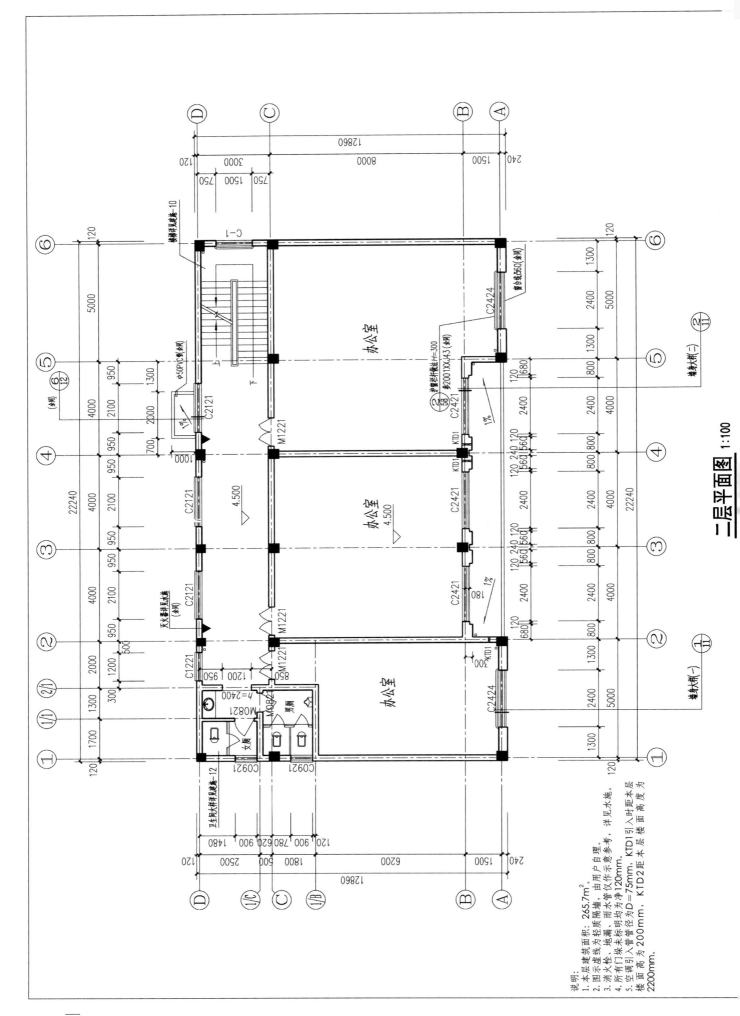

二层平面图 1:100

说明:
1. 本层建筑面积: 265.7m²。由用户自理。
2. 图示虚线为轻质隔墙，详见水施。
3. 消火栓、地漏、雨水管明均为净120mm。
4. 所有门垛未标明均为净120mm。
5. 雨水管管径为D=75mm，KTD1引入时距本层楼面高为200mm，KTD2距本层楼面高度为2200mm。空调引入管径为200mm，KTD1引入时距本层楼面高度为2200mm。

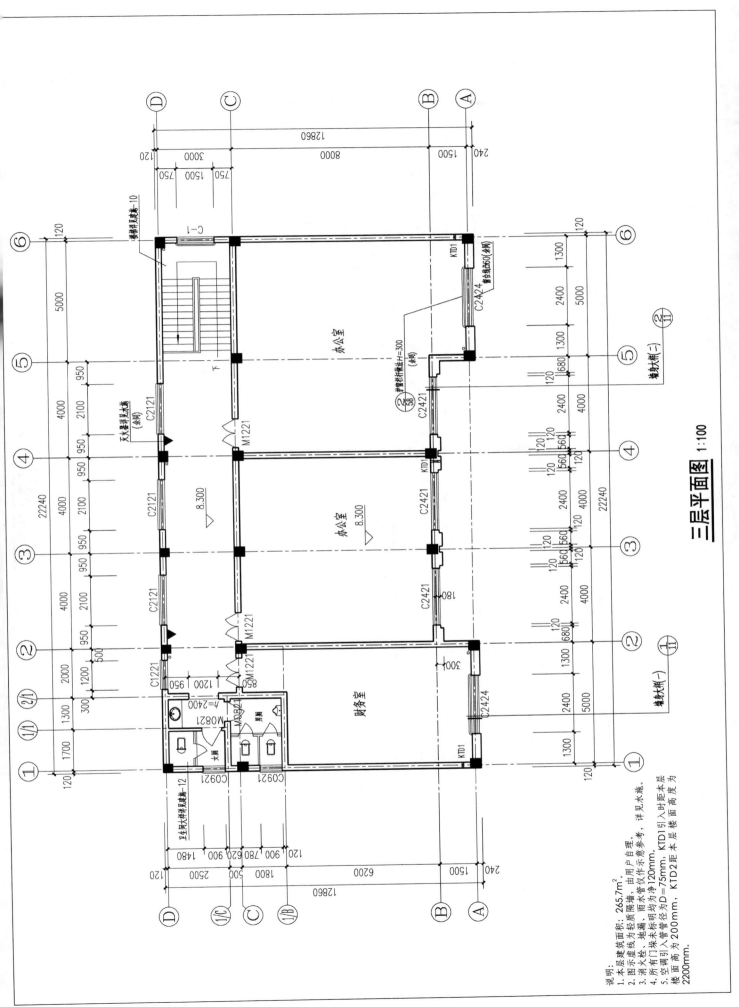

三层平面图 1:100

说明：本层建筑面积：265.7m²
1. 本层外墙为轻质隔墙，由用户自理。
2. 图示虚线为轻墙，雨水管仅作示意参考，详见水施。
3. 消火栓、地漏、雨水管明均为净120mm。
4. 所有门窗未标明均为净120mm。
5. 空调引入管径为D=75mm，KTD1引入时距本层楼面高为200mm，KTD2距本层楼面高度为2200mm。

199

屋顶层平面图 1:100

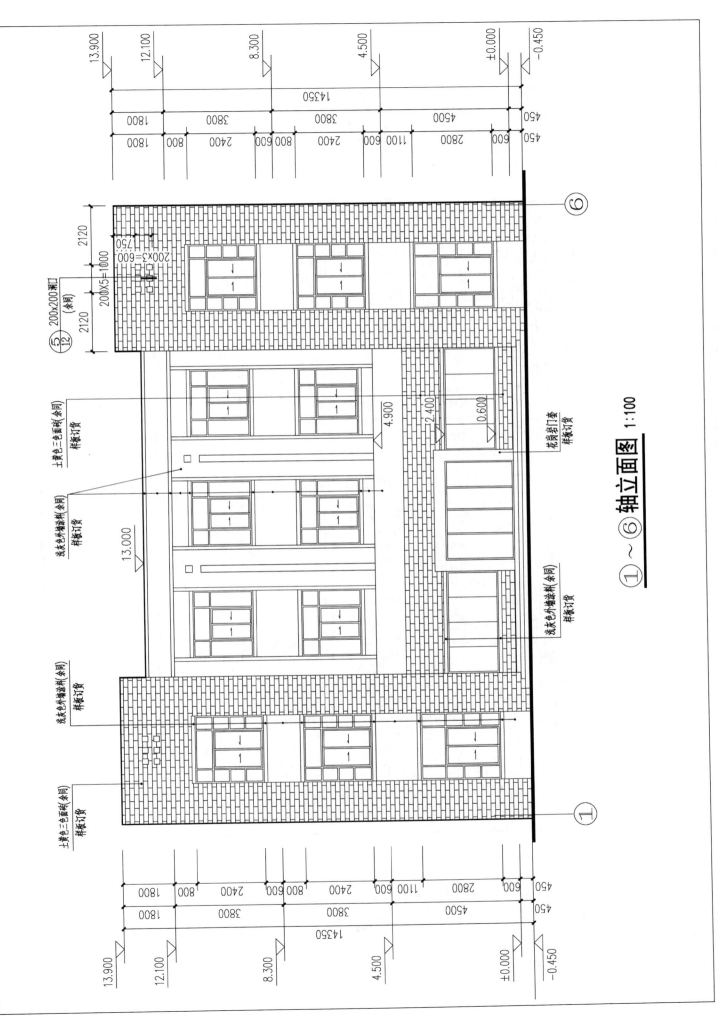

①～⑥轴立面图 1:100

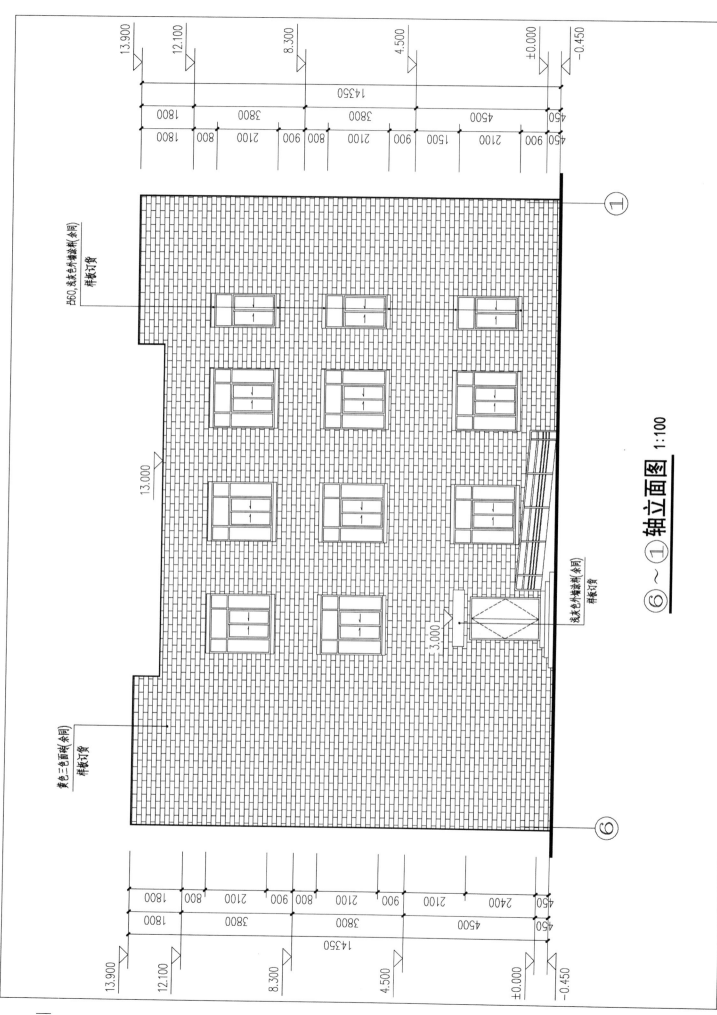

⑥~① 轴立面图 1:100

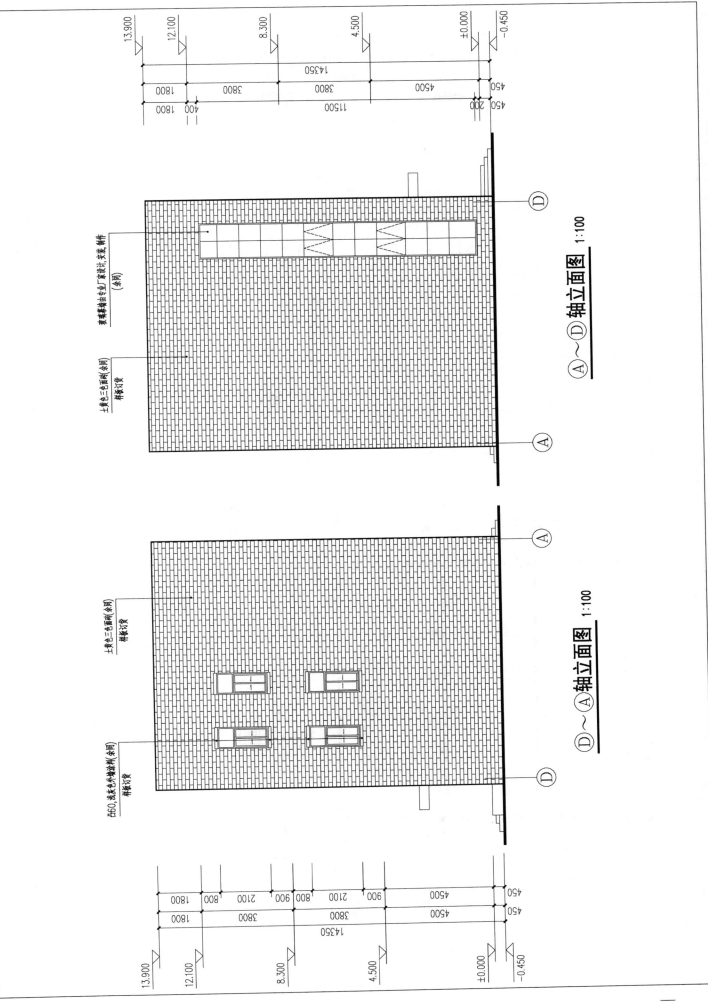

Ⓐ～Ⓓ轴立面图 1:100

Ⓓ～Ⓐ轴立面图 1:100

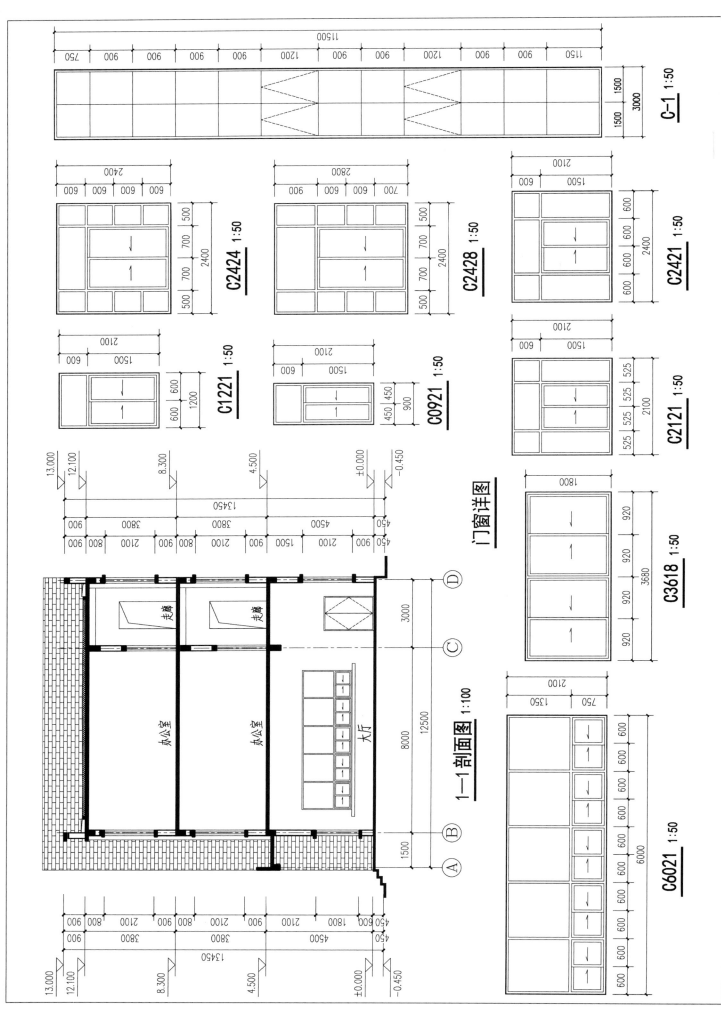

C-1 1:50

C2424 1:50

C2428 1:50

C2421 1:50

C1221 1:50

C0921 1:50

C2121 1:50

C3618 1:50

门窗详图

1—1剖面图 1:100

C6021 1:50

走廊

走廊

办公室

办公室

大厅

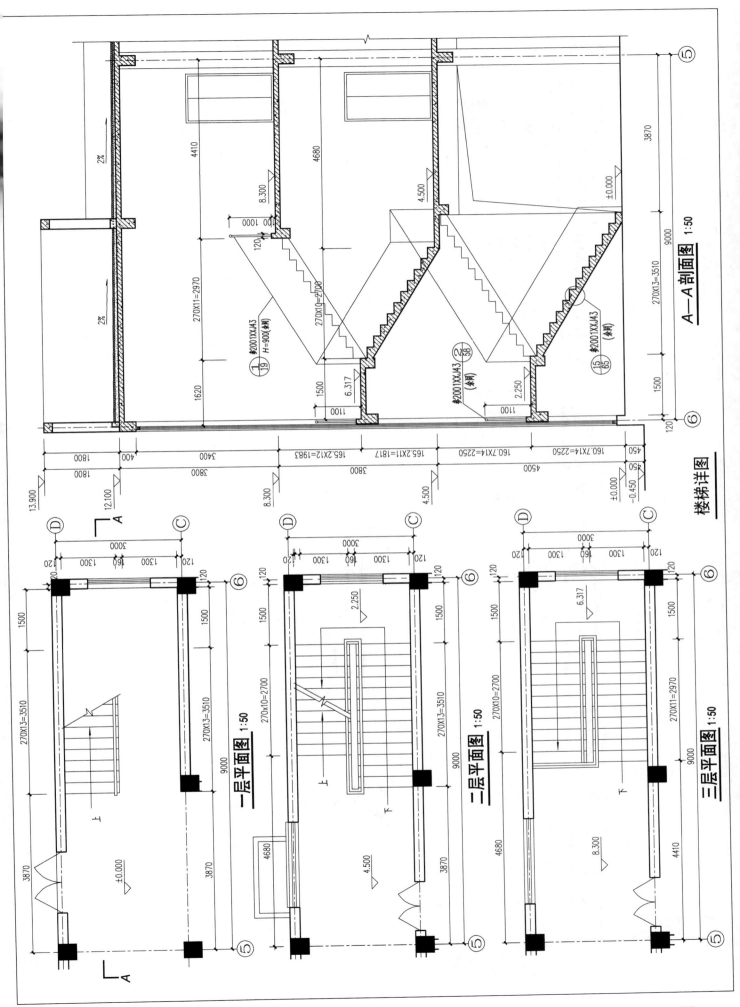

楼梯详图

A—A剖面图 1:50

一层平面图 1:50

二层平面图 1:50

三层平面图 1:50

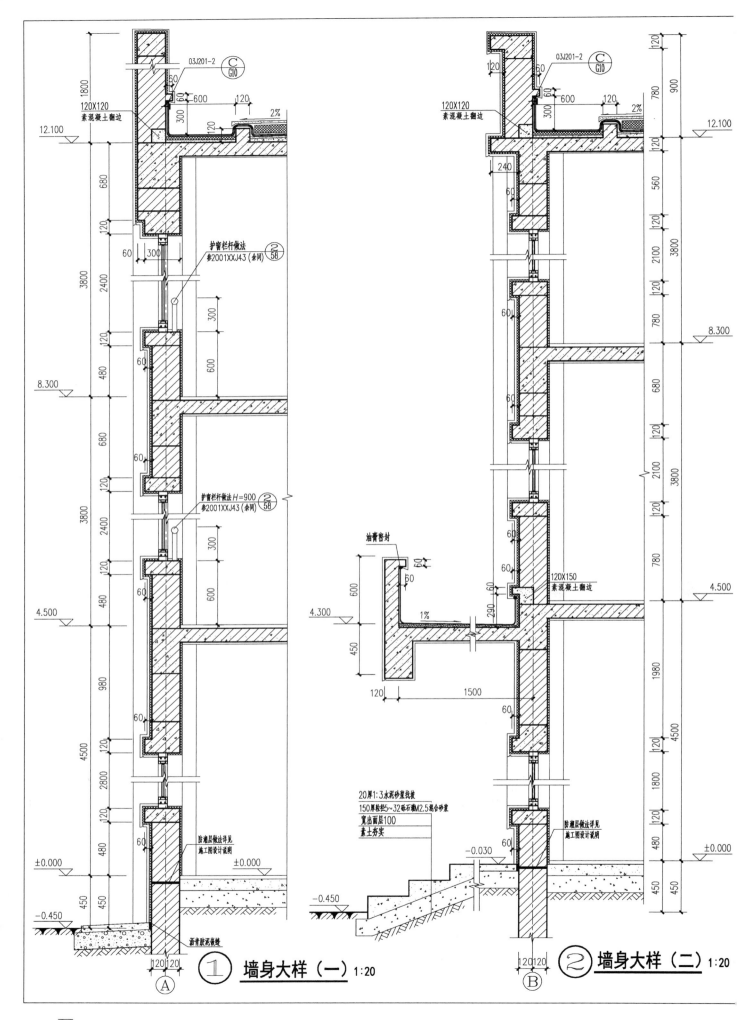

03J201-2 ⓒ/G10

120X120
素混凝土翻边

2%

护窗栏杆做法
参2001XXJ43（余同） ②/58

护窗栏杆做法 H=900 ②/58
参2001XXJ43（余同）

防潮层做法详见
施工图设计说明

沥青砂泥浆缝

① 墙身大样（一）1:20
Ⓐ

03J201-2 ⓒ/G10

120X120
素混凝土翻边

2%

油膏密封

120X150
素混凝土翻边

20厚1:3水泥砂浆找坡
150厚拉结5~32砾石灌M2.5混合砂浆
宽出面层100
素土夯实

防潮层做法详见
施工图设计说明

② 墙身大样（二）1:20
Ⓑ

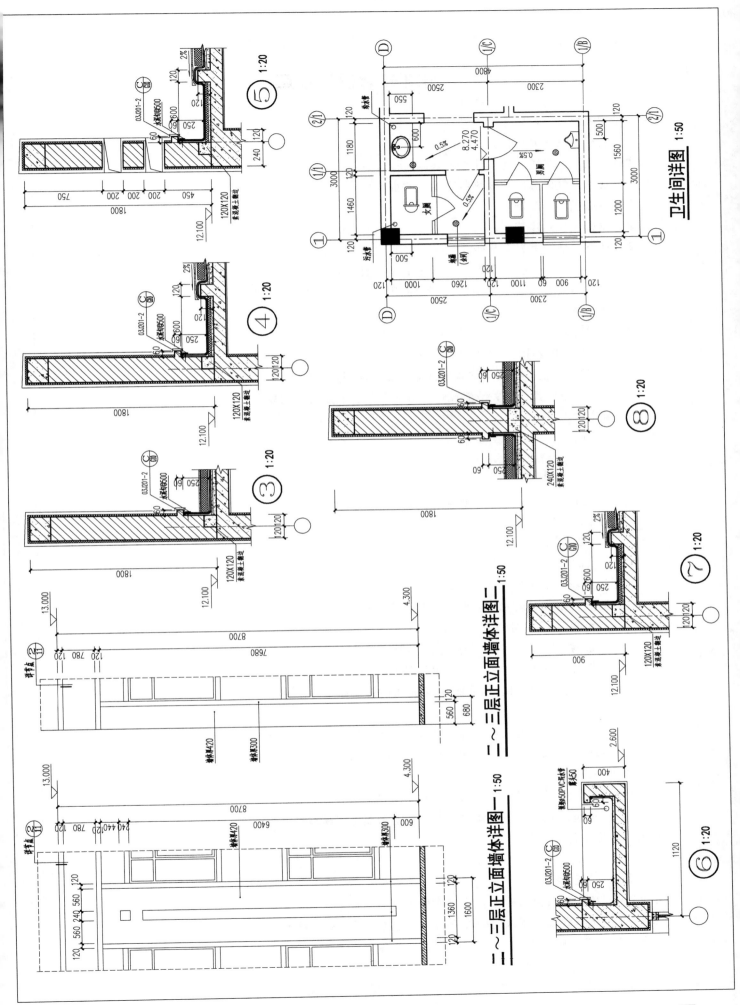

卫生间详图 1:50

二~三层正立面墙体详图二 1:50

二~三层正立面墙体详图一 1:50

建筑节能设计专篇

一、工程概况

1. 项目名称：社区办公楼。

2. 建筑单位：××镇；建设地点：×区×镇。

3. 本项目地处气候分区的夏热冬冷地区的Ⅲ区。

4. 建筑总面积：797.1m²。

5. 建筑类型：公共建筑。

6. 墙材种类：烧结页岩多孔砖。

7. 建筑层数：三层；建筑高度：12.55m；建筑体积：2277.73m³。

8. 建筑体形系数为0.35，外窗时可开启面积大于窗面积的30%。

二、设计依据

1. 《民用建筑热工设计规范》（GB 50176—2016）。

2. 《公共建筑节能设计标准》（GB 50189—2015）。

3. 《建筑外门窗气密、水密、抗风压性能分级及检测方法》（GB/T 7106—2008）。

4. 国家和地方政府其他相关节能设计、节能产品、节能材料的规定。

三、建筑专业

建筑朝向：南。

节能设计的构造做法如下。

（一）屋面保温隔热做法

屋面保温屋面采用70厚的泡沫玻璃（燃烧等级A）。

不上人屋面工程做法：

1. 20厚1:2水泥砂浆保护层；

2. 干铺无纺聚酯纤维布一层；

3. 70厚泡沫玻璃（燃烧性能A1）；

4. 3厚APP防水卷材防水层，四周翻起300高；

5. 1.5厚合成高分子防水涂膜一道；

6. 20厚（最薄处）1:2水泥砂浆找平兼找纵坡；

7. 1:8水泥加气混凝土碎料找坡（最薄处50厚）；

8. 现浇钢筋混凝土结构自防水屋面，表面扫干净。

（二）外墙外保温做法

外墙外保温采用30厚无机轻集料保温砂浆B型。

1. 外砖墙或钢筋混凝土墙柱（界面砂浆）清理基层；

2. 界面剂一道；

3. 30厚无机轻集料保温砂浆B型（燃烧等级A）；

4. 4～5厚抗裂砂浆（压入耐碱玻纤网，首层为双层耐碱玻纤网）。

其余做法见工程做法表。

（三）外墙内保温做法

1. 内墙面（界面剂）；

2. 20厚无机轻集料保温砂浆C型（燃烧等级A）；

3. 4～5厚抗裂砂浆（压入耐碱玻纤网，首层为双层耐碱玻纤网）。

其余做法见工程做法表。

（四）外门窗保温隔热做法

外门窗采用隔热金属型材窗框（6mm中等透光反射＋12mm空气＋6mm透明）。

建筑外窗及阳台门的气密性等级，不低于现行国家标准《建筑外窗气密性能分析及检测方法》（GB/T 7107—2002）中规定的6级要求；为提高门窗、幕墙的气密性能，门窗、幕墙的面板缝隙应采取良好的密封措施。玻璃或非透明面板四周应采用弹性好、耐久的密封条密封或注密封胶密封。开启窗应采用双道式多道密封，并采用弹性好耐久的密封条。推拉窗开启扇四周应采用中间带胶片毛条或橡胶密封条密封。建筑外窗建议设置外遮阳。

四、节能设计表

浙江省公共建筑围护结构节能设计表

工程名称：社区办公楼　　结构类型：框架结构　　层数：3层　　建筑面积：797.1m²　　体形系数：0.35

部位			传热系数限值 $K/[W/(m^2 \cdot K)]$	平均窗墙面积比	节能做法的（平均）传热系数 K	保温材料，构造做法图集索引及编号
屋顶			0.7	—	0.7	不上人平屋面70厚的泡沫玻璃(燃烧等级A)
外墙	南		1.0	—	0.99	外保温30厚无机轻集料保温砂浆B型，内保温20厚无机轻集料保温砂浆C型(燃烧等级A)
	北		1.0	—	0.99	同上
	东		1.0	—	0.99	同上
	西		1.0	—	0.99	同上
窗(含阳台透明部分)	南	（偏东30°至偏西30°）	3.5	0.3	3.1	隔热金属型材窗框(6mm中等透光反射＋12mm空气＋6mm透明)
	北	（偏东60°至偏西60°）	4.7	0.16	3.1	同上
	东	（偏北30°至偏南60°）	4.7	0.1	3.1	同上
	西	（偏北30°至偏南60°）	4.7	0.04	3.1	同上
底层自然通风的架空楼板			—	—	—	
超限时的权衡判断计算内容详见建筑围护结构热工性能的权衡计算						
建筑物的节能综合指标（"对比评定法"）分析			参照建筑的空调采暖年耗电量 $E_{Cre}/kW \cdot h$			108.34
			所设计建筑的空调采暖耗电量 $E_C/kW \cdot h$			104.30
结论：该建筑节能设计已经达到了节能要求						

　　注：本工程节能各项数据详见本幢楼的节能计算报告。除上述建筑各部位的措施外，根据实际情况可采用更先进的材料和技术进行优化。

五、外保温施工节点详图

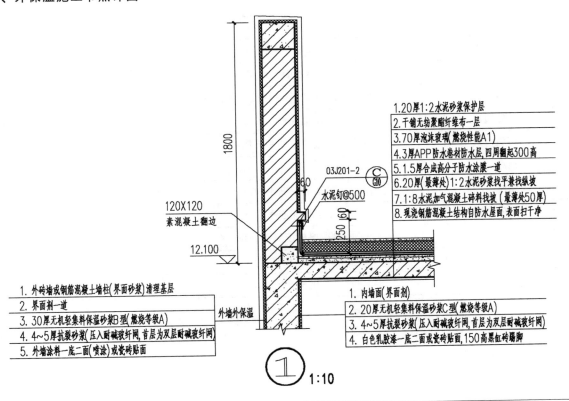

1800

03J201-2 ⓒ/G10
水泥钉@500

60
250　60

120×120
素混凝土翻边

12.100

外墙外保温

1. 20厚1:2水泥砂浆保护层
2. 干铺无纺聚酯纤维布一层
3. 70厚泡沫玻璃(燃烧性能A1)
4. 3厚APP防水卷材防水层，四周翻起300高
5. 1.5厚合成高分子防水涂膜一道
6. 20厚(最薄处)1:2水泥砂浆找平兼找纵坡
7. 1:8水泥加气混凝土碎料找坡(最薄处50厚)
8. 现浇钢筋混凝土结构自防水屋面，表面扫干净

1. 外砖墙或钢筋混凝土墙柱(界面砂浆)清理基层
2. 界面剂一道
3. 30厚无机轻集料保温砂浆B型(燃烧等级A)
4. 4~5厚抗裂砂浆(压入耐碱玻纤网，首层为双层耐碱玻纤网)
5. 外墙涂料一底一面(喷涂)或瓷砖贴面

1. 内墙面(界面剂)
2. 20厚无机轻集料保温砂浆C型(燃烧等级A)
3. 4~5厚抗裂砂浆(压入耐碱玻纤网，首层为双层耐碱玻纤网)
4. 白色乳胶漆一底二面或瓷砖贴面，150高黑缸砖踢脚

① 1:10

附图 2

社区办公楼工程结构施工图纸

结构施工图纸目录

×××建筑设计院有限公司		图纸目录	工程号		图别
					结施
			共 1 张		第 1 张
工程名称	社区办公楼		填写人		
			设计日期		

序号	设计图号	图名	图幅	备注
1	结施-01	结构设计总说明	A3	
2	结施-02	基础平面布置图	A3	
3	结施-03	基础～标高 12.100 柱配筋平面图	A3	
4	结施-04	二层梁配筋平面图	A3	
5	结施-05	三层梁配筋平面图	A3	
6	结施-06	屋顶层梁配筋平面图	A3	
7	结施-07	二层板配筋平面图	A3	
8	结施-08	三层板配筋平面图	A3	
9	结施-09	屋顶层板配筋平面图	A3	
10	结施-10	节点详图,楼梯详图一	A3	
11	结施-11	楼梯详图二	A3	

结构设计总说明

一、工程概况

本工程位于××区××镇。概况见下表：

项目名称	地上层数	地下层数	高度/m	结构类型	基础类型
社区办公楼	三层	—	12.550	框架结构	浅基础

二、自然条件

1. 基础风压：$W_0 = 0.45 \text{kN/m}^2$；地面粗糙度：B 类。

2. 基本雪压：$S_0 = 0.45 \text{kN/m}^2$。

3. 场地地震基本烈度： 6 度；抗震设防烈度： 6 度；设计基本地震加速度： 0.05 g。

设计地震分组：第 一 组；建筑物场地土类别： Ⅲ 类。

三、设计总则

1. 建筑结构的安全等级： 二 级。

2. 设计使用年限： 50 年。

3. 建筑抗震设防类别： 丙 类；地基基础设计等级： 丙 级。

4. 本工程基础、卫生间、屋面混凝土环境类别为二 a 类，其余部位混凝土环境类别均为一类。

四、本工程相对标高±0.000 相当于黄海高程 6.70m ，本工程室内外高差为 450mm 。

五、本工程设计遵循的标准、规范、规程

1. 《建筑结构可靠度设计统一标准》（GB 50068）。

2. 《建筑结构荷载规范》（GB 50009）。

3. 《混凝土结构设计规范》（GB 50010）。

4. 《建筑抗震设计规范》（GB 50011）。

5. 《建筑地基基础设计规范》（DB 33/1001）。

6. 《建筑地基基础设计规范》（GB 50007）。

7. 《地下工程防水技术规范》（GB 50108）。

8. 《砌体结构设计规范》（GB 50003）。

9. 《多孔砖砌体结构技术规范》（JGJ 137）。

10. 《混凝土多孔砖建筑技术规范》（DB 33/1014）。

11. 《建筑工程抗震设防分类标准》（GB 50223）。

六、本工程设计计算所采用的计算程序

1. 采用中国建筑科学研究院 PKPMCAD 工程部编制的 PKPM 系列软件 2010 新规范版本（2010 年 3 月版）进行结构整体分析。

2. 采用中国建筑科学研究院 PKPMCAD 工程部编制的 PKPM 系列软件 2010 新规范版本（2010 年 3 月版）进行基础计算。

七、设计采用的楼面及屋面均布活荷载标准值

部位	活荷载/(kN/m²)	部位	活荷载/(kN/m²)
楼梯	3.5	楼面	2.5
卫生间	2.5	不上人屋面	0.5

注：使用荷载和施工荷载不得大于设计活载值。

八、地基基础

1. 地基基础形式：详见结施-2。

2. 基础施工前需将表层耕植土清除，开挖基槽时，如遇软弱土层等异常情况，应通知勘察和设计部

门处理，基槽开挖完毕应会同勘察和设计部门验槽，上部回填土须在上部结构施工完成前回填。

3.地下水位较高时，施工应采取有效措施降低地下水位，保证正常施工，同时应防止因降低地下水位对周围建筑物产生不利影响。

4.基坑开挖时应根据勘查报告提供的参数进行放坡，对基坑距道路、市政管线、现有建筑物较近处应进行边坡支护，以确保道路、市政管线、现有管线和现有建筑物的安全和施工的顺利进行。

5.本工程应进行沉降观测，沉降观测点均设置于勒脚上口，点位选设在建筑物的四角、转角处及沿外墙每10～15m处。沉降观测自施工至±0.000时首次观测，以后待每层结构完成观测一次，结顶以后每月观测一次，竣工后每半年观测一次。未尽之处均按规范《建筑变形测量规范》(JGJ 8—2016)执行。

6.基底超挖部分用砂石（其中碎石、卵石占全重30%）分层回填夯实至设计标高，压实系数≥0.97。基础混凝土养护完成后应迅速回填土（压实系数≥0.94）至室内外地坪标高。

7.基础墙体采用MU15混凝土普通砖、M10水泥砂浆砌筑，双面粉20厚1:2防水水泥砂浆。墙体在室外地坪下60mm处设20厚1:2水泥砂浆防潮层（内掺3%的$FeCl_3$防水剂）。

九、主要结构材料

1.钢筋："Φ"为HPB300热轧钢筋，钢筋强度标准值$f_{yk}=300N/mm^2$，钢筋强度设计值$f_y=f'_y=270N/mm^2$；"Φ"为HRB335热轧钢筋，钢筋强度标准值$f_{yk}=335N/mm^2$，强度设计值$f_y=f'_y=300N/mm^2$。"Φ"为HRB400热轧钢筋，钢筋强度标准值$f_{yk}=400N/mm^2$，强度设计值$f_y=f'_y=360N/mm^2$。

2.混凝土

项目名称	构件部位	混凝土强度等级	备注
社区办公楼	基础	C25	
	柱	C25	
	梁板	C25	
	基础垫层	C15	
	构造柱、过梁	C25	
	标准构件		按标准图要求

3.砌体

	构件部位		砖、砌块强度等级	砂浆强度等级
填充墙	±0.000以下		MU15混凝土普通砖	M10水泥砂浆
	±0.000以上	所有墙体	MU10烧结页岩多孔砖（容重不大于14.50kN/m³）	M7.5混合砂浆

注：楼梯间和人流通道的填充墙，采用钢丝网砂浆面层加强。砂浆采用预拌砂浆。

4.焊条：钢筋焊接时采用的焊条型号应与主体钢材相适应，并应符合相应标准的规定。

十、钢筋混凝土结构构造

1.本工程混凝土主体结构类型及抗震等级见下表：

项目名称	结构类型	框架抗震等级
社区办公楼	框架结构	四级

2.本工程上部结构采用国家标准图16G101-1《混凝土结构施工图平面整体表示方法制图规则和构造详图》（现浇混凝土框架、剪力墙、梁、板）的表示方法。施工图中未标明的构造要求应按照标准图的有关要求执行。

3.钢筋的混凝土保护层

纵向受力钢筋的混凝土保护层厚度［最外层钢筋（包括箍筋、构造筋、分布筋）的外缘至混凝土表面的距离］不应小于钢筋的公称直径，且应符合下表规定：

环境类别		板、墙、壳/mm		梁、柱、杆/mm	
		≤C25	>C25	≤C25	>C25
一		20	15	25	20
二	a	25	20	30	25
	b	30	25	40	35

注：基础梁、板、柱底面钢筋的混凝土保护层厚度40mm。

4. 钢筋接头形式及要求

（1）钢筋的连接可分为：绑扎搭接、机械连接和焊接，机械连接和焊接接头的类型及质量应符合国家现行有关标准的规定。

（2）钢筋的连接应优先采用机械连接，梁纵筋不得采用电渣压力焊。当受力钢筋直径 $d>25mm$ 时，应采用机械连接接头，当受力钢筋直径 $d≤25mm$ 时，可采用绑扎搭接接头。接头位置宜设置在受力较小处，在同一根钢筋上宜少设接头。

（3）轴心受拉及小偏心受拉杆件的纵向受力钢筋不得采用绑扎搭接接头，应采用机械连接或焊接接头。

（4）同一构件中相邻纵向受力钢筋接头的位置应相互错开，当采用焊接接头时，钢筋焊接接头连接区段的长度为 $35d$（d 为纵向受力钢筋的较大直径）且不小于 $500mm$；当采用绑扎搭接接头时，钢筋绑扎搭接接头连接区段的长度为 1.3 倍搭接长度。位于同一连接区段内的受力钢筋搭接接头面积百分率应符合下表要求：

接头形式	受拉区接头面积百分率	受压区接头面积百分率
机械连接	≤50%	不限
焊接连接	≤50%	不限
绑扎连接	<25%	≤50%

注：凡接头中点位于连接区段内的搭接接头均属于同一连接区段。

5. 纵向钢筋的锚固长度、搭接长度

（1）纵向钢筋的锚固长度

（a）非抗震及四级抗震等级的纵向受拉钢筋最小锚固长度详见 16G101-1《混凝土结构施工图平面整体表示方法制图规则和构造详图》（现浇混凝土框架、剪力墙、梁、板）图集中第 57 页。

（b）一、二、三级抗震等级的纵向受拉钢筋的最小锚固长度详见 16G101-1《混凝土结构施工图平面整体表示方法制图规则和构造详图》（现浇混凝土框架、剪力墙、梁、板）图集中第 57 页。

（c）受压钢筋的锚固长度不应小于受拉钢筋锚固长度的 0.7 倍。

（2）纵向钢筋的搭接长度。纵向钢筋的搭接长度均须按 16G101-1《混凝土结构施工图平面整体表示方法制图规则和构造详图》（现浇混凝土框架、剪力墙、梁、板）标准构造详图中的有关规定执行。

6. 现浇钢筋混凝土板：除具体施工图中有特别规定者外，现浇钢筋混凝土板的施工应符合以下要求：

（1）板的底部钢筋伸入墙或梁支座内的锚固长度应伸至墙或梁中心线且不应小于 $5d$，d 为受力钢筋直径。

（2）板的边支座和中间支座板顶标高不同时，负筋在梁或墙内的锚固应满足受拉钢筋最小锚固长度，按本说明第 5（1）条确定。

（3）双向板的支座钢筋、短跨钢筋置于上排，长跨钢筋置于下排；双向板的底部钢筋、短跨钢筋置于下排，长跨钢筋置于上排。

（4）当板底与梁底平时，板的下部钢筋伸入梁内须弯折后置于梁的下部纵向钢筋之上。

（5）板上孔洞应预留，结构平面图中只表示出洞口尺寸≥300mm 的孔洞，施工时各工种必须根据各专业图纸配合土建预留全部孔洞，不得后凿。

（6）板上开洞（洞边无集中荷载）与洞边加强钢筋的构造做法详见 16G101-1《混凝土结构施工图平面整体表示方法制图规则和构造详图》（现浇混凝土框架、剪力墙、梁、板）图集中第 110、111 页。

（7）板悬挑阳角放射筋、悬挑阴角附加筋构造详见 16G101-1《混凝土结构施工图平面整体表示方法制图规则和构造详图》（现浇混凝土框架、剪力墙、梁、板）图集中第 112、113 页。

（8）板内分布钢筋，除注明者外均为 $\phi 6@200$。

（9）楼层梁板上不得任意增设建筑图中未标注的隔墙（泰柏板等轻质隔墙除外）。

7. 钢筋混凝土梁

（1）梁内第一根箍筋距柱边或梁边 50mm 起。

（2）主梁内在次梁作用处，箍筋应贯通布置，凡未在次梁两侧注明箍筋者，均在次梁两侧各设 3 组箍筋，箍筋肢数、直径同梁箍筋，间距 50mm。次梁吊筋在梁配筋图中表示。梁附加箍筋、附加吊筋详见图一。

（3）梁上设柱详见图二；梁上设吊钩构造详见图三。

（4）主、次梁高度相同时，次梁的下部纵向钢筋应置于主梁下部纵向钢筋之上。

（5）梁上开洞加强筋示意详见图四。

（6）梁除详图注明外，应按施工规范起拱。

（7）所有以断面表示的梁，其主筋的锚固长度 $\geq L_{aE}$。

8. 钢筋混凝土柱

（1）柱应按建筑施工图中填充墙的位置预留拉结筋。拉结筋 $2\phi 6@500$ 沿框架柱高度方向设置，沿墙全长贯通。

（2）柱与现浇过梁、圈梁连接处，在柱内应预留插筋（同圈梁、过梁主筋），插筋伸出柱外皮长度为 $1.2L_{aE}$，锚入柱内长度为 L_{aE}。

（3）当柱混凝土强度等级高于梁混凝土一个等级时，梁柱节点处混凝土可随梁混凝土强度等级浇筑。当柱混凝土强度等级高于梁混凝土两个等级时，梁柱节点处混凝土应按柱混凝土强度等级浇筑，此时，应先浇筑柱的高等级混凝土，然后再浇筑梁的低等级混凝土，也可以同时浇筑，但应特别注意，不应使低等级混凝土扩散到高等级混凝土的结构部位中去，以确保高强度等级混凝土结构质量，节点详见图五。

9. 填充墙

（1）填充墙的平面位置见建筑图，不得随意更改。砌体部分施工质量控制等级为 B 级。

（2）当首层填充墙下无基础梁或结构梁板时，墙下应做基础，基础做法详见基础平面图。

（3）所有门窗洞顶除已有框梁外，均设置 C25 混凝土过梁，详见图六。若洞在柱边时详见图七。

（4）当砌体填充墙高度大于 4m 时应沿墙半高处设置钢筋混凝土圈梁。如遇过梁时，取大者。

（5）墙体拉结筋的设置，构造柱箍筋加密，构造柱边砌体马牙槎的砌筑等构造措施均采用 03G363《多层砖房钢筋混凝土构造柱抗震节点详图》，墙长大于 5m 时，墙顶部与框架梁底采取可靠连接，详见图九。墙长超过 8m 或层高 2 倍时，墙中设置构造柱 GZ，框架梁与构造柱的连接详见图八。

（6）填充墙应在主体结构施工完毕后，由下而上逐层砌筑，或将填充墙砌筑至梁、板底附近，最后再由上而下按下述（7）条要求完成。

（7）填充墙砌至板、梁底附近后，应待砌体沉实后再用斜砌法把下部砌体与上部板、梁间用砌块逐块敲紧填实，构造柱顶采用干硬性混凝土捣实。

10. 预埋件。所有钢筋混凝土构件均应按各工种的要求，如建筑吊顶、门窗、栏杆管道吊架等设置预埋件，各工种应配合土建施工，将需要的埋件留全。预制构件的吊环应采用 HPB300 制作，严禁使用冷加工钢筋。吊环埋入混凝土的深度不应小于 $30d$，并应焊接或绑扎在钢筋骨架上。

十一、其他

1. 本工程图示尺寸以毫米（mm）为单位，标高以米（m）为单位。

2. 防雷接地做法详见电施图。

3. 悬臂梁、悬挑板的支撑须待混凝土强度达到 100% 后方可拆除。

4.施工时必须密切配合建施、结施、电施、水施、暖施等有关图纸施工，如配合建施图的栏杆、钢梯、门窗安装等设置预埋件或预留孔洞，柱与墙身的拉结钢筋，电施的预埋管线防雷装置，接地与柱内纵筋焊成一体，电施预埋铁板，水施图中的预埋管线及预留洞等。施工洞的留设必须征得设计单位的同意，严禁自行留洞或事后凿洞。

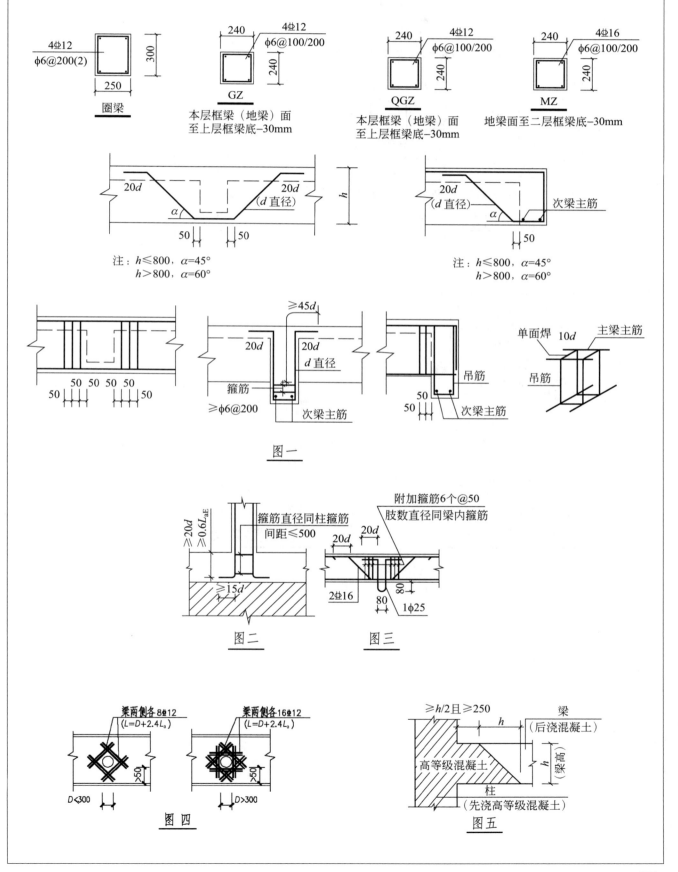

图一

图二   图三

图四   图五

洞宽＜1500时现浇

1500≤洞宽＜2100时现浇

2100≤洞宽≤3000时现浇

3000＜洞宽≤3600时现浇

图六　门窗洞口过梁图

过梁长度L=洞口宽度+500

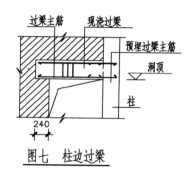

图七　柱边过梁

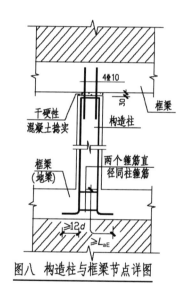

图八　构造柱与框梁节点详图

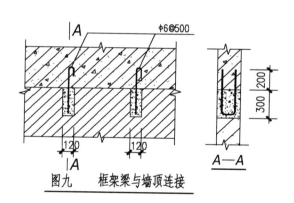

图九　框架梁与墙顶连接

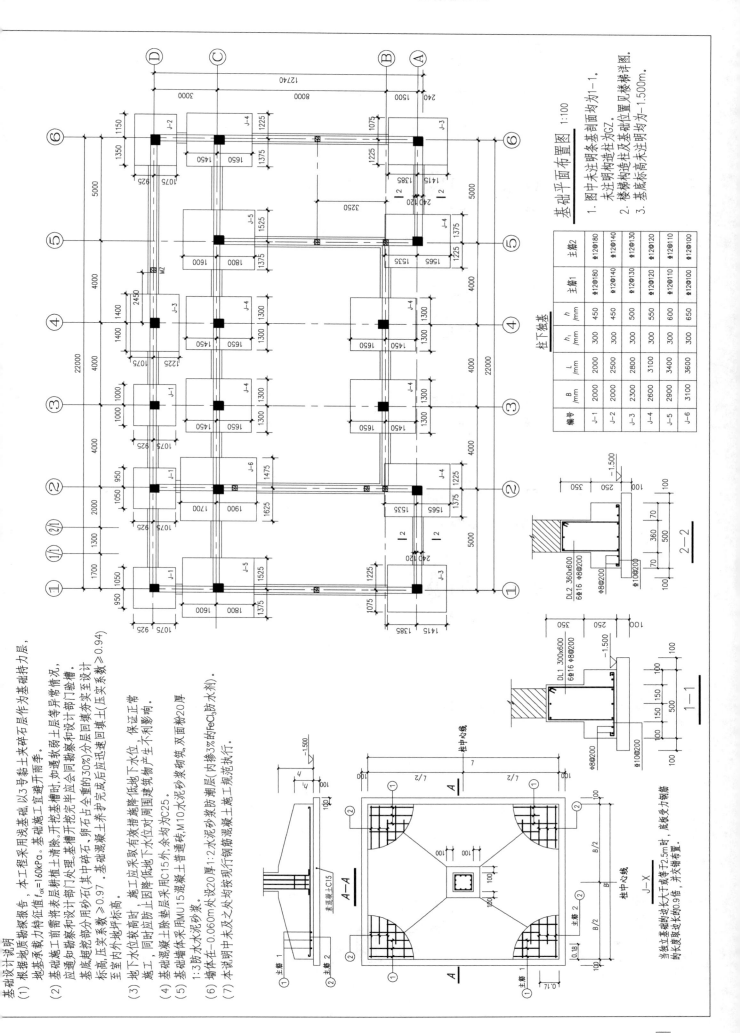

基础设计说明

(1) 根据地质勘探报告，本工程采用浅基础，以3号黏土夹碎石层作为基础持力层，地基承载力特征值 f_{ak}=160kPa。基础施工宜避开雨季。

(2) 基础施工前需将表层耕植土清除。开挖基础槽时，如遇软弱土层等异常情况，应通知勘察和设计处理。基础槽开挖完毕应会同勘察和设计部门验槽。
基底超挖部分用砂石(其中碎石、卵石占全重的30%)分层回填夯实至设计标高，压实系数≥0.97。基础混凝土未夯完成后应迅速填回填土(压实系数≥0.94)至室内外地坪标高。

(3) 地下水位较高时，施工应采取有效措施降低地下水位，保证正常施工，同时应以防止因降低地下水位对周围建筑物产生不利影响。

(4) 基础混凝土垫层采用C15外，余均为C25。

(5) 基础墙体采用MU15混凝土普通砖，M10水泥砂浆砌筑，双面粉20厚1:3防水水泥砂浆。

(6) 墙体在-0.060m处设20厚1:2水泥砂浆防潮层(内掺3%的FeCl₃防水剂)。

(7) 本说明中未及之处均按现行钢筋混凝土施工规范执行。

基础平面布置图 1:100

说明：
1. 图中未注明条基剖面均为1—1。
   未注明构造柱均为GZ。
2. 楼梯构造柱及基础位置见楼梯详图。
3. 基底标高未注明均为-1.500m。

柱下独基

编号	B/mm	L/mm	h_1/mm	h/mm	主筋1	主筋2
J-1	2000	2000	300	450	Φ12@180	Φ12@180
J-2	2000	2500	300	450	Φ12@140	Φ12@140
J-3	2300	2800	300	500	Φ12@130	Φ12@130
J-4	2600	3100	300	550	Φ12@120	Φ12@120
J-5	2900	3400	300	600	Φ12@110	Φ12@110
J-6	3100	3600	300	650	Φ12@100	Φ12@100

2—2

DL2 360×600
6Φ16 Φ8@200
Φ10@200
Φ8@200

1—1

DL1 300×600
6Φ16 Φ8@200
Φ8@200
Φ10@200

J—X

素混凝土C15

A—A

柱中心线

当独立基础础边长L大于或等于2.5m时，底板受力钢筋的长度取边长的0.9倍，并交错布置。

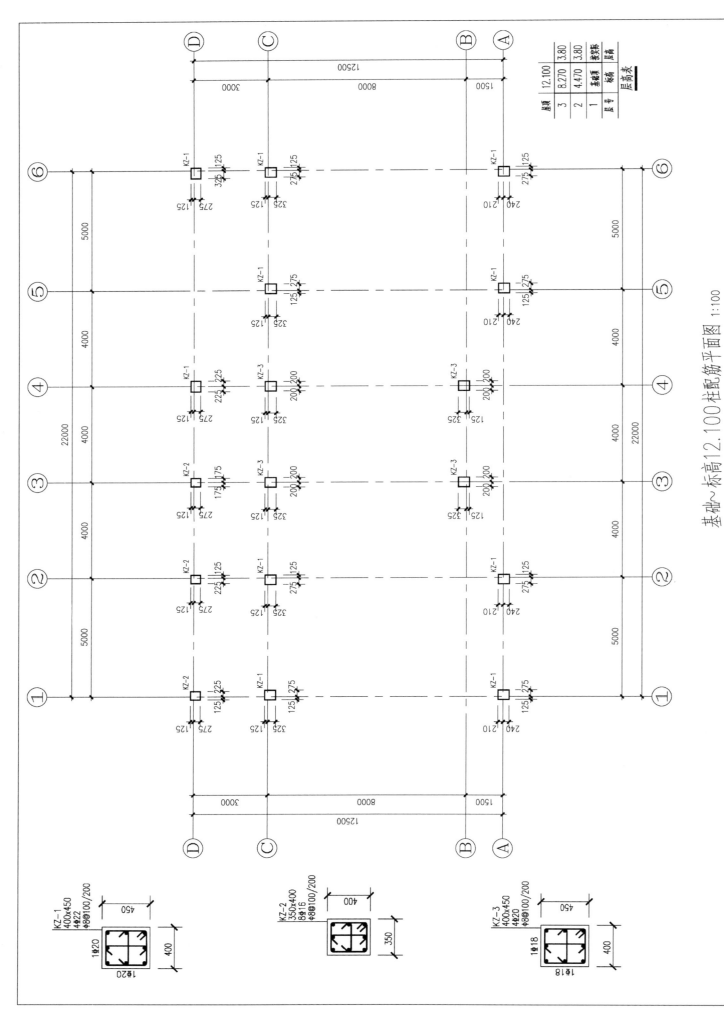

基础~标高12.100柱配筋平面图 1:100

层高表		
屋顶	12.100	
层号	标高	层高
3	8.270	3.80
2	4.470	3.80
1	基础顶	

KZ-1
400×450
4Φ22
Φ8@100/200

KZ-2
350×400
8Φ16
Φ8@100/200

KZ-3
400×450
4Φ20
Φ8@100/200

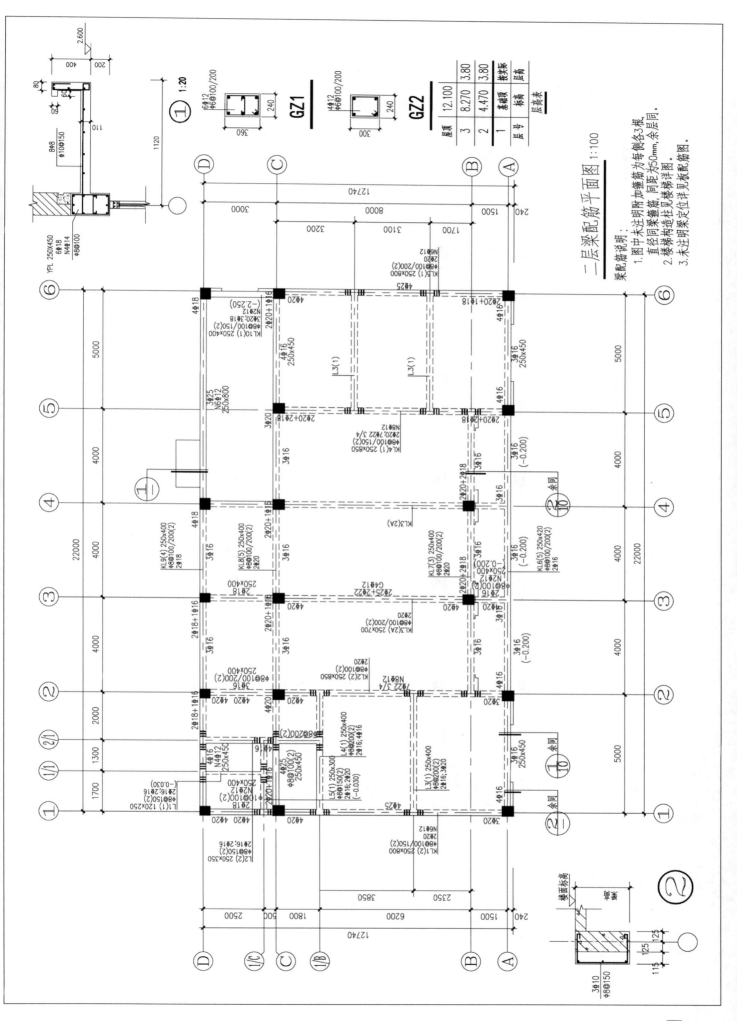

二层梁配筋平面图 1:100

GZ1

GZ2

梁配筋说明：
1. 图中未注明附加箍筋为每侧各3根。
直径同梁箍筋，间距为50mm，余同。
2. 楼梯构造柱见楼梯详图。
3. 未注明梁定位详见板配筋图。

层号	标高	层高
屋顶	12.100	
3	8.270	3.80
2	4.470	3.80
1	基顶	
层号	标高	层高

层高表

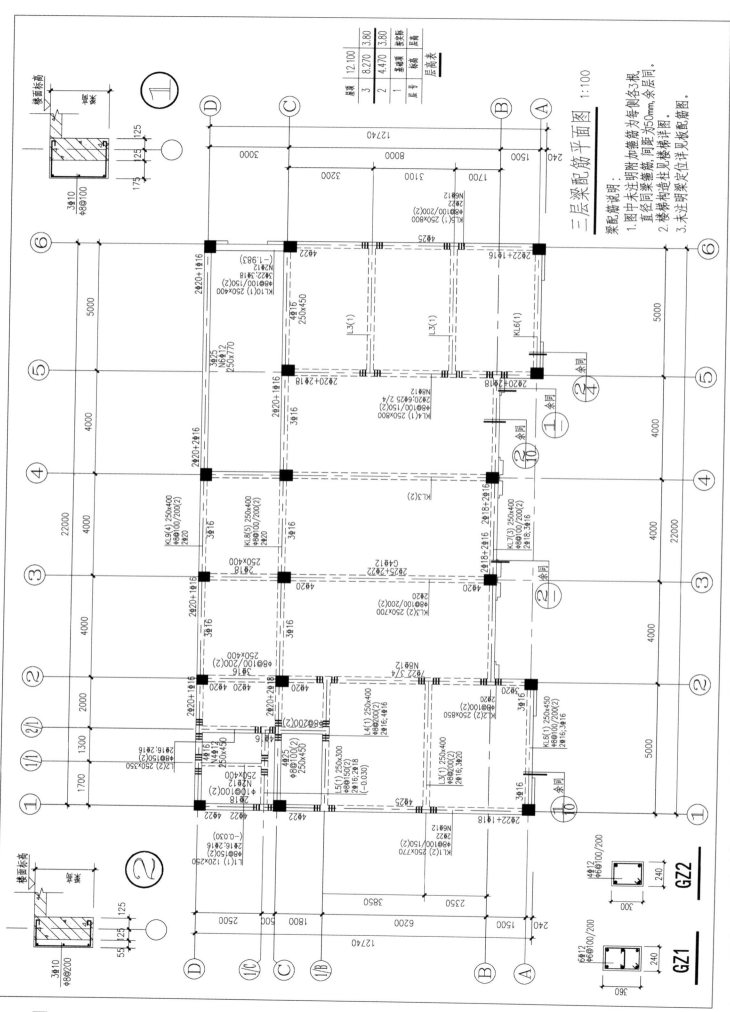

三层梁配筋平面图 1:100

梁配筋说明：
1. 图中未注明附加箍筋为每侧各3根，直径同梁箍筋，间距为50mm，余层同。
2. 楼梯构造柱见楼梯详图。
3. 未注明梁定位详见板配筋图。

层号	层高	结构标高
层顶	12.100	
3	8.270	3.80
2	4.470	3.80
1	基顶面	

层高表

GZ1

GZ2

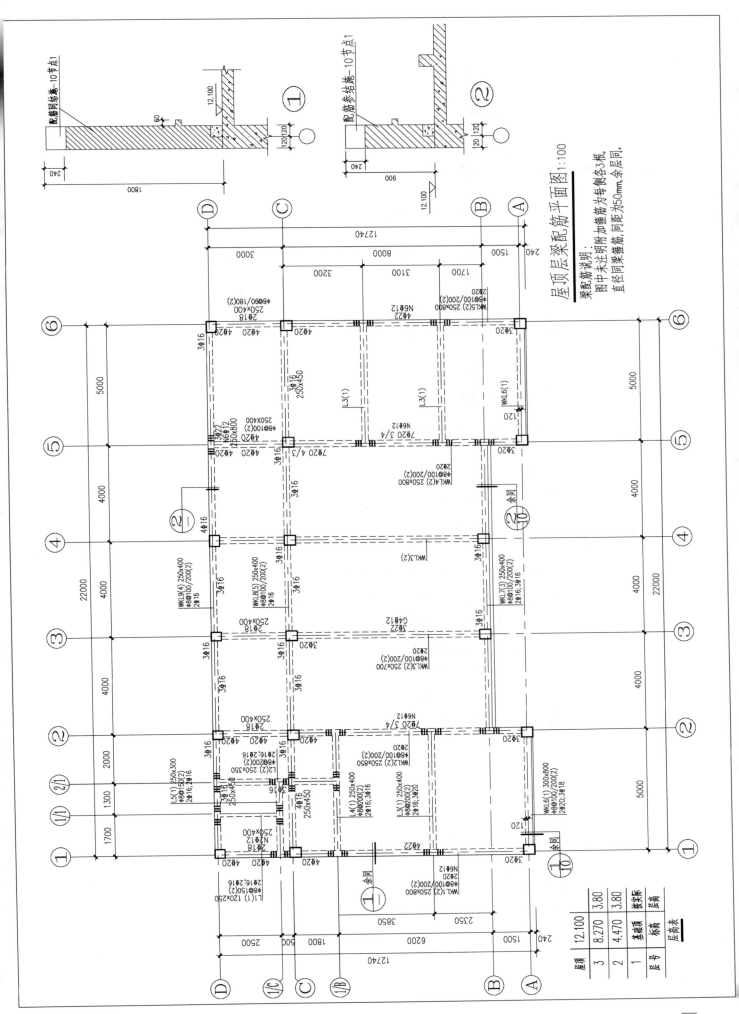

屋顶层梁配筋平面图 1:100

梁配筋说明：
图中未注明附加箍筋为每侧各3根，
直径同梁箍筋，间距为50mm，余层同。

层顶	12.100		
3	8.270	3.80	
2	4.470	3.80	
1	基础顶		
层号	标高	层高	

层高表

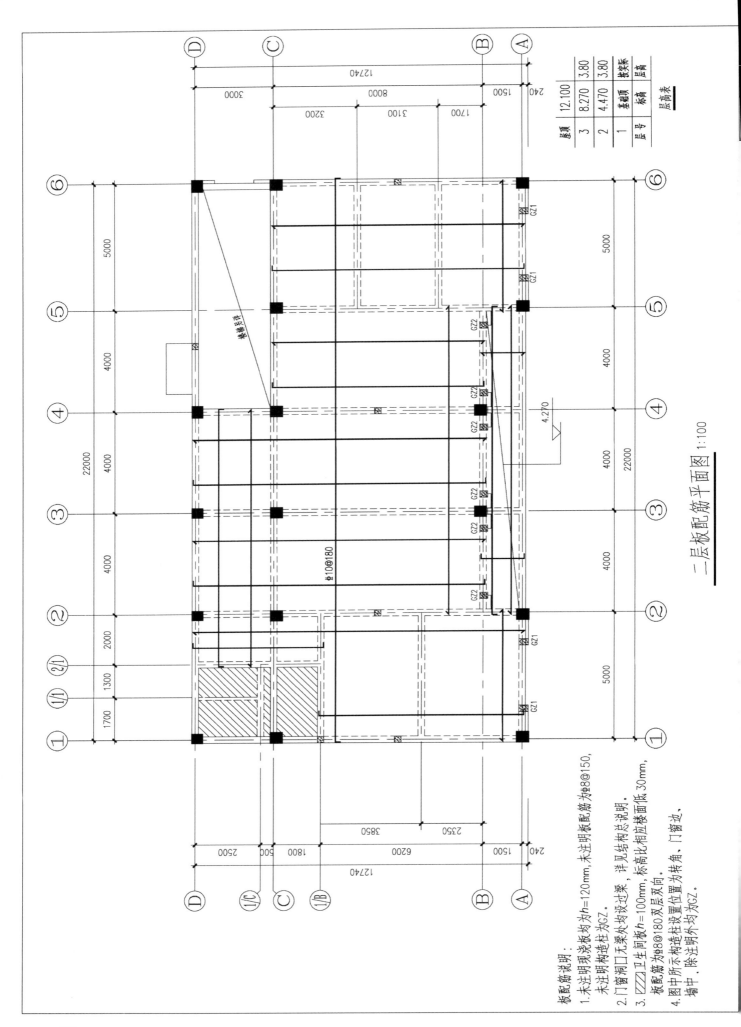

二层板配筋平面图 1:100

板配筋说明：

1. 未注明现浇板瓷板均为h=120mm，未注明板配筋为φ8@150，未注明构造柱为GZ。

2. 门窗洞口无梁处均设过梁，详见结构总说明。

3. ▨▨卫生间板h=100mm，标高比相应楼面低30mm，板配筋为φ8@180双层双向。

4. 图中所示构造柱位置为转角、门窗边、墙中，除注明外均为GZ。

层号	层高	标高
3	8.270	3.80
2	4.470	3.80
1	标高	层高

层高表

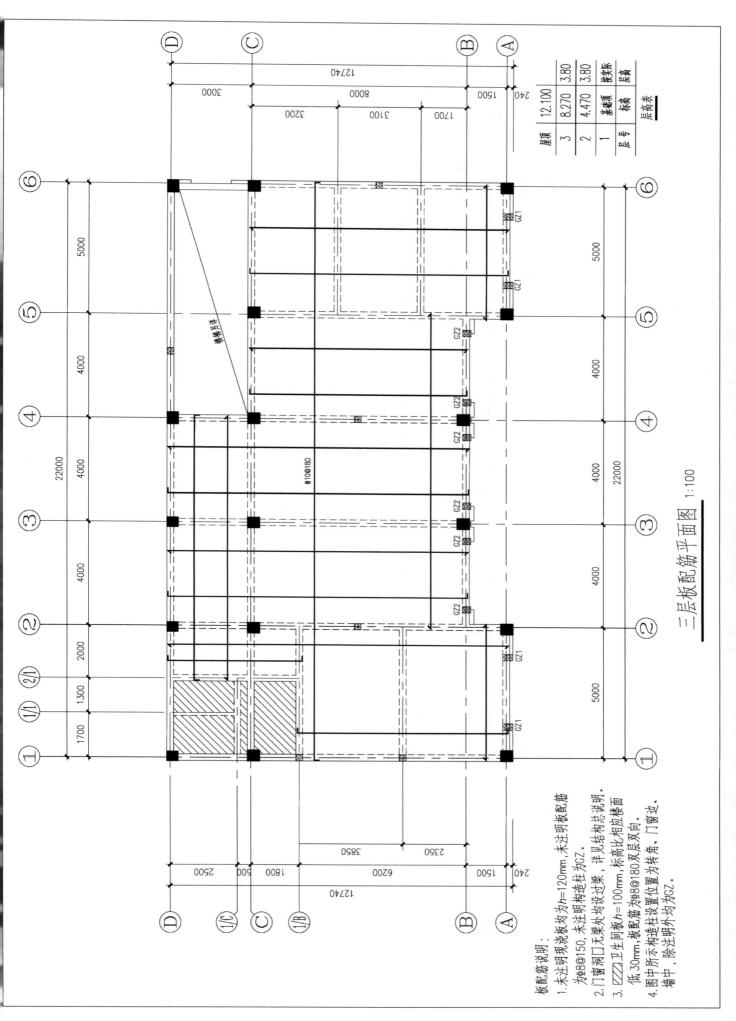

三层板配筋平面图 1:100

板配筋说明：
1. 未注明现浇板板均为h=120mm, 未注明板配筋为φ8@150, 未注明构造柱为GZ.
2. 门窗洞口无梁处均设过梁, 详见结构总说明.
3. CZZZ 卫生间板h=100mm, 标高比相应楼面低30mm, 板配筋为φ8@180双层双向.
4. 图中示所构造柱设置位置为转角, 门窗边, 墙中, 除注明外均为GZ.

层高表

层号	标高	层高
屋顶	12.100	
3	8.270	3.80
2	4.470	3.80
1	基础顶	
层号	标高	层高

223

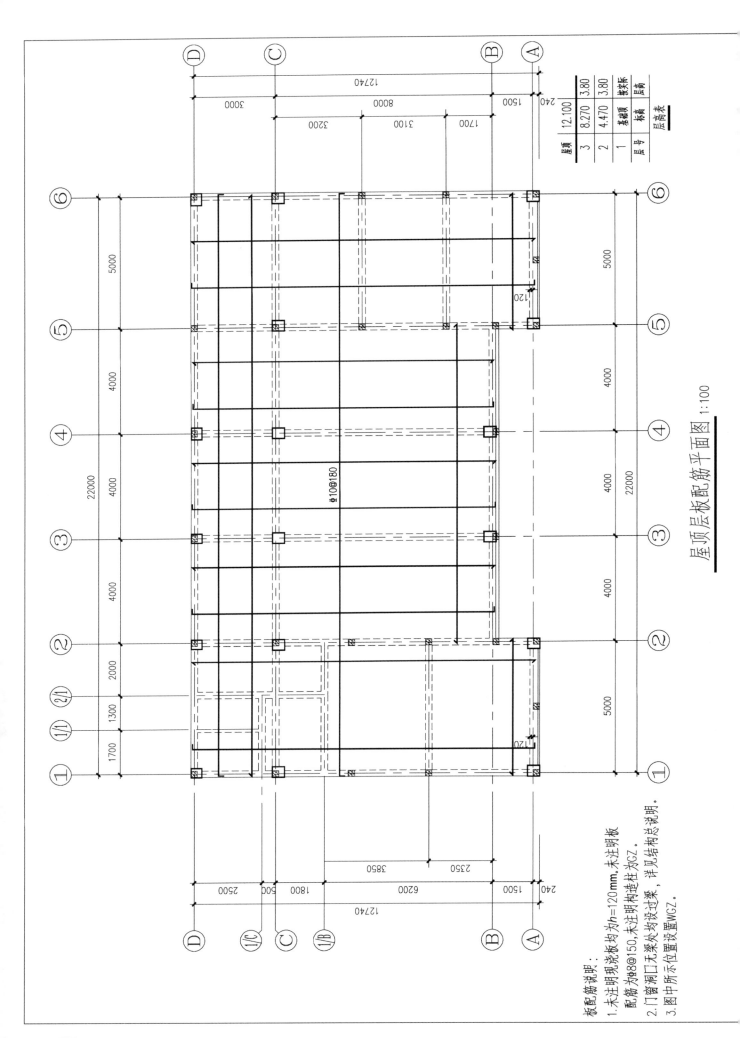

屋顶层板配筋平面图 1:100

层号	标高	层高
屋顶	12.100	
3	8.270	3.80
2	4.470	3.80
1	基顶面	4.470
层号	标高	层高

层高表

板配筋说明:
1.未注明现浇板均为h=120mm,未注明板
配筋为φ8@150,未注明构造柱为GZ。
2.门窗洞口无梁处均设过梁,详见结构总说明。
3.图中所示位置设置WGZ。

Φ10@180

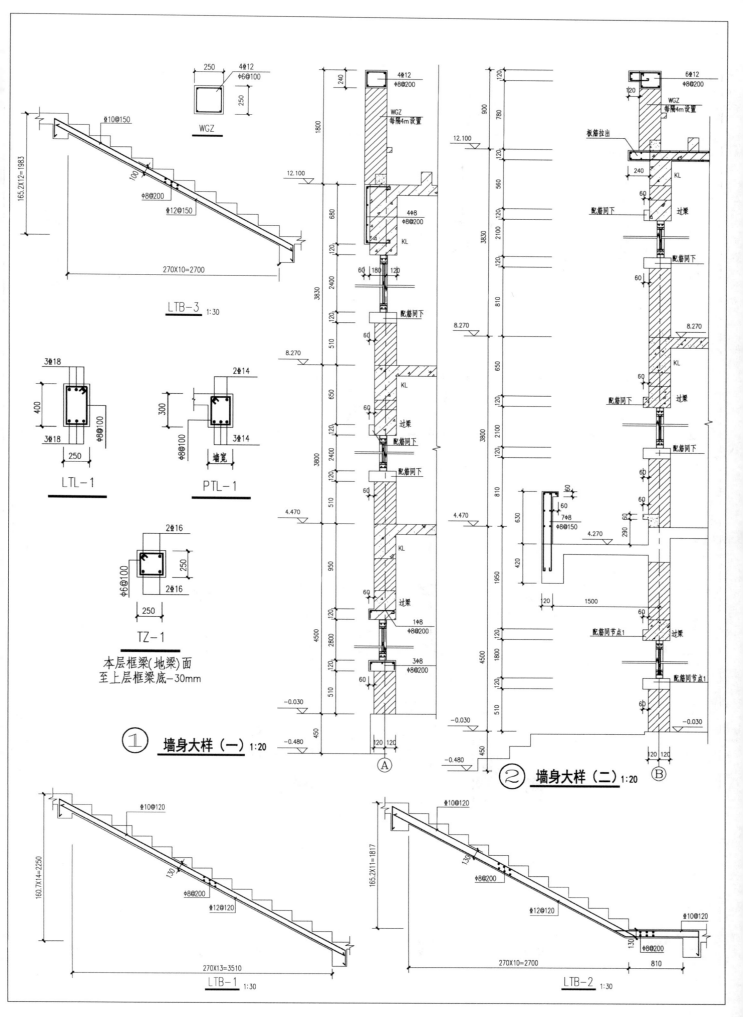

250 4Φ12
Φ6@100

250

WGZ

Φ10@150

165.2X12=1983

100

Φ8@200
Φ12@150

270X10=2700

LTB-3 1:30

3Φ18

400

Φ8@100

3Φ18

250

LTL-1

2Φ14

300

Φ8@100

3Φ14

墙宽

PTL-1

2Φ16

Φ6@100

250

2Φ16

250

TZ-1

本层框梁(地梁)面
至上层框梁底-30mm

240

1800

4Φ12
Φ8@200

WGZ
每隔4m设置

12.100

680

4Φ8
Φ8@200
KL

120

3830

60 180 120

配筋同下

2400

120

8.270

510

60

KL

650

配筋同下

120

过梁
配筋同下
配筋同下

2400

510

4.470

60

KL

950

3Φ8
Φ8@200

4500

120

过梁
1Φ8
Φ8@200

2800

120

510

-0.030

60

450

-0.480

120 120

Ⓐ

1 墙身大样（一）1:20

120

900
780

6Φ12
Φ8@200

WGZ
每隔4m设置

120

板筋拉出

12.100

120

240

KL

560

60

配筋同下

过梁

3830

2100

120

配筋同下

810

60

8.270

650

KL

60

120

过梁

3800

2100

60

配筋同下

配筋同下

120

810

60

4.470

630

60

60
7Φ8
Φ8@150

420

290

4.270

1950

20

1500

60

配筋同节点1

过梁

4500

1800

配筋同下

120

510

6d

-0.030

120

450

-0.480

120 120

Ⓑ

2 墙身大样（二）1:20

Φ10@120

165.2X11=1817

130

Φ8@200

Φ12@120

Φ10@120

270X10=2700 810

LTB-2 1:30

Φ10@120

160.7X14=2250

130

Φ8@200
Φ12@120

270X13=3510

LTB-1 1:30

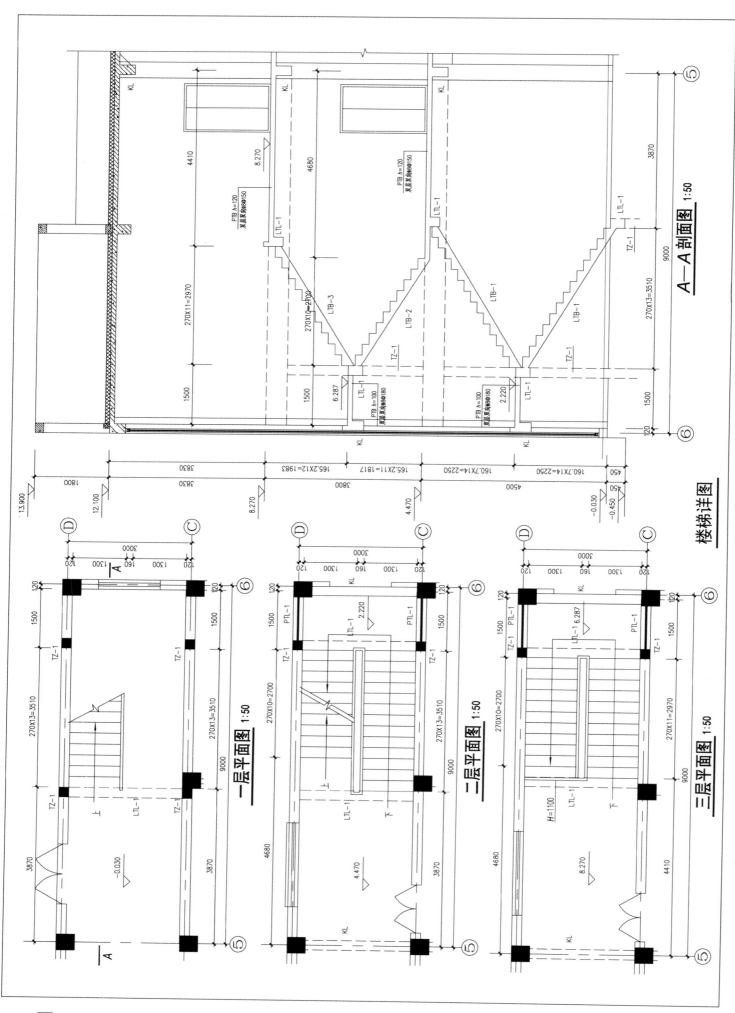

楼梯详图

A—A剖面图 1:50

一层平面图 1:50

二层平面图 1:50

三层平面图 1:50